大飞机出版工程

航空压气机泄漏流动

Leakage Flow in Aero-Engine Compressors

朱铭敏 李 健 滕金芳 编著

上海交通大学出版社
SHANGHAI JIAO TONG UNIVERSITY PRESS

内容提要

本书共分为 5 章,总结了国内外及行业内对于航空发动机压气机泄漏流动的经典论述和最新的研究成果。第 1 章绪论针对航空压气机中常见的 4 种间隙泄漏流动现象:转子叶尖径向间隙泄漏流、带冠与悬臂静子叶根径向间隙泄漏流以及便士腔间隙泄漏流进行了简要介绍。第 2 章介绍了不同的航空压气机泄漏流动的经验模型,包括叶尖间隙泄漏流损失经验模型、篦齿间隙泄漏流损失经验模型、叶尖间隙的气动稳定性模型。第 3 章具体介绍转子叶尖泄漏流对性能的影响、结构与机理、转子叶尖泄漏损失机制以及转子叶尖泄漏流与气动稳定性。第 4 章具体介绍带冠静子叶根径向间隙泄漏流对性能的影响、结构与机理以及被动控制。第 5 章具体介绍悬臂静子叶根径向间隙泄漏流对性能的影响、结构与机理以及被动控制。

本书适合于从事航空燃气轮机设计、制造、教学及科研单位等作为教研与参考材料,还可供对航空压动机有兴趣的人员阅读。

图书在版编目(CIP)数据

航空压气机泄漏流动／朱铭敏,李健,滕金芳编著.
上海：上海交通大学出版社,2025.6. -- ISBN 978-7
-313-30424-7

Ⅰ.V231.3

中国国家版本馆 CIP 数据核字第 2024FD6576 号

航空压气机泄漏流动

HANGKONG YAQIJI XIELOU LIUDONG

编   著：朱铭敏 李 健 滕金芳

出版发行：上海交通大学出版社   地   址：上海市番禺路 951 号
邮政编码：200030   电   话：021-64071208
印   制：上海景条印刷有限公司   经   销：全国新华书店
开   本：710 mm×1000 mm 1/16   印   张：13.5
字   数：272 千字
版   次：2025 年 6 月第 1 版   印   次：2025 年 6 月第 1 次印刷
书   号：ISBN 978-7-313-30424-7
定   价：58.00 元

前　　言

　　航空燃气轮机是一类旋转机械。出于对结构安全方面的考虑,其旋转部件与静止部件之间不可避免地存在着径向及轴向方向上的间隙。对于航空压气机来说,这些间隙带来的泄漏流动会引起流动损失、触发不稳定流动的现象,从而影响发动机的整体性能及安全性。长期以来,研究人员对航空压气机中的间隙泄漏流动开展了广泛而深入的研究,通过理论分析、实验测量、数值模拟等手段,试图阐明径向及轴向间隙泄漏流产生发展的流动机理及其对性能的影响规律,从而发展合理的流动控制手段以降低泄漏流动对发动机性能及安全性的影响。时至今日,航空压气机中的间隙泄漏流研究依然是经久不衰的热点和难点。

　　本书主要介绍了航空发动机压气机中的 4 种间隙泄漏流:转子叶尖径向间隙泄漏流、带冠与悬臂静子叶根径向间隙泄漏流以及便士腔间隙泄漏流,从理论模型、流动结构与机理、实验测试方法、数值模拟手段、流动控制方法等方面对其进行系统的解读与剖析。本书集合了国内外行业内的经典论述及最新研究成果,通过编著者团队对国内外研究成果的分析与整合,由浅入深,便于读者掌握更全面的专业知识。本书适合从事航空和地面燃气轮机设计、制造、教学及科研单位等作为教研或参考材料。

　　本书共分为 5 章。第 1 章由滕金芳和朱铭敏执笔,第 2 章由李健执笔,第 3 章由朱铭敏执笔,第 4 章和第 5 章由朱铭敏和滕金芳执笔,全书校对由滕金芳负责。课题组已毕业博士居振州,已毕业硕士斯夏侬和张浩浩,在读博士邓贺方、夏凯龙和邵润珠,在读硕士郑标颔等人,做了大量的创新性工作,尤其是邓贺方、夏凯龙和邵润珠为本书的完成做了大量的文献整理工作,在此一并致谢。

　　本书的出版得到了以下项目及机构的资助:国家自然科学基金(NO. 51576124,NO. 52076129,NO. 51906140,NO. 52376027)、上海市教委科技专项资金(2022 科技 04 - 5)、中央高校基本科研业务费专项资金、国家科技重大专项(2017 - Ⅱ - 0004 - 0017)、商用航空发动机叶轮机械气动传热技术联合创新中心。在此表示非常感谢!

　　由于航空压气机泄漏流动的研究浩如烟海,编著者时间有限,难免挂一漏万,书中可能存在错误、遗漏之处,敬请批评指正!

作　者

2023 年 11 月 21 日

目　　录

第1章 绪 论

　　本章主要介绍航空压气机中的间隙泄漏流动现象。在航空压气机中,由于轮盘和机匣分别安装转子、静子叶片,叶片交错排列对气体工质进行增压,所以不可避免地在近机匣和轮盘处存在径向间隙,形成了间隙泄漏流动,造成了泄漏损失,并对压气机叶片通道的主流流动带来较大的影响,进而导致压气机的效率和气动稳定性发生改变。

　　首先本章针对航空压气机中常见的 4 种间隙泄漏流动现象进行简要介绍,具体包括:转子叶尖径向间隙泄漏流、带冠与悬臂静子叶根径向间隙泄漏流以及便士腔间隙泄漏流。针对转子叶尖径向间隙泄漏流动现象,主要列出了早期出版的教科书中的一些基本认识,包括对压气机效率影响的一些早期研究结论;学术界对转子叶尖径向间隙泄漏流进行了大量研究,更多更新的对该种泄漏流动现象的介绍详见第 3 章。针对带冠与悬臂静子叶根径向间隙泄漏流动现象,本章主要列出了这两种泄漏流对压气机气动性能影响的对比实验研究结果,其他详细介绍见第 4 章和第 5 章。针对最后一种便士腔间隙泄漏流动现象,由于相关研究较少,因此本书列出了目前已经出版文献的相关研究成果,后续章节将不再涉及。其次,考虑到越来越多的研究人员采用数值模拟计算方法来开展航空压气机泄漏流动的研究,为了清楚地了解计算流体力学(computational fluid dynamics, CFD)在叶轮机械中的一些限制,对剑桥大学 Denton 教授于 2010 年在 ASME Turbo Expo 大会上的报告 *Some limitations of turbomachinery CFD*[1]中总结的与压气机泄漏流动 CFD 计算相关的一些限制进行了陈述。通过对这些限制的认识,读者可以理解航空压气机泄漏流动实验研究的必要性。

1.1 转子叶尖径向间隙泄漏流

1.1.1 一般认识

　　转子叶尖间隙一般指的是压气机转子叶片叶尖与机匣内壁(流道表面)间的径向间隙。间隙的存在主要是为了避免转子叶片与机匣之间的碰磨。在叶尖区域,由于叶片压力面(pressure side, PS)与吸力面(suction side, SS)之间存在着压力差,流道内叶尖附近的流动受到压差驱动流过叶尖间隙,形成叶尖泄漏流;上游叶片排尾迹、环壁和叶片表面附面层、二次流以及来流主流与叶尖泄漏流之间的相互作用使得叶尖泄漏流通常以叶尖泄漏涡的复杂形式存在。通过叶尖间隙的流动结构通常如图1-1所示,高动量的叶尖间隙泄漏流沿界面线或升力线与主流发生碰撞,在两种流体的界面处,在叶尖内侧形成叶尖泄漏漩涡;界面线的角度则取决于主流与叶尖泄漏流之间的动量平衡。

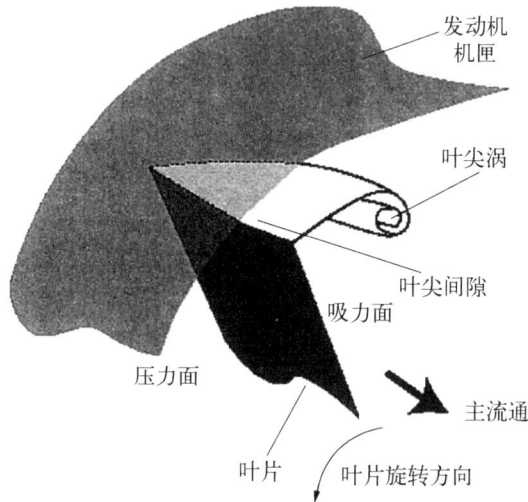

图1-1 压气机叶尖泄漏流形成的示意图[2]

　　叶轮机械领域的研究人员很早就认识到叶尖泄漏流动对压气机的性能及流动有着重要的影响。受到早期实验和计算条件的限制,在研究人员引入一定的近似假设和经验参数后,泄漏流模型成为一种分析叶尖间隙泄漏流的实用理论工具,由于该模型涵盖了影响叶尖泄漏流的主要因素,即便在实验和计算水平显著提高的今天,泄漏流模型对相关研究仍然至关重要。其中具有代表性的叶尖泄漏流经验模型主要包括 Rains 模型[3]、Lakshminarayana 模型[4]、Kirtley 模型[5]、Chen 模型[6]和 Storer 的掺混控制体模型[7]等。

　　在冯·卡门流体力学所出版的 *Advances in Axial Compressor Aerodynamics*[2] 书中,重点描述了 Chen 模型。叶尖泄漏涡流动模型的关键特征是卷起(roll-up)的过程,这是一个非线性的结果。泄漏涡的轨迹可以根据脱落涡的质心和叶尖泄漏涡的中心来描述,而后者就是涡流层卷起的质心,如图1-2所示。这是一个独立于叶尖间隙的通用的泄漏涡轨迹图。

　　图1-3中展示了基于一些叶尖泄漏涡模型的无量纲涡心 y_c 数据绘制的泄漏涡轨迹。图中离散的点来源于不同的叶尖泄漏涡实验数据。这些实验的压气机参数如表1-1所示,可以看出实验数据覆盖了大范围的叶尖间隙、负荷和流量系数。

(a)

(b)

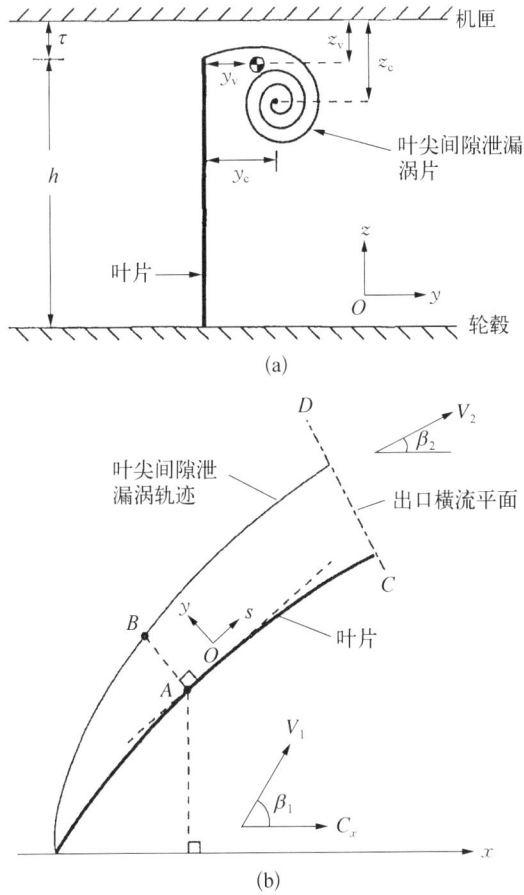

图 1 - 2 Chen 的叶尖泄漏涡模型[6]

(a) 叶尖间隙泄漏流动模型的定义和流域；(b) 叶尖泄漏涡
轨迹在等叶高面上的投影示意图

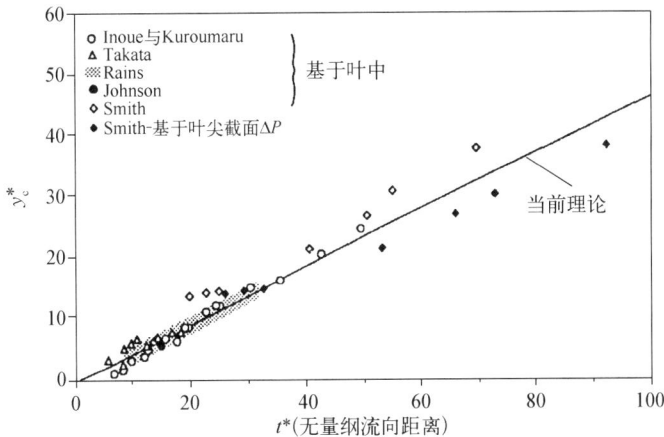

图 1 - 3 无量纲化的叶尖泄漏涡轨迹（在等叶高面上的投影）[6]

表 1 - 1　压气机实验数据来源[6]

实 验 来 源	流 量 系 数	间隙/弦长/%
1. Inoue	0.50	0.8
2. Inoue	0.50	1.7
3. Inoue	0.50	2.6
4. Inoue	0.50	4.3
5. Rains	0.45	1.3
6. Rains	0.45	2.6
7. Rains	0.45	5.2
8. Takata	0.61	4.2
9. Takata	0.52	4.2
10. Takata	0.50	4.2
11. Takata	0.46	4.2
12. Johnson	0.35(静子或轮毂)	4.0
13. Smith	0.29	1.0

　　图 1 - 4[6]中列出了来自 Inoue[8] 及 Inoue 与 Kuroumam[9] 研究的不同叶尖间隙计算和测量的叶片通道和下游泄漏涡轨迹。可以看出,通道内的轨迹独立于叶尖间隙,因为 4 个叶尖间隙中的最低和最高相差 5 倍。

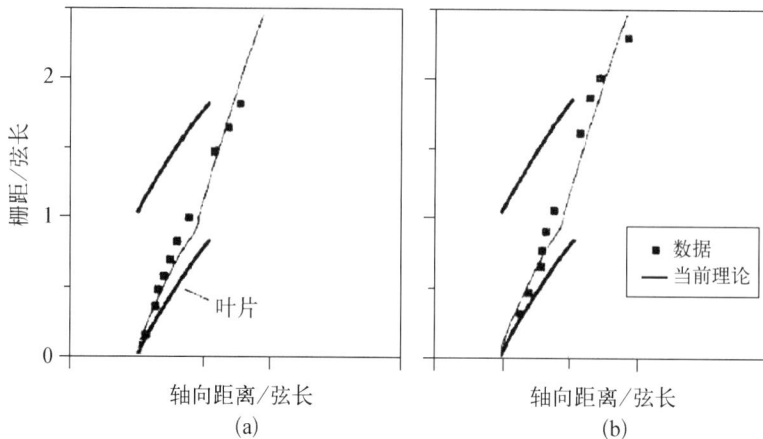

(a)　　　　　　　　　　(b)

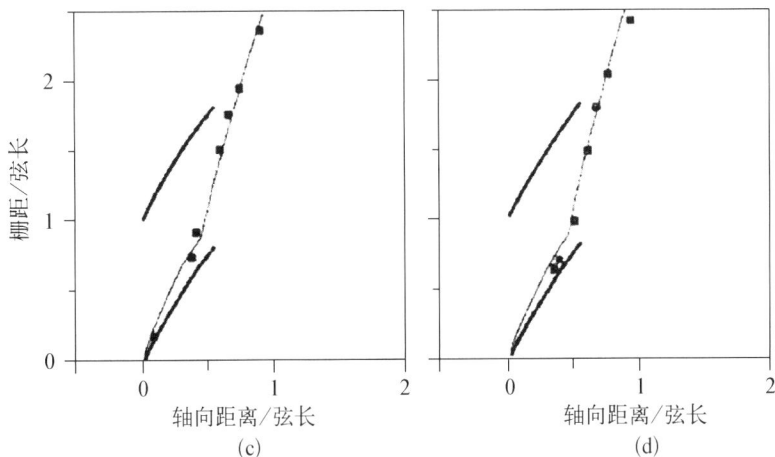

图 1-4 不同间隙下通道内及下游的泄漏涡轨迹[6]（数据来自 Inoue[8] 及 Inoue 与 Kuroumam[9]）

（a）间隙/弦长=0.8%时的通道内及下游的漩涡轨迹；（b）间隙/弦长=1.7%时的通道内及下游的漩涡轨迹；（c）间隙/弦长=2.5%时的通道内及下游的漩涡轨迹；（d）间隙/弦长=4.0%时的通道内及下游的漩涡轨迹

1.1.2 Cumpsty 的总结

Cumpsty 在其专著 *Compressor Aerodynamics*[10] 中对转子叶尖间隙影响压气机性能的早期研究进行了比较系统的总结，具体如下。

图 1-5 中展示了由 McDougall[11] 在轮毂比为 0.8 的低速单级压气机上测量的不同转子叶尖间隙条件下的压升系数-流量系数特性线；该压气机的几何尺寸与某先进的高压压气机级很相似。在图中可以看出，当间隙减小，压升增加，失速点移向

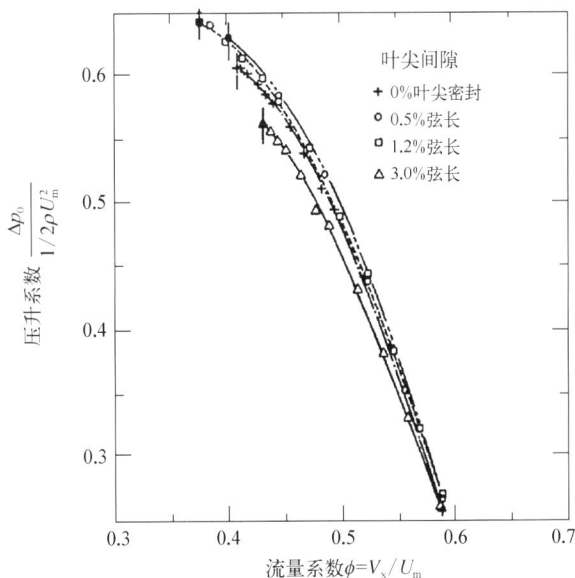

图 1-5 低速单级压气机的压升系数-流量系数特性[11]

较低的流量。但当间隙等于 0 和 0.5% 弦长时,压气机性能低于最佳值。将叶尖间隙由 l.2% 弦长增加至 3% 弦长,最高压升减少了大约 8%。当叶尖间隙小于等于 1.2% 时,失速在轮毂处触发;叶尖间隙较大时,失速在机匣处触发。

Wennerstrom[12]通过转子叶尖相对马赫数为 1.66 的单级高速压气机实验表明,与叶尖间隙为 0.42% 弦长和 0.94% 弦长相比,叶尖间隙为 0.68% 弦长时可能带来更高的压气机效率①。Inoue 等[8]在实验中调整叶尖间隙,将其从 0.43% 叶尖弦长调整到 4.3% 叶尖弦长,发现最佳间隙值必须小于 1% 栅距。Murthy[13]发现对转子而言,最佳间隙值在(1%~1.5%)弦长之间,而叶栅的最佳叶尖间隙值在(3%~5%)弦长之间。遗憾的是,转子的最佳间隙值一般小于结构设计所允许范围的最小值。Wisler[14]报道了对某一低速四级压气机实验件的研究结果,转子叶尖间隙从 1.6% 弦长增加到 3.4% 弦长,效率降低了 1.5%,流量范围减小了 11%,峰值压升下降了 9.7%,如图 1-6 所示②。

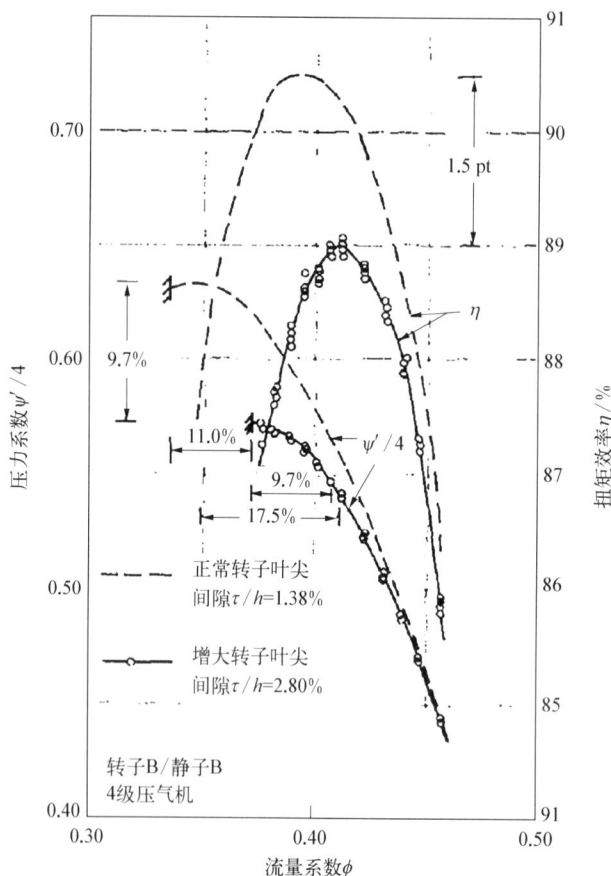

图 1-6　叶尖间隙增大对压气机整体性能的影响[14]

① Wennerstrom 在原文中将叶尖间隙大小表述为 0.5% 叶高、0.3% 叶高和 0.7% 叶高。
② Wisler 在原文中将叶尖间隙大小表述为 1.38% 叶高到 2.8% 叶高。

流场显示研究表明,在无间隙情况下,在端壁吸力面角区存在一个主要的三维分离区,但是较小的叶尖间隙,如1%弦长水平的间隙似乎可以减小该分离区。间隙存在带来的益处有时被解释为,间隙流动与二次流作用相反,二次流被认为是移向吸力面的,然而在转子叶尖区,二次流常常小于进口来流扭曲,端区流动被移向压力面。不过,在吸力面与端壁角区的流体会趋向于三维分离,这是进口来流扭曲形成局部大的攻角所致。即使当间隙值较小时,典型值是不大于弦长的1%,间隙流动似乎具有有利的作用,但在较大的间隙条件下,损失和失速触发显然被间隙流动特征主宰。

Freeman[15]公开了大量有关叶尖流动的数据,其中许多数据是在罗尔斯-罗伊斯公司的高速压气机上获得的。图1-7展示了改变叶尖间隙对一台三转子航空发动机高压压气机的压升和效率的影响。所有转子的叶尖间隙的变化量相同,大约在最后级转子弦长的1%～3%,对应民用发动机在快速加速过程中的变化范围。当叶尖间隙增加时,不仅压升和效率下降,而且喘振线移向右侧,也就是流量增大的方向,所有这些影响都是非常有害的。

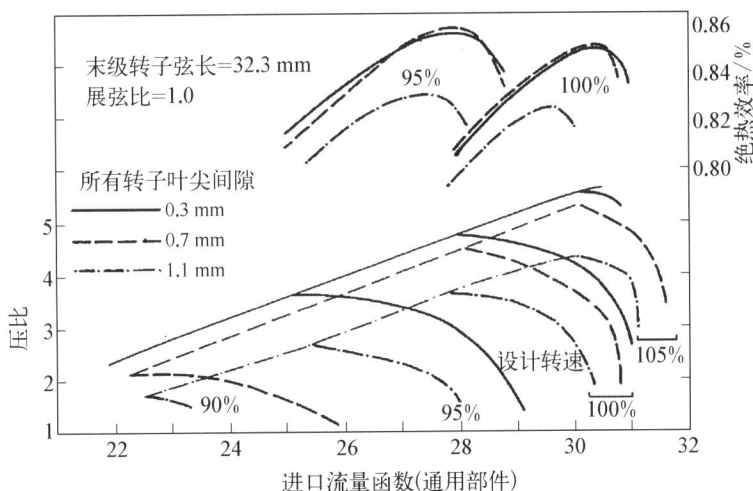

图 1 - 7　叶尖间隙对一台六级高速压气机压比、喘振线和效率的影响[15]

在高速压气机中,叶尖间隙会在运行循环中发生变化。控制叶尖间隙最大的问题是在航空发动机的加速过程中,相较于比较薄的机匣,压气机盘温度的升高速度慢得多(在减速过程中盘的温度下降更慢)。为了适应这种情况,在瞬态运行过程中必须采用比气动优选设计更大的叶尖间隙值。此外,机匣有可能变形而不再同心;Freeman证明对于间隙较大的同心和非同心结构,压升大致是相同的,对压升的不利影响取决于全周的平均间隙。然而,非同心机匣的失速裕度变得更糟,这清楚地表明这种非同心间隙分布是最不利的间隙分布。

在多级压气机中,叶尖间隙的确切影响变得不那么明确,因为各排叶片的性能会对下游产生影响。举例来说,如果前面级中增大的叶尖间隙带来额外的堵塞和损失,那么下游压气机级的匹配就被改变了。再比如,在瞬态运行过程中,由于机匣直径的增大产生了额外的叶尖间隙,此时压气机的质量流通能力是增加的;这会使失速边界向右移动,即压气机会在更大的流量失速,尽管流场并未恶化。对于比气动最优值更大的间隙值,Freeman 的研究表明,当叶尖间隙由于机匣直径增大而每产生 1% 的增大,就会带来约 1.4% 的效率损失以及 1% 的出口流函数增加;流函数的增加导致了失速点的右移。而转子叶片缩短导致叶尖间隙的增加,每增加 1% 弦长就会造成进口流函数下降约 1.4%。无论如何,叶尖间隙的增加往往来源于机匣直径的增大,由此造成的 1% 间隙增加会导致进口流量仅下降 0.4%。以上这些公开文献中最可靠的数据,为我们提供了间隙改变影响总体性能的指导,但是 Freeman 提供的结果具有比较大的分散性。

对间隙泄漏流动细节的研究主要集中在转子叶尖,其中,具有代表性的研究是在低速压气机的转动坐标系中进行的实验。图 1 - 8 中展示了 Murthy 等[13]研究的在近峰值效率工况下转子通道内相对损失的演化结果。通道后部靠近压力面的损失聚集非常显著。Inoue 等[8]得到了从 0.43% 弦长到 4.3% 弦长的 5 个不同水平叶尖间隙在尾缘下游相对损失的等值图。除了最大间隙外,其他几种间隙情况下的近距等值图都很清晰。对于两种间隙较大的情况,在垂直于主流的平面内速度矢量显示了一个确定的涡结构,但在三种小间隙情况下并不明显。对于间隙最小的情况,

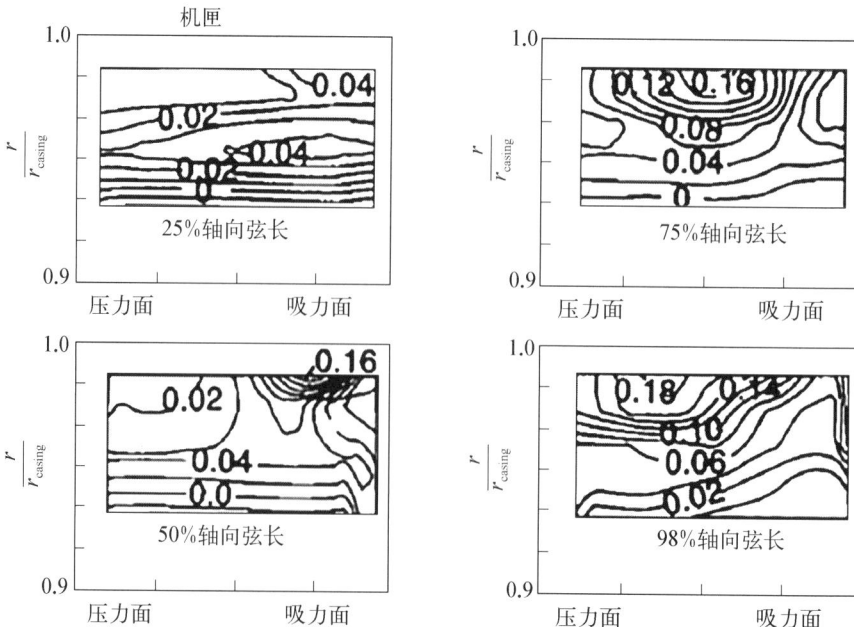

图 1 - 8　峰值效率工况下,不同轴向位置处转子通道内相对总压损失分布[13]

最大损失仅从吸力面移动很小的距离,但是当间隙增加后,高损失区移向压力面;在间隙值超过 2%弦长之后,损失核心移向压力面的趋势发生逆转;在最大损失区会产生流向上游的负轴向速度。由 Inoue 等发现的涡清晰但并不寻常,通常情况下是它在尾缘之前发生破裂或者变得模糊。相对的垂直于流向矢量图必须显示出近端壁的较大速度分量,因为壁面与叶片具有相对运动,有时可以通过这一现象来识别涡的存在。

　　Hunter 和 Cumpsty[16]绘制的在三种不同的流量系数下的相对动压等值线图如图 1-9 所示,最低流量系数为近失速状态。三种工况下的叶尖间隙均为 1%弦长,进口边界层位移厚度大约为 6%弦长。在近失速流量工况下,近压力面的高损失流体更多聚集可能是因为进口来流扭曲更大或者通过叶尖间隙的流动更强。Hunter和 Cumpsty 发现,在 5%弦长的更大叶尖间隙情况下,有序的流动模式消失,这与Inoue 等[8]发现的现象类似。这同时也显示出高相对损失流体向端壁-压力面角区聚集的趋势。并且由于受到叶尖间隙流动的强烈影响,等值线图非常清晰地显示出在叶片之间的区域存在的强烈的周向变化。这些迹象表明在采用环形边界层计算方法时必须慎重。

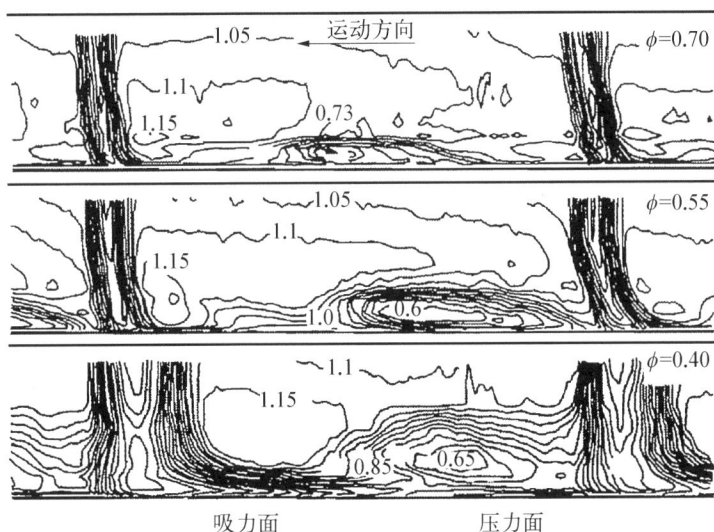

图 1-9　不同工况下尾缘下游 20%弦长处无量纲相对动压等值线图
($\phi=0.4$ 为失速前流量,叶尖间隙 $t/c=1\%$)[16]

　　上述的 Cumpsty 对转子叶尖间隙影响压气机性能和流动细节的系统总结,是得到一些行业共识的;但是随着新设计的具有全三维复合弯掠叶片造型的高负荷压气机的发展,叶尖间隙泄漏流动特征和机理将更加复杂,对压气机气动性能的影响也会不同。关于转子叶尖径向间隙泄漏流的更加全面以及最新的研究成果将在本书第 3 章中详述。

1.2　带冠与悬臂静子叶根径向间隙泄漏流

1.2.1　一般认识

　　静叶作为压气机的核心部件之一,在高压压气机后面级通常可以采用带冠(shrouded)和悬臂(cantilevered,unshrouded)两种不同的结构,如图 1-10 所示,这两种结构都已经在工业中得到了广泛的应用。带冠静叶的叶片两侧端面都是静止的,不存在叶根间隙,但会受到存在于内环与转动轴之间的封严间隙泄漏流的影响。悬臂静叶不带内环结构,故内侧端壁为高速旋转的轮毂,且存在叶根间隙。几何结构的差异导致了其流场结构和损失机理的显著差别。鉴于静叶结构的选择对压气机气动性能的影响,在轴流压气机的初步设计中就应根据结构、气动及成本等因素确定采用何种静叶结构。与带冠静叶相比,悬臂静叶就可以做到结构更简单、制造成本更低,而且由于其没有内环还可以减少转子、静子之间的轴向距离,使得多级压气机更短更轻;但是悬臂静叶只有一端固支,因此其振动问题比带冠静叶更复杂,且静叶叶根泄漏流动特征和机理也有待深入认识。

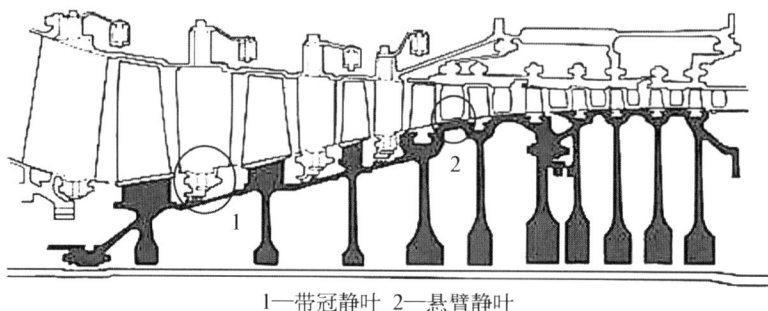

1—带冠静叶　2—悬臂静叶

图 1-10　高压压气机静子叶片的两种结构

　　Cumpsty 在其专著 *Compressor Aerodynamics*[10] 中对带冠与悬臂静子叶根径向间隙泄漏流动的早期研究进行了简要的总结,但内容相对较少,因为对于间隙泄漏流的研究更多地体现在转子叶尖区域。

　　图 1-11 展示了一种可调和两种不可调的带冠静叶篦齿封严结构形式。Cumpsty 认为这是一个非常大的研究主题,他同时指出:带冠静叶似乎因为可以使泄漏流减小而使得气动性能更好,但是事实却并非如此;悬臂静叶在叶根处小间隙情况下是与转子叶尖间隙的益处相一致的,性能可以更好。当然,带冠静叶由于增加了刚度因而有良好的机械性能,振动问题通常较少。悬臂的可调静叶存在特定的间隙问题,因为在某些高度,特别是在轮毂处可能会出现部分弦长对应大的间隙。

　　上述是 Cumpsty 对带冠与悬臂静子叶根径向间隙泄漏流动影响压气机性能的总结。鉴于静子结构对压气机气动性能的影响较大,针对带冠与悬臂静子两种叶根

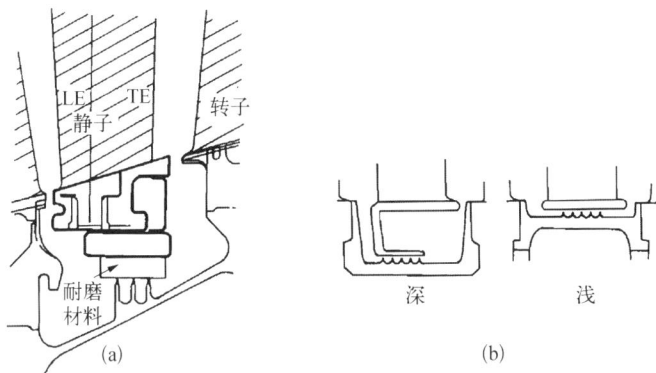

图 1-11　一种可调和两种不可调的带冠静叶篦齿封严结构[10]

(a) 可调静子的封严形式;(b) 不可调静子的封严形式

泄漏流对压气机气动性能的影响,研究者已经开展了一些对比实验研究,这些实验结果可以指导不同设计理念的压气机选择合适的静叶结构。由于两种叶根泄漏流的测量极其困难,因此采用四级低速大尺寸压气机(low speed research compressor, LSRC)实验台开展测试研究,通过压气机进出口、不同级间测量获得各个测量截面气动参数的径向分布以及压气机整机的特性线,可以有效判断两种叶根泄漏流对压气机气动性能的影响程度。

1.2.2　两种叶根泄漏损失的衡量

由于实际压气机工作环境并非完全绝热,同时对于带冠或者悬臂静叶来说,高速旋转的端壁会给近壁面低能流体重新注入能量,导致总压增大,因此使用总压损失系数来衡量损失可能会存在误导。Denton[17]指出,熵损失系数是一种更准确的损失衡量方法,其能够同时考虑温度和压力变化的影响。基于此,2015 年,通用电气公司的 Yoon 等[18]从 Denton 的损失模型入手,推导了带冠与悬臂静叶的泄漏流(两种泄漏流的对比见图 1-12)熵损失系数与流量系数、负荷系数和反力度的经验

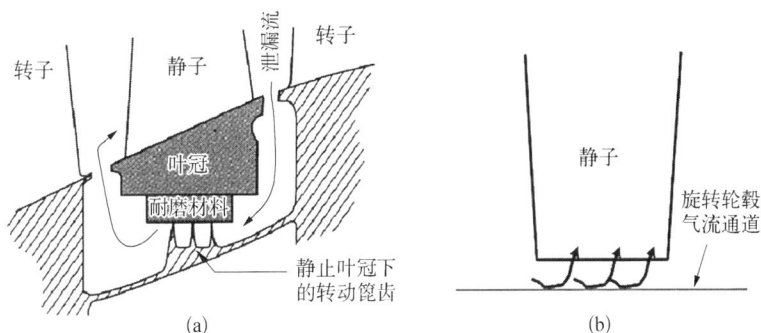

图 1-12　带冠与悬臂静叶两种叶根泄漏流对比示意图[18]

(a) 带冠静叶;(b) 悬臂静叶

关系式,具体推导过程总结如下。

两种静叶结构泄漏流的驱动压力不同:带冠静叶的驱动压力为通过静叶通道内的轴向压升($\Delta P_{\text{shroud}} = P_{\text{down}} - P_{\text{up}}$,用 P_{down} 表示静叶下游压力,P_{up} 表示静叶上游压力),而悬臂静叶的驱动压力为压力侧和吸力侧的周向压差($\Delta P_{\text{cant}} = P_{\text{p}} - P_{\text{s}}$,用 P_{p} 表示压力面侧压力,P_{s} 表示吸力面侧压力)。静叶泄漏流驱动压力如图 1-13 所示。

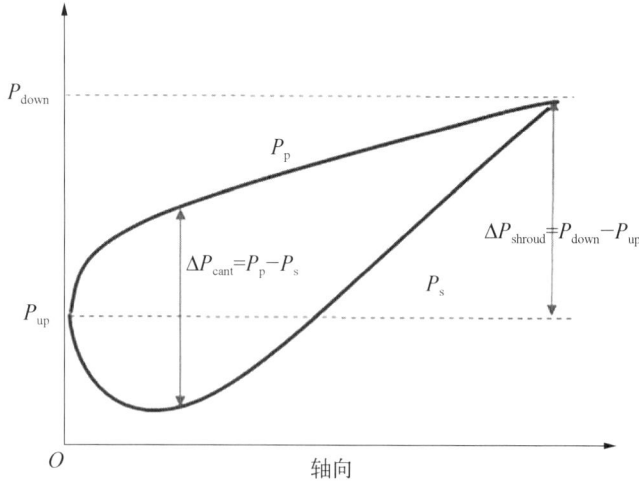

图 1-13　静叶泄漏流驱动压力[18]

另外,这两种静叶结构的泄漏面积也不同:带冠静叶的泄漏面积为径向间隙 $\tau \times$ 栅距 s,而悬臂静叶的泄漏面积为径向间隙 $\tau \times$ 弦长 c。叶片通道的通流面积 A_{m} 近似如下:

$$A_{\text{m}} = hs\cos\alpha_2 \tag{1-1}$$

式中,h 为叶片高度;α_2 为进口气流角度。

因此无量纲泄漏面积可以分别表示为

带冠静叶:
$$\frac{A_{\text{L}}}{A_{\text{m}}} = \frac{\tau}{h}\frac{1}{\cos\alpha_2} \tag{1-2a}$$

悬臂静叶:
$$\frac{A_{\text{L}}}{A_{\text{m}}} = \frac{\tau}{h}\frac{c}{s}\frac{1}{\cos\alpha_2} \tag{1-2b}$$

通过式(1-2a)和式(1-2b)不难发现,带冠静叶的泄漏面积与稠度无关,而悬臂静叶的泄漏面积与稠度相关。

对于一台重复级压气机级,负荷系数 Ψ 可以通过流量系数 ϕ 和反力度 Λ 计算得到:

$$\phi = \frac{V_X}{U}, \quad \Psi = \frac{h_0}{U^2}, \quad \Lambda = \frac{p_{\text{rotor}}}{p_{\text{stage}}} \tag{1-3}$$

$$\Psi = 2(1 - \Lambda - \phi\tan\alpha_1) \tag{1-4}$$

对于带冠静叶,泄漏流量可以通过静压升近似估算:

$$\frac{\dot{m}_L}{\dot{m}} = C_D \frac{\tau}{h} \sqrt{\tan^2 \alpha_2 - \tan^2 \alpha_3} \tag{1-5}$$

则带冠静叶损失系数为

$$\xi_{s1} = \frac{T\Delta s}{\frac{1}{2}V_2^2} = 2\frac{\dot{m}_L}{\dot{m}}\left(1 - \frac{\tan \alpha_3}{\tan \alpha_2}\sin^2 \alpha_2\right) \tag{1-6}$$

进一步地,若封严篦齿齿数为 Z,则损失系数为

$$\xi_{sN} = \frac{\xi_{s1}}{\sqrt{Z}} \tag{1-7}$$

对于悬臂静叶,泄漏流量近似为

$$\frac{\dot{m}_L}{\dot{m}} = C_D \frac{\tau}{h} \frac{1}{\cos \alpha_2} \int_0^C \left(\frac{V_s}{V_2}\right)\sqrt{1 - \left(\frac{V_p}{V_s}\right)^2} \frac{1}{c} dx \tag{1-8}$$

其损失系数为

$$\xi_C = 2C_D \frac{\tau}{h} \frac{p}{c} \frac{1}{\cos \alpha_2} \int_0^C \left(\frac{V_s}{V_2}\right)^3 \left(1 - \frac{V_p}{V_s}\right)\sqrt{1 - \left(\frac{V_p}{V_s}\right)^2} \frac{1}{c} dx \tag{1-9}$$

重复级压气机的基本参数可根据气流角度进行计算,图 1 - 14 所示为重复级压气机的速度矢量三角形。

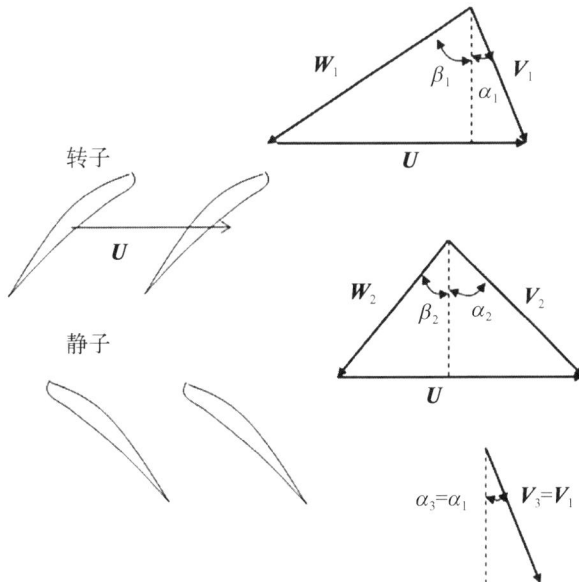

图 1 - 14　重复级压气机的速度矢量三角形[18]

$$\varLambda = 1 - \frac{\phi}{2}(\tan\alpha_2 + \tan\alpha_3) \qquad (1-10)$$

$$\varPsi = \frac{h_0}{U^2} = 2(1 - \varLambda - \phi\tan\alpha_3) \qquad (1-11)$$

因此泄漏损失可以表示为

带冠静叶： $$\xi = \frac{T\Delta s}{\frac{1}{2}V_2^2} = f\left(C_D,\ \frac{\tau}{h},\ Z,\ \phi,\ \varPsi,\ \varLambda\right) \qquad (1-12)$$

悬臂静叶： $$\xi = \frac{T\Delta s}{\frac{1}{2}V_2^2} = f\left(C_D,\ \frac{\tau}{h},\ \frac{p}{c},\ \phi,\ \varPsi,\ \varLambda\right) \qquad (1-13)$$

最后转换为效率损失：

$$\Delta\eta = \frac{T\Delta s}{\Delta h_0} = \frac{1}{2}\ \frac{\xi}{\varPsi}\left(\frac{V_2}{U}\right)^2 \qquad (1-14)$$

在建立了效率损失与基本设计参数之间的经验关系式之后，Yoon 等[18]还进行了参数化分析。图 1-15 中展示了 1% 叶高间隙时，效率损失随负荷系数和反力度的关系。在给定的负荷系数下，反力度的增加通常会降低两种静叶结构的效率损失。然而，与悬臂静叶相比，这种影响在带冠静叶中更显著。在带冠静叶中，反力度

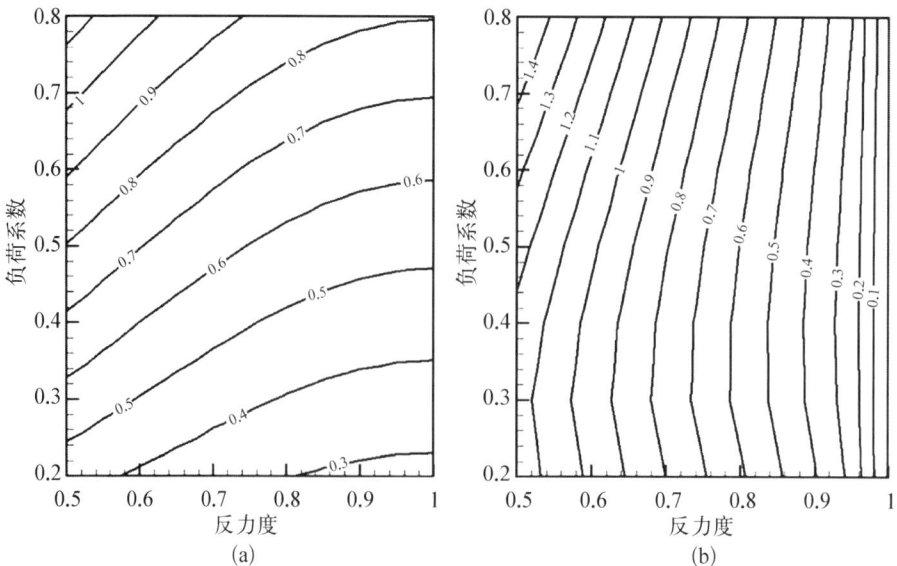

图 1-15　效率损失随负荷系数和反力度的关系[18]

(a) 悬臂静叶；(b) 带冠静叶

的增加有两个积极的影响：① 减小了静叶通道内的轴向压升，从而减小了相应的泄漏流量，如反力度为 1 时，轴向压升为 0，此时静叶通道内没有泄漏流动；② 效率损失是损失系数、静叶入口动能和负荷系数的组合，而反力度的增加会降低静叶入口的动能，故反力度的增加对带冠静叶的效率损失影响显著。

　　为了定量对比两种静叶结构的影响，我们比较了流量系数为 0.5、负荷系数为 0.4 时两种静叶结构的效率损失随反力度的变化（见图 1-16）。从图中可以看到，带冠静叶的效率损失受齿数影响显著：对于单齿密封和双齿密封，当反力度分别大于 0.85 和 0.72 时，带冠静叶的效率损失才小于悬臂静叶，当采用三齿密封时，带冠静叶的效率损失始终低于悬臂静叶的效率损失。

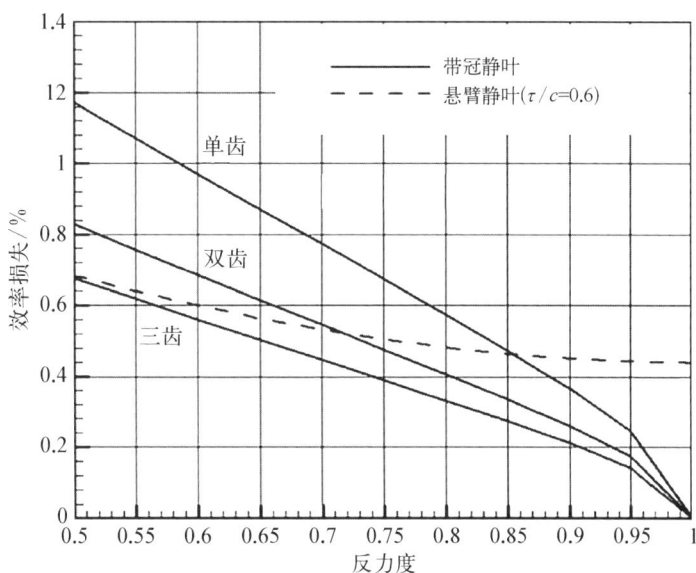

图 1-16　密封齿数对效率损失的影响[18]

　　封严篦齿齿数是影响带冠静叶泄漏损失的重要几何参数，而栅距弦长比 s/c（s 为栅距，c 为弦长）则是影响悬臂静叶损失的重要几何参数。栅距弦长比直接影响泄漏面积；栅距弦长比的变化还会改变泄漏流的驱动压力，即压力侧和吸力侧的周向压差。例如，当栅距弦长比减小时，泄漏面积会增加，但周向压差则会减小。图 1-17 展示了栅距弦长比对效率损失的影响，栅距弦长比的减小会降低效率损失，这表明周向压差的改变对悬臂静叶效率损失的影响比泄漏面积的变化导致的影响更显著。

　　为了评估不同损失系数的影响，Yoon 等[18]对带冠和悬臂静叶进行了数值模拟研究，研究对象为高压压气机后面级，其轮毂比为 0.8，扩散因子为 0.4，间隙值均为 2.4% 叶高且带冠静叶采用三个密封齿。从图 1-18 和图 1-19 中可以看出，采用不同损失系数衡量带冠和悬臂静叶结果具有较大差异，悬臂静叶在轮毂附近总压损失系数较小，而熵损失系数较大。

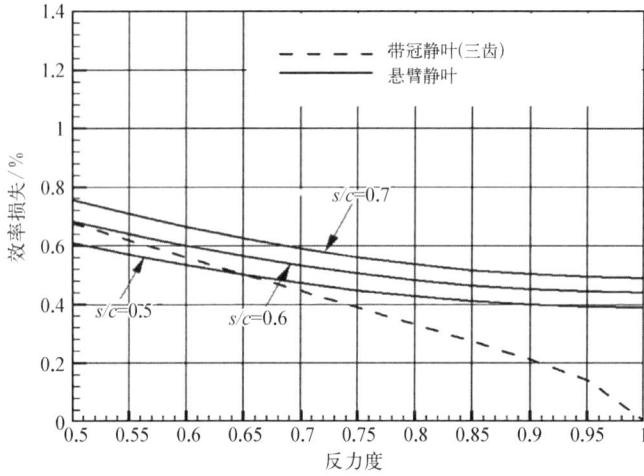

图 1-17 栅距弦长比对效率损失的影响[18]

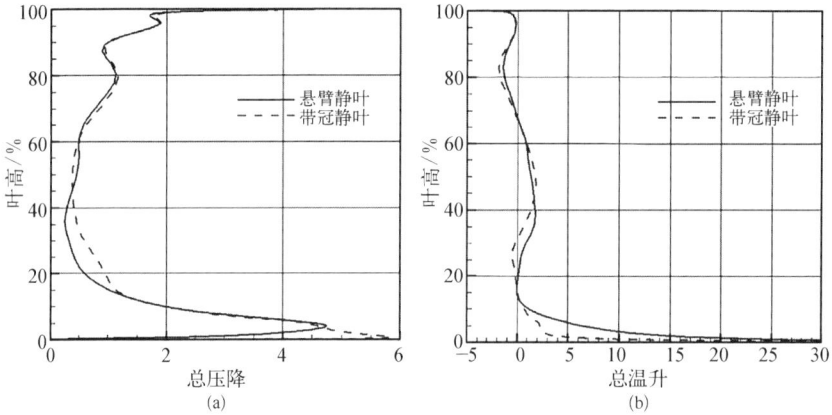

图 1-18 总压降和总温升径向分布[18]

(a) 总压降；(b) 总温升

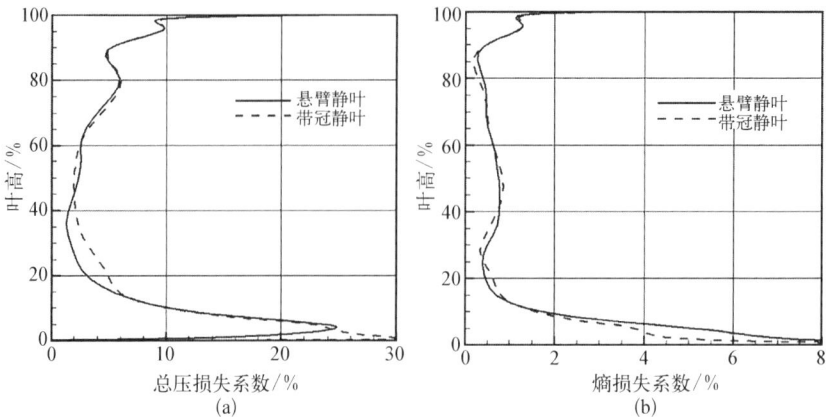

图 1-19 总压损失系数和熵损失系数径向分布[18]

(a) 总压损失系数；(b) 熵损失系数

德国研究人员[19]于 2021 年在多级压气机环境下进一步对比了总压损失系数和熵损失系数在衡量带冠与悬臂两种不同静叶结构方面的差异。结果显示,在衡量多级压气机损失时,必须考虑到两种不同静叶结构对滞止温度分布的影响,并且这些影响还会逐渐传递到压气机下游叶片排。

1.2.3 两种泄漏流影响性能的实验对比

本小节重点讲述采用四级低速大尺寸压气机(即 LSRC)实验台开展测试研究的一些实验对比结果。

罗尔斯-罗伊斯公司的 Swoboda 等[20]和 Campobasso 等[21]分别在一台代表典型高压压气机后面级设计的四级低速大尺寸压气机实验台上开展测试,静叶采用了可控扩散叶型(controlled diffusion airfoil,CDA)叶型设计,带冠静叶的篦齿间隙和悬臂静叶的轮毂间隙都是 1.1%叶高,他们详细测量了带冠与悬臂这两种静子结构对压气机气动性能的影响。测量结果显示,带冠静叶的负荷系数略高,这一结果可能取决于特定的几何因素,如静叶容腔细节以及容腔进出口与静叶之间的距离。悬臂静叶的轮毂间隙能够消除轮毂附近的分离流动,因此其失速裕度略高,在轮毂区域的损失较小,但带冠静叶的整体效率反而更高。这是因为悬臂静叶改变了下游转子的入口条件,增加了攻角,这导致下游转子在轮毂处的损失较高。因此,当采用不同的静叶结构时,还需要考虑总压和气流角的径向变化对下游转子的影响,进行气动匹配设计。

2010 年,德累斯顿工业大学的 Lange 等[22]对四级低速大尺寸压气机进行了详细测量,着重对比了间隙变化对带冠与悬臂静叶两种结构的影响。在实验中,第一、二级保持不变,对于悬臂结构,第三、四级静叶间隙同时改变;对于带冠结构,仅改变第三级静叶间隙。图 1-20 中展示了详细的测量结果,从图中可以看到,5%叶高的悬臂静叶与最小间隙的带冠静叶效率几乎相当,但压比(π)更低。对比具有

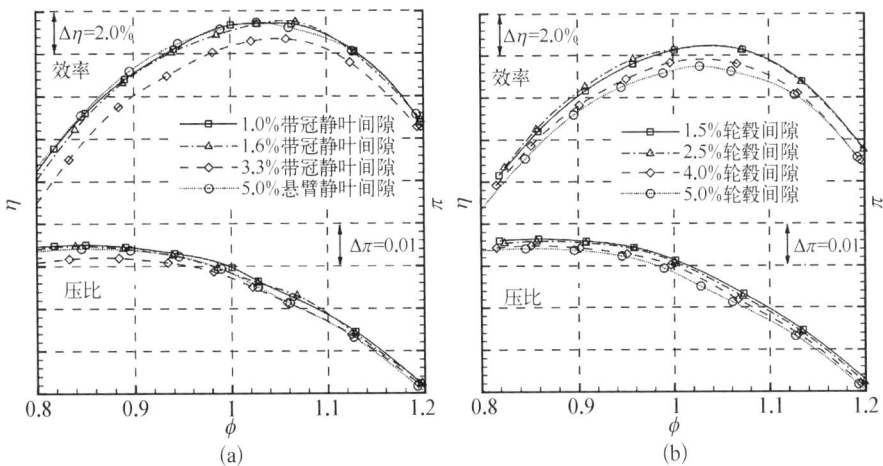

(a)

(b)

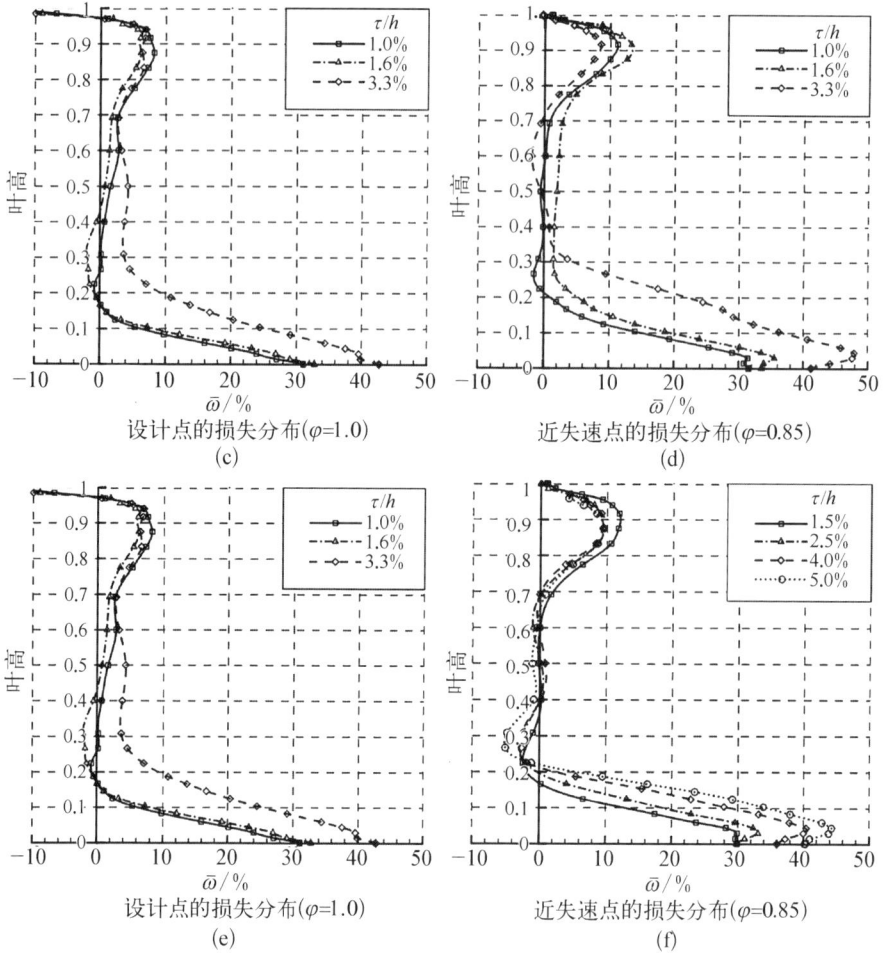

图 1-20 四级低速大尺寸压气机中带冠与悬臂静叶实验结果对比[22]

(a) 带冠静叶整体性能;(b) 悬臂静叶整体性能;(c) 带冠静叶设计点损失;(d) 带冠静叶近失速点损失;(e) 悬臂静叶设计点损失;(f) 悬臂静叶近失速点损失

相同间隙的悬臂和带冠静叶,悬臂在效率和压比方面总是表现得更好。对比效率对间隙大小的敏感性,带冠静叶仅在第三级增加 2.3% 叶高的间隙,就能够使效率下降 1%;而悬臂静叶需要同时将第三、四级的间隙增加 3.5% 叶高,才能使效率降低 1%,故悬臂静叶的效率对间隙大小的敏感性要低于带冠静叶。通过对设计点和近失速点第三级静叶出口的测量发现,悬臂静叶间隙增大而造成的损失增加主要在通道内 20% 叶高范围内,而带冠静叶随间隙增大,在 50% 叶高范围内的损失都有明显增加。

值得说明的是,Lange 等在四级低速大尺寸压气机中采用实验研究比较的带冠与悬臂静叶性能得到的结论,与 1.2.1 小节 Cumpsty 书中所述的 Freeman 在两级压气机的实验结果相矛盾(见图 1-21)。Freeman 的实验结果表明,当间隙面积小于 2.5% 流域面积时,悬臂静叶的等熵效率优于带冠静叶,且其对泄漏面积的变化更敏感;而间隙面积大于 2.5% 流域面积时的结果则反之。Lange 的实验结果表明,当间隙小于 1.5% 叶高时,带冠静叶比悬臂静叶在设计点的效率更高,悬臂静叶的等熵效率对间隙的变化敏感度更小;而间隙大于 1.5% 时的结果则反之。Swoboda 的实验结果与 Lange 相近。上述不同研究结果之间的不一致表明,静叶轮毂结构的影响强烈依赖于静叶设计和所考虑的流场细节,对于不同的工作条件与设计,难以对带冠静叶与悬臂静叶进行简单的选择。

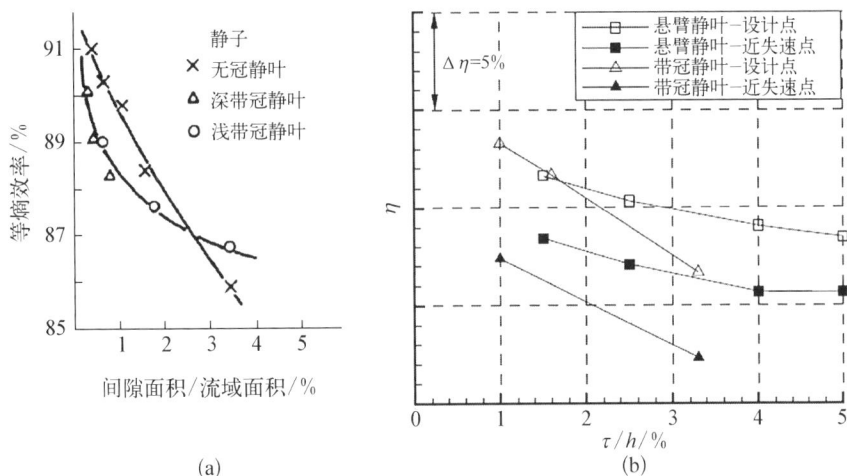

图 1-21　间隙大小对带冠与悬臂静叶性能影响的实验结果对比

(a) Freeman 的研究结果[15];(b) Lange 的研究结果[22]

2021 年 Dominicis 等[19]通过实验和数值模拟方法对两种静叶结构的四级低速轴流压气机设计点流场进行了研究,通过分析下游叶片的损失和效率及级间匹配,来深入研究不同轮毂泄漏流对气动性能的影响,具体结果如图 1-22 所示。研究结果表明,给定级静叶的轮毂结构对下游转叶的气动性能有很大影响,但是下游静叶

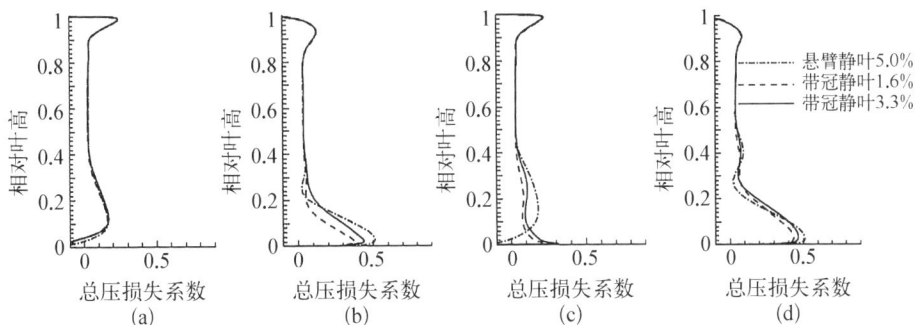

图 1-22　四级压气机采用悬臂静子与带冠静子的总压损失分布对比[19]

(a) Rotor 3;(b) Stator 3;(c) Rotor 4;(d) Stator 4

及上游转叶对静叶的轮毂流动影响很小。静叶轮毂的构型仅对上游转叶有轻微的影响,但对下游级低于 50% 叶高的区域都有较大影响。总之,当第四排转叶保持不变并与上游静叶出口条件不匹配时,第三排静叶的构型改变对第四排转叶的气动性能影响非常大。相反,第四排下游转叶的影响却出乎意料地小。

综上所述,两种泄漏流对压气机性能的影响结果明显不同。原因是带冠静叶与悬臂静叶这两种间隙泄漏流动存在显著的不同:① 驱动压力不同。带冠静叶的驱动压力是上下游的压差,而悬臂静叶的驱动压力是压力面与吸力面的压差。② 泄漏面积不同。带冠静叶的泄漏面积是间隙与栅距的乘积,而悬臂静叶的泄漏面积是间隙与弦长的乘积;那么,由泄漏面积占叶片通道面积的比例可知,高稠度不影响带冠静叶的泄漏面积,但却增大了悬臂静叶的泄漏面积。

对于带冠静叶,流经叶片通道的气流从静叶尾缘容腔入口处进入封严容腔,然后经由篦齿的节流和腔内复杂的涡结构流动影响后,从静叶前缘容腔出口处流出,与主流形成掺混,这会对静叶叶根的气动性能造成较大损失,并对下级转子叶片的攻角等进口边界条件产生影响。对于悬臂静叶,叶根间隙的存在使流体从压力面向吸力面泄漏并与主流发生掺混,从而形成轮毂泄漏流,这与转子叶尖泄漏流类似;但是静子叶片为非旋转做功零件,其功能是减速扩压且整流,且与其相配的轮盘鼓筒处一般是不涂耐磨涂层的金属表面,不允许摩擦接触,故一般需要留有的轮毂径向间隙比转子叶尖间隙要更大一些,所以该轮毂泄漏流动特征显然与转子叶尖间隙存在差别。针对带冠与悬臂静子叶根径向间隙的泄漏流动特征和机理,以及对压气机气动性能影响的更加全面的研究成果将在本书的第 4 章和第 5 章中进行详述。

1.3 便士腔间隙泄漏流

在多级轴流压气机中,为了改善非设计状态的效率和气动稳定性,通常在前面级采用可调静叶设计。在现代航空发动机的高压压气机中,约 40%～50% 级的静叶都是可调的,图 1-23 为可调静叶的结构示意图。为了实现静叶可调,在静叶与轮毂和机匣的连接处会设置部分径向间隙结构,在压差驱动下将会产生部分间隙泄漏流动。在轮毂和机匣的转轴安装处,还会产生所谓的"便士腔(penny cavity)",其结构如图 1-24 所示。在局部压差的驱动下,便士腔会形成局部泄漏流动,从而影响压气机的气动性能。早期的研究受限于实验和数值手段,通常忽略了便士腔泄漏流的影响,只考虑了部分间隙泄漏流的影响。近年来,随着对压气机设计的日益精细化,实验和数值方法的显著进步,便士腔泄漏流逐渐受到研究人员的重视。

2016 年起,德国 MTU 公司与亚琛工业大学的研究人员率先采用数值模拟方法对便士腔开展了研究。结果表明,不同的容腔结构会带来 10% 以下的额外流动损失,但是便士腔间隙与损失之间显示出非线性增长,间隙减半导致便士腔引起的总压损失减少了 18%,而间隙加倍则导致便士腔引起的总压损失增加了 80%[24]。类

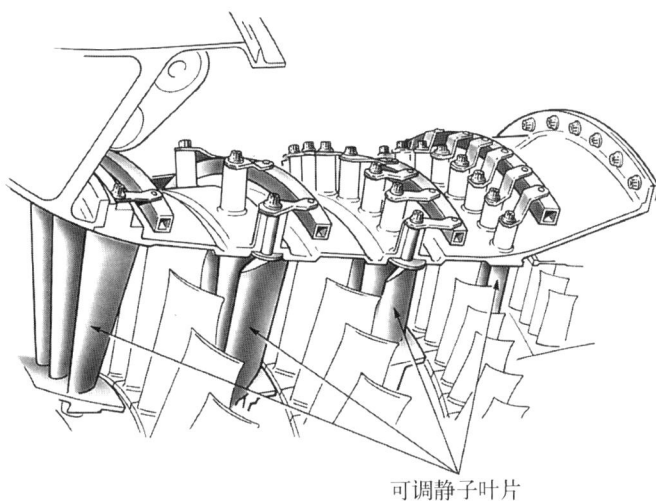

图 1-23 可调静叶的结构示意图[23]

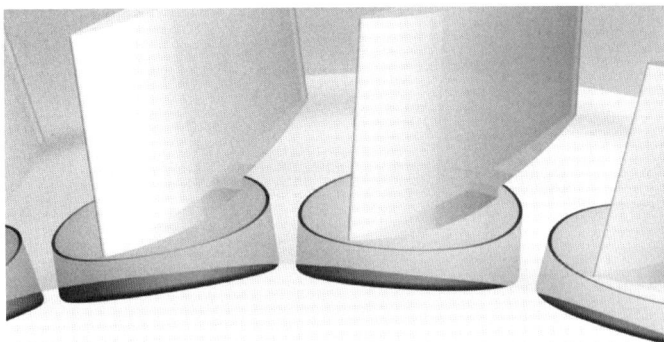

图 1-24 环形叶栅中便士腔的结构示意图[24]

似的结果也得到了后续实验的验证。在亚琛工业大学的环形叶栅实验中[25]，与无便士腔相比，标准间隙便士腔的总压损失系数相对增加了 1.9%，两倍间隙便士腔的总压损失系数相对增加了 6.8%。数值与实验均表明，便士腔带来额外损失的影响范围集中在下半叶高范围。

针对便士腔泄漏流动机理的研究表明，泄漏流在叶片压力侧的压力最高点进入便士腔，在容腔内部形成了复杂的流动结构，包括圆柱绕流和分离流动[24]。进一步基于应力混合涡模拟(stress blended eddy simulation，SBES)的数值计算结果表明[26]，容腔内部的流动由轮毂处的静压决定(见图 1-25)。流场中存在两个流入容腔的区域，一个位于叶片前缘，另一个位于后半部分的叶片压力侧；流场中也存在两个流出区域，大多数流体从叶片吸力侧离开容腔，少部分流体从叶片压力侧离开容腔。对于流动及损失的分析表明，叶片通道内的二次流以吸力侧出流为主，由于便士腔的环形形状,出流会产生两个不对称的反向旋转的旋涡,第一旋涡折转到吸力面,称为吸力面便士涡,在吸力侧后方产生的旋涡称为压力侧便士涡,如图 1 - 26 所示。便士容腔产生了 5.8% 的额外流动损失,99% 的损失发生在二次流区,其中 88% 的损失是由吸力侧流出产生。

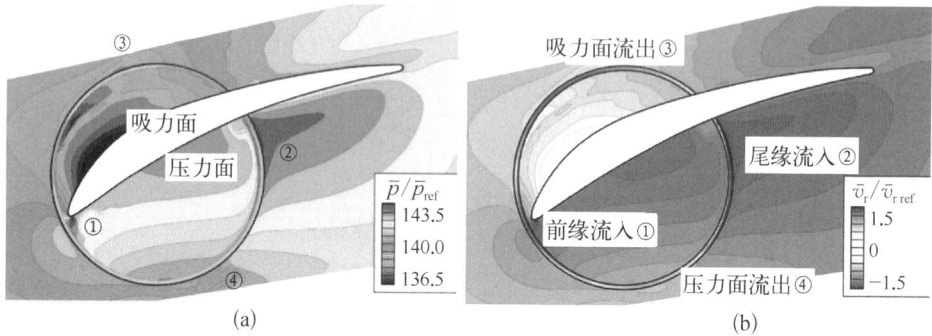

图 1 - 25 便士腔作用下的近端壁流动[26](见附页彩图)

(a) 轮毂静压分布;(b) 便士腔流入流出速度分布

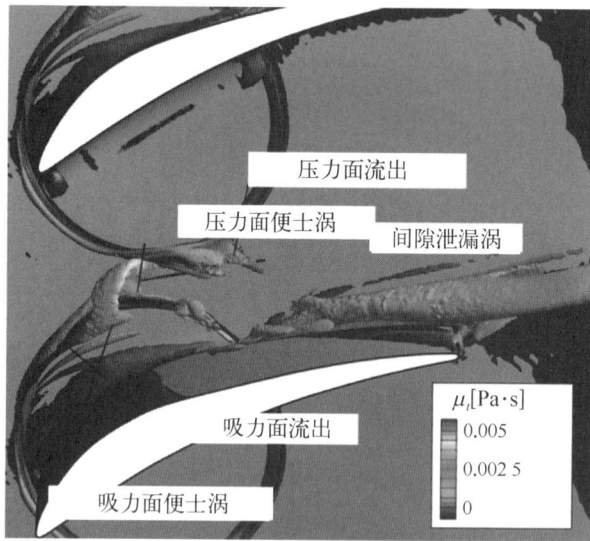

图 1 - 26 带有便士腔的时均涡系结构[26](见附页彩图)

亚琛工业大学的研究人员[25, 27]先后在一台环形叶栅实验台中对可调静子叶片的便士腔进行了实验与数值模拟研究。该实验台中安装了 30 片可调静子叶片,叶型为典型的高压压气机静子叶型,静叶入口处的马赫数为 0.34,基于 50% 叶高轴向弦长的雷诺数为 3.82×10^5;将轮毂上的两种不同的便士腔间隙尺寸与没有便士腔间隙的参考案例进行比较。可调静叶实验件如图 1 - 27 所示。实验综合运用了多孔探针、热线探针、油流可视化及粒子图像测速等多种测试技术,获得了详细的流场信息。压力测量孔嵌入叶片表面和便士腔内。用不同颜色对叶片吸入侧、压力侧、轮毂和便士腔进行表面油流量测量,以检测二次流动现象。使用测量的边界条件进行雷诺平均方程(Reynolds-averaged Navier-Stokes,RANS)模拟,与实验数据进行了比较。实验结果在前文已经给出,数值模拟结果则高估了 7.3% 的额外损失,但能够较好地预测近端壁的流动情况。数值模拟和实验均发现叶片和便士腔附近的压力场随着便士腔的间隙而变化,数值模拟能够预测到便士腔流出产生的旋涡,且与油流实验的结果一致,如图 1-28 所示。

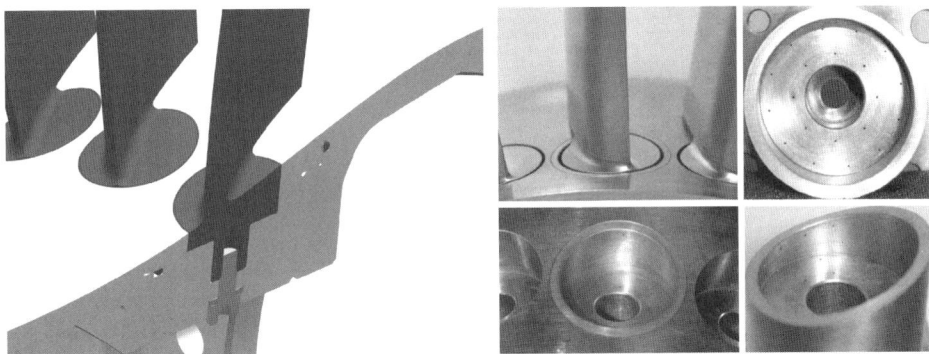

图 1-27 环形叶栅实验台中可调静叶实验件示意图及实物图[25](见附页彩图)

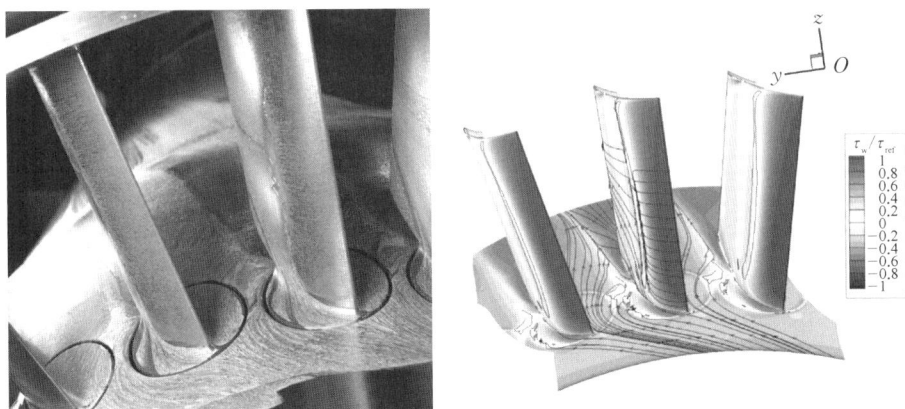

图 1-28 实验和数值表面流线对比[25](见附页彩图)

实际压气机中的可调静叶便士腔位于压气机的前几级,流道的收缩导致其存在轴向倾斜现象,如图 1-29 所示。

针对这一现象,Janssen 等[27]采用实验和数值模拟研究了轴向倾斜可调静叶平台对环形叶栅中便士腔流动的影响,实验综合运用了粒子图像测速、油流可视化和多孔探针测量技术获得了详细的流场信息。结果表明,轴向倾斜可调静叶可以降低与便士腔泄漏涡相关的总压损失,主要原因是叶片平台后部进入的质量流量的减小

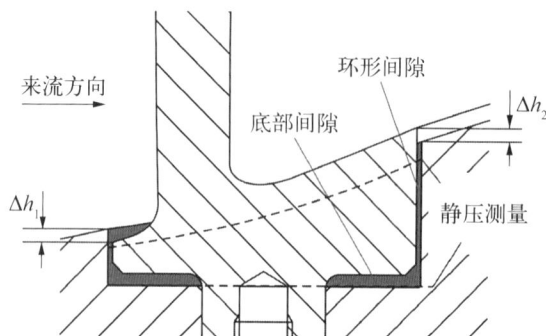

图 1 - 29　可调静叶便士腔轴向倾斜的结构示意图[27]（见附页彩图）

导致的吸力侧泄漏的减少。然而对于轴向倾斜可调静叶平台会带来额外的总压损失，这是由便士腔的台阶导致的，额外的损失超过了便士涡减小的损失，因此轴向倾斜可调静叶平台会导致整体总压损失显著增加。轴向倾斜可调静叶平台对总压损失的影响与来流速度分布高度相关，因而在评估倾斜平台的性能时，需要着重考虑当地的来流条件。

1.4　压气机泄漏流 CFD 的一些限制

随着计算机硬件和 CFD 技术的发展，越来越多的研究人员使用数值模拟计算方法来开展航空压气机泄漏流动的研究。但是，清楚地了解叶轮机械 CFD 的一些限制是非常重要的。英国剑桥大学 Denton 教授于 2010 年在 ASME Turbo Expo 大会上的报告"*Some Limitations of Turbomachinery CFD*"[1]就是一个全面的总结。为此，下面就对其全文中与压气机泄漏流动 CFD 计算相关的一些限制进行摘录。

CFD 如今已广泛应用在叶轮机械的设计中。然而，随着设计者越来越多地关注 CFD 结果而非实验结果，他们可能会夸大 CFD 结果的准确性而忽略了其本身的一些限制。在利用 CFD 做系统优化时，这个问题尤为危险。CFD 并非精确计算的科学，其误差有如下来源：

（1）数值误差，由有限元差分产生；

（2）模型误差，因为物理现象未知或难以建模，如湍流模型；

（3）未知边界条件，如进口压力、温度分布；

（4）未知几何形状，如叶尖间隙、前缘的形状；

（5）稳定流动的假设。

本文详细讨论了每一种误差来源，并佐以实例来展现它们对结果造成的影响。尽管有如此多的限制，CFD 仍然是叶轮机械设计过程中的有力工具，只是在应用中设计者要多与其他结果对比，谨慎分析其有关性能的定量预测。

1.4.1 简述

应用在叶轮机械中的计算流体力学(CFD)至今尚无精确定义。20 世纪 60 年代,通流计算以及二维无黏性叶栅计算开始应用;20 世纪 70 年代,三维无黏性欧拉解开始出现;20 世纪 80 年代出现三维纳维斯托克斯(Navier-Stokes,N - S)解;20 世纪 90 年代出现三维多级定常流以及单级非定常流计算。本节中,CFD 是指三维 N - S 计算,而不包含通流计算、二维计算和无黏计算。

在十多年之前,主要由专家来进行 CFD 计算,他们往往参与程序的开发,或者由对该型叶轮机械具有多年经验的设计人员来进行 CFD 计算。然而,如今 CFD 已经被年轻的工程师们广泛使用,年轻的工程师们鲜有数值分析方面的经验,或者对于所设计的机器性能并不熟悉。所以,他们有可能进入一个危险的境地,即无法发现所得结果的限制。这种对于 CFD 结果的过度自信由两种因素造成:① 商业软件发行商从来不会承认其程序结果是不精确的;② 技术文献的作者们只会把自己公司的程序中好的一面展现出来。在对比 CFD 结果与实验数据时,作者们常常会舍弃不匹配的结果,修改网格或程序中的某些参数,直到结果的匹配程度令人满意才会发表。不匹配的结果几乎不会被发表,所以阅读文献的读者会产生一种错觉,即认为 CFD 结果非常精确。

Denton 教授为几家燃气、蒸汽轮机公司担任顾问,见过很多 CFD 预测结果与实验数据的对比,对于 CFD 的限制也比较熟悉。经常有工程师说:"我重新设计了机器 x,然后将效率提升了 $y\%$",实际上他们只是通过 CFD 计算预测出了效率,而不是通过实验测试得出。除非人们清醒地认识到 CFD 预测精度的限制,否则可能要花费昂贵的生产和实验成本而只取得有限的成功。

比年轻工程师对 CFD 的过度自信还要危险的是高级经理们想尽一切办法减少新产品开发的成本。空气动力学设计部门的主管通常是来自其他领域的专家,如应力分析领域(在该领域中,计算仿真结果比较可靠),他们自然而然地认为 CFD 具有同样高的可信度。于是,他们便理所当然地认为 CFD 可以预测性能,从而削减实验设备的使用,经 CFD 仿真后便直接进入生产环节。这会导致产生非常昂贵的补救措施开销。

过去,CFD 的精度主要受网格点数量所导致的数值误差的限制。如今,计算机性能已大幅提高,数值误差的影响已经很小。但是,湍流与转捩模型在过去这些年里并无明显改善,仍是误差的大部分来源,特别是对分离流动和转捩流动而言。在多级计算中,定常流动假设也是产生误差的一个来源,但其误差大小并不完全知晓。在多数的应用算例中,误差的主要来源常常是未知边界条件,如进口压力、温度分布以及未知几何形状,如叶尖间隙、前缘的形状。后者虽并非 CFD 本身的误差,但它却大大影响结果的精度,在后文中也会阐述。

现有的很多研究涉及对于同一实验数据,利用不同 CFD 程序的结果进行对比。

Casey[28]发表了这些研究的综述并总结出相关经验。Casey 的综述中也包含对这里所提问题的详述。关于在 1993 年的 ASME International Gas Turbine Institute(IGTI)会议上提出的 Rotor 37 盲题测试算例,Denton 的研究[29]虽然不代表当前的水平,但是能够证明那时不同用户利用同一程序计算所得结果之间以及不同程序计算所得结果之间,相差非常大。随后,Shabbir 等[30]有重要发现,即产生误差的主要原因是忽略了转子上游的微量轴心泄漏流。Dunham 和 Meauze[31] 在 1998 年报告了一个 AGARD 工作组关于 CFD 的研究结果,但是这仅能应用于单排叶片。最近的一次对比是 Woollatt 等[32]在三级高速压气机上所做的,他们将四组匿名的程序代码与实验数据进行了对比。总的压气机性能的对比结果如图 1-30 所示,预测效率偏差 2.5%,堵塞质量流量偏差至少 2%,喘振时质量流量偏差 7%。

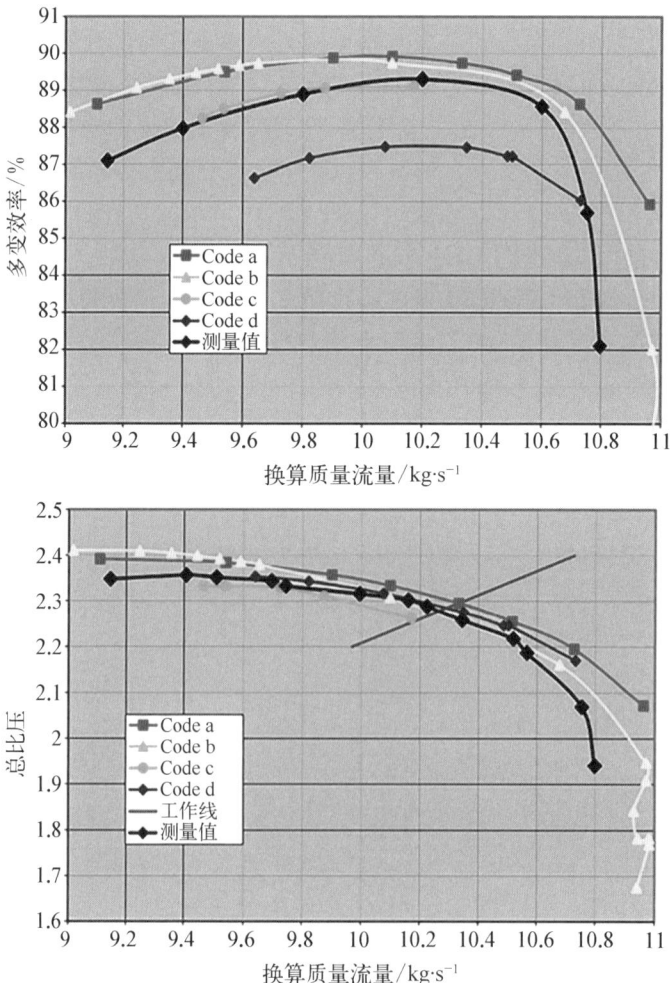

图 1-30 某三级压气机性能的试验与数值模拟结果对比[32](见附页彩图)

我们讨论的目的是帮助 CFD 用户理解在模拟仿真过程中最主要的误差来源。此处讨论了每一种误差来源及其影响幅度的大小。需要强调的是,这些讨论仅限于设计中常用的 CFD 算法。一些专业算法如大涡模拟(large eddy simulation,LES)、直接数值模拟(direct numerical simulation,DNS)或特殊的湍流模型可能会给出更好的模拟结果,但是相比于常用算法,它们过于复杂、费时或难以常规应用。

1.4.2 数值误差

在任何数值方法中,有限差分时总会产生数值误差。数值误差也可以产生于人工黏度或程序稳定所需的平滑性。最常见的数值近似方法是假设流体特性在两个网格点之间呈线性变化,所以误差与网格间距平方乘以流体性能的二阶导数成正比,由二阶人工黏度产生的误差也有同样的关系。因此,最大的数值误差将出现在二阶导数及网格间距都很大的区域。在这些区域(例如高负载的叶片前缘),应该加密网格。

这些数值误差相当于在基本方程中添加了额外的黏性项并在流场中产生了虚假的熵,它会一直向下游传导,从而影响整个下游流场。所以,数值误差并非仅影响局部,叶片前缘处产生的误差会损坏整体计算。这些误差也会导致质量流量守恒的损失,所以最好检查各个叶片排进、出口质量流量比值是否接近 1,误差要在 0.1% 之内。数值误差往往随着网格点的增加、计算能力的增强而减小,因此网格点数量的重要性已经下降。

需要加以说明的是,一定的数值误差或人工黏度对于精确捕捉激波特征是必不可少的。若数值误差太小,则在激波前后会产生速度和压力的超调和失调;若数值误差太大,则会损坏激波特征。此种情况下可以使用可调二阶人工黏度从而获得良好结果。

1.4.3 模型误差

模型误差产生于湍流和转捩区建模以及使用混合平面求相对运动叶片排稳态解的过程中。

1)湍流建模

研究发现,足够多的不同的湍流模型,甚至同一湍流模型中的不同参数都会得到不同的结果。对于附着的完全湍流附面层,只要网格数量足够,所有的湍流模型在经过校准后都应该能够给出准确的预测。主要的差异体现在对正在分离和完全分离的流动的预测。在分离流中,分离区边界的有效湍流黏度可以阻止流动的不可控。在高雷诺数下的分离流很少达到稳态,而且分离区边界的流体更多地受到大尺度非稳态的影响,而非我们用来建模的小尺度湍流。所以在这种情况下,与 RANS 模型相比,LES 模型能获得更好的结果。最能体现模型不同点的实例就是靠近喘振点的压气机。

2)转捩区建模

附面层状态影响着熵的产生,从而影响着叶片通道的损失。如果附面层是完全层流或者完全湍流的话，那么它的发展及损失可以很合理地通过 CFD 预测。然而，在许多实际情况中，附面层是转捩的。转捩区附面层受到很多因素的影响，包括雷诺数、湍流度、压力梯度、表面粗糙度、表面曲率以及三维效应。Mayle 于 1991 年在 IGTI 学者论坛的演讲中总结了多种预测转捩区的方法[33]，并且发现了雷诺数、压力梯度和湍流度的作用之间存在关联。当雷诺数较小($Re < 5 \times 10^5$)时，转捩区的产生通常是由于分离泡，它们之间的关联需进一步研究。以上这些关联的精确性都并不是很高，自由来流的湍流度被认为是更重要的因素，湍流度有决定性影响，但是其作用机理却并不清楚。在非稳态时的附面层情况更加复杂，其在尾迹湍流度增强时与层流附面层的相互作用会大大影响分离泡和损失，相关内容见 Halstead 等的研究[34]。

三维流动中的转捩区情况更加复杂，如叶片通道端壁附近的转捩区，此区域内三维的分离流及强压力梯度会使得端壁的附面层再次层流化，而 CFD 则不太可能预测到这种现象。多数 CFD 并不会预测到整个转捩区，而是在叶片表面的固定点处指定一处转捩点。很多情况下，CFD 都会假设流体为充分发展的湍流或是转捩点位于吸力面最大转折处的转捩流。

3）混合平面

混合平面用于流动通过相对运动叶片排的稳态计算。混合平面上游的网格点的流体有周向均匀的焓和熵，它们即下一级叶片通道的稳定入口流。混合过程中的质量、动量和能量守恒，但是熵会增加。该混合损失对应损失效率的突变。而混合平面下游的流体有周向均匀的总焓和熵，但非均匀的静压和流向。有些算法能够满足以上要求，如 Denton 和 Holmes 的研究成果[35, 36]。若流体流速超过声速并产生激波，各叶片排的非定常相互作用特别强烈，上述模型可能不再有效。

Adamcyzk 的平均通道法通过计算重叠网格而非使用混合平面计算性能，其混合损失则利用下游叶片排的决定性应力来计算[37]。尽管与混合平面模型相比，该方法更符合实际，但是其建模更加复杂且仍然需要很多简化假设。

混合平面法的主要假设为，混合平面处产生的混合损失等于实际流体在下游叶排非定常环境中掺混所产生的损失。但是该假设并无理论依据。实际上，当尾迹被拉伸时，其混合损失减少；而当尾迹被压缩时，其混合损失增多。通常认为，压气机中的尾迹是被拉伸的。非定常计算方法可以解决混合平面法产生的一些问题，但非定常计算方法很费时，因此混合平面法仍在广泛应用。由于混合平面法中损失的大小具有不确定性，计算中可能会产生误差。

4）尾缘建模

尾缘较厚，其下游流体往往是非定常且有旋涡脱落的。这就产生作用于尾缘的低的底面压力，与此相关的拖曳又进一步增加了尾迹的厚度和下游的熵增。否则，除非用一些特殊的处理方法，定常计算无法模拟这部分尾缘损失。实际上，在较厚的尾缘处，并非越密的网格得出的结果越精确。若尾缘区使用细密的网格，计算结果显示流体分离并未出现在压力面与尾缘交界点之前。流体在尾缘区附近仍然保持附着,其流线的曲率很大,并在压力面尾部产生了低压区;该低压区常常会导致近尾缘区出现负的叶片载荷,但是这种负的载荷现象从来没有在实验中被发现。该现象的影响有两个:① 由于叶片升力减小,流体转向不足,实际上这会引起一个反馈环节,即增加的气流落后角在尾缘处产生更多转向,从而导致压力面尾部的压强更小;② 尾缘处平均压强更低,相应的动量损失使得 CFD 计算出更多的下游损失。

5) 叶尖泄漏流建模

叶尖泄漏流在所有叶轮机械中都有非常重要的作用,典型情况下其引起的损失占总损失的 1/3,在压气机里它对失速先兆有很大作用。然而,CFD 对于平叶尖间隙泄漏流的模拟非常不准确。对于一台叶尖间隙为叶高 1% 的压气机转子而言,常用的模型是如图 1-31(b) 所示的收缩叶尖模型,但该模型中泄漏流不允许收缩成射

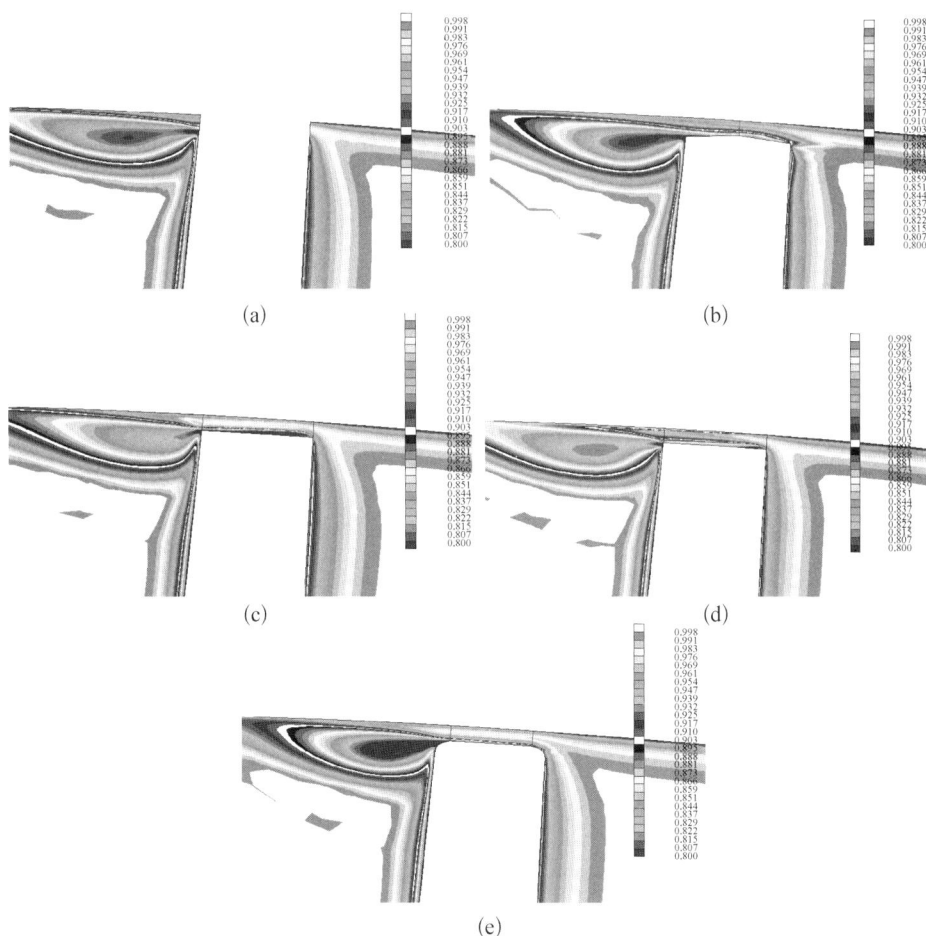

图 1-31 不同叶尖网格模型的压气机转子熵分布(见附页彩图)

(a) 周期性叶尖;(b) 收缩叶尖;(c) 构造网络模拟叶尖,全湍流流动;(d) 构造网格模拟叶尖,全层流流动;
(e) 构造网格模拟腐蚀后的叶尖

流,这样会高估泄漏流量。一些程序建议将叶尖间隙减小为实际值的60%来解决这个问题。还有一种办法不是收缩叶片的叶尖厚度,而是简单地在叶尖间隙区的压力面和吸力面之间应用周期性边界条件,如图1-31(a)所示。该方法不允许叶尖区域的流体沿弦向输运,可以见到无厚度的尖边流动,因此其比其他模型收缩射流更强,泄漏流量更小。如图1-31(c)所示的网格式叶尖间隙更符合实际,但是在如此复杂的流动下,湍流模型的有效性值得怀疑。流体加速进入间隙,抑制了湍流的发展,且根据叶尖间隙大小,间隙内雷诺数非常低,处于2 000~5 000,因此有理由认为间隙中的流动可能处于转捩状态,可能在泄漏流射流的喉部之前为层流状态,之后为湍流再附着。这种建模方式对泄漏流有很大的影响。图1-31(c)和图1-31(d)所示是间隙内为完全湍流和间隙内为完全层流时的泄漏流模式。相比于湍流,层流的分离区较大,因此泄漏流较少。对所有算例中预测的泄漏流量的比较如表1-2所示。图1-31(e)的算例中,叶尖间隙受到腐蚀而产生小圆角,与实际使用中的情况相符。因为几何形状上出现较小的变化,叶尖泄漏流大大增加。泄漏流计算上的误差将会严重影响预测的有泄漏流的级效率以及下游级的进口流动。

表1-2　不同叶尖模型叶尖泄漏流量的对比

叶尖模型	收缩叶尖	周期性叶尖	层流网格叶尖	湍流网格叶尖	腐蚀的湍流网格叶尖
叶尖泄漏流量百分比	1.316	0.869	0.909	1.028	1.306

1.4.4　未知边界条件

叶轮机械计算中常用的边界条件是其进口的总压、总温和气流角的分布,以及出口处静压的展向变化,另外还可能包括一些进口的湍流量如湍流动能和长度尺度。通常先在出口处指定一点处的静压,然后应用简单径向平衡条件得出展向的静压变化。指定压强决定了机器的工况点,如果径向平衡条件应用在最后一个叶片的下游较远处,指定压强对于预测性能的影响就会很小;进口边界条件的影响很大,并且在实际的机器中,这些量很难精确获知。

1) 环形附面层

流体在环形(端壁)附面层内的流动特征是最重要的因素,同时也是最不易得到的数据。在涡轮、压气机中,端壁附面层厚度及速度分布对于端壁损失的影响很大。这些附面层很难确定,因为它们中混杂了附面层增长、二次流和泄漏流。所以,它们并非平行的,而是倾斜的,产生的涡量对于下游叶片通道的二次流有很大影响。

除了引起不同的端壁损失外,不同的进口附面层还会造成不同的流面收缩量,从而引起不同的叶型损失。不同的进口附面层还会导致不同的二次流,因此改变下游叶片通道的进口角。这里需要再次强调的是，实际情况中，几乎无法知道端壁附面层的特征。

2）主流湍流度

另外一个比较重要的进口边界条件就是主流湍流度。该量在实际中也很难获得。主流湍流度影响焓与熵的混合，并且对附面层转捩发展也有着重要影响。Aalburg 等利用不同湍流度的 CFD 结果来标定进口湍流度[38]，通过系统地改变进口湍流长度尺度，获得与实验数据吻合的结果。

1.4.5 未知几何形状

未知几何形状可能发生在叶片的叶型及密封的间隙。虽然这并非 CFD 本身造成的误差，但是这对预测结果的精度影响很大。在室温和静止状态下，叶型曲线可以精确得到，但是在高温运行状态下，叶型曲线会发生改变。该问题在薄压气机叶片的尖端尤为明显，因为在离心载荷和气体载荷的作用下，此处的扭曲程度会改变。压气机尖端若有 1°的扭曲，局部质量流量会改变 3%，压气机的匹配特性会完全改变。这种情况下，工作中的叶片形状应该由应力分析来确定。

1）密封间隙和尖端间隙

密封间隙和尖端间隙产生的误差比叶型还要大，因为它们无法精确获知。尖端间隙除了对效率影响很大外，它对压气机失速特性的影响也很大，这将在 1.4.6 节中进行讨论。轮毂或机匣密封间隙处的泄漏流对于端壁附面层也有很大影响。尽管利用专门针对密封间隙的 CFD 软件可以得到较好的结果，但总的来说，在日常设计中往往会忽略这种泄漏流。

另外，未知几何形状还来源于服役过程中的腐蚀。这会影响尖端间隙和密封间隙以及关键区域（如压气机叶片前缘）的形状。叶尖间隙处的倒圆会产生显著影响，如图 1-31 所示，这是除叶尖间隙自身变化外的改变。

2）前缘形状

压气机叶片前缘附近的流场取决于前缘的精确几何形状，其厚度很可能小于 0.5 mm。随着服役时的腐蚀，制造误差可能对前缘的形状产生很大影响，除非前缘的设计制造十分精细，否则，在前缘曲线与叶片吸力面结合点处可能会产生高速突变。

前缘附近的网格点需要非常精细才能捕捉到这种急剧加减速的流场，即使无黏流也一样。层流附面层从滞止点开始发展，但在吸力面峰值点突变后产生分离，随后湍流再附着，而且湍流附面层一直延续到吸力面最后；与上游叶片排尾迹的非定常相互作用极大影响着分离和再附着过程。从滞止点到吸力面峰值点突变的附面层十分薄，无法由 RANS 算法解出，但其对下游附面层发展有着关键影响，因此也极大地改变了总的叶型损失。Goodhand 与 Miller 的研究表明[39]，小的突变与大的突变（扩压因子>0.1）的叶型损失相差约 30%，等同于压气机效率改变了 1%以上。

尽管总的附面层解算可能相近,但这种误差不可能由 CFD 预测到。还有一个更重要的限制是,在服役过程中,实际的前缘形状可能并不知道。

3)表面粗糙度

表面粗糙度可视作几何形状的一个方面,它极大地影响着高雷诺数下的附面层发展以及损失,还影响附面层的转捩。新制造出来的叶片表面粗糙度典型值为 1~5 μm。如果表面粗糙度已知,附面层为完全湍流,则它对壁面摩擦的影响可以通过壁面函数来计算,见 Gbadebo 等的研究[40]。尽管表面粗糙度在叶片全新时是已知的,但是随着服役时间的增加,表面粗糙度会增加,因此使用过程中其实际值并不知道。这也是很多压气机服役时效率恶化的主要原因之一。

Gbadebo 等还研究了表面粗糙度对三维流动分离的影响[40]。他们在大尺寸低速压气机中采用了 25 μm 的表面粗糙度,$Re = 2.7 \times 10^5$,他们认为这与航空发动机的压气机中 1.5~2.0 μm 的典型服役值相当。

多数 CFD 计算假设固体表面为光滑的。该假设对新叶片在低雷诺数下($Re <$ 10^6)有效,但在很多服役情况时并非如此。需要指出的是,蒸汽和燃气涡轮高压级的效率往往比计算结果低得多。

1.4.6 压气机失速

预测压气机的失速点或许是 CFD 应用中最具挑战性的工作。压气机失速时的误差来源包含了本节讨论的大部分的未知和不精确的因素。它受到叶尖间隙、尖端腐蚀、叶片扭转变化、湍流模型、转捩模型、表面粗糙度、非定常流动和上游下游对流的影响。特别地,失速本身就是一个非定常过程,涉及很多叶栅通道乃至全周。然而计算中我们通常采用定常解,失速对应于解不再收敛的计算步。数值收敛失败往往与大尺度分离的增长有关,因此这与湍流模型的相关性很强。CFD 不收敛时的质量流量比实验数据高,压比比实验数据低。作者认为,这是由于实验中自由来流湍流度比 CFD 预测的大,限制了分离流的发展。

由于这些难点的存在,对于大多数 CFD 工具来说,即使是对于单级压气机失速点的准确预测也是力所不及的。因此,必要对整个通道做精细网格的非定常计算,并要知道几何形状、进口条件,而且需要非常好的湍流模型。对于多级压气机而言,其问题更具挑战性,因为误差有累积过程。例如,由于不精确的叶尖泄漏流产生的单级压比或阻塞的误差,会改变级的匹配关系,进而增加或降低其负荷。因此,失速,比如计算的崩溃,会产生于错误的级。鉴于这些问题,CFD 对多级压气机性能的计算结果不会精确。

为解释这种算例的困难程度,并展示 CFD 的误差,图 1-32[1] 中展示了用两种不同 CFD 程序计算单级中失速的压气机的结果。对程序 A,若运行定常模式,得到的流场特性在高流量系数时较准确,但在远未到失速时,程序便失败了;若运行非定常模式,其流场特性精度会增加,但程序仍然在失速点之前很远便失败。对程序 B,

在给定质量流量下其所得压升太小,程序也在达到失速点前便失败,这可能是由于叶型表面或端壁分离产生的阻塞过多。

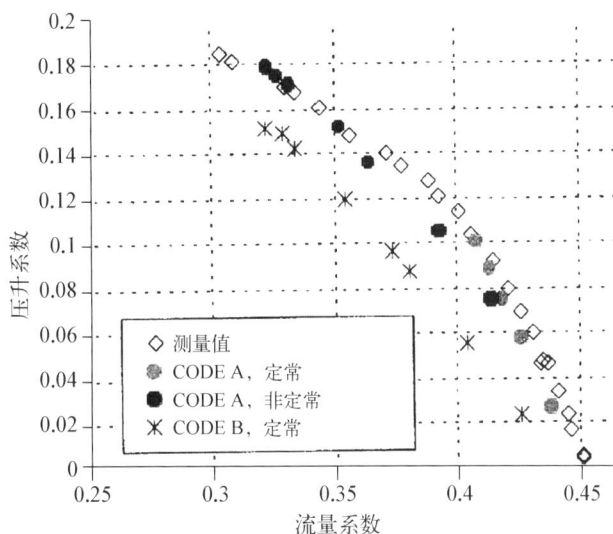

图 1 - 32　单级压气机的失速预测[1]

1.4.7　结论

本节尝试表明利用 CFD 预测叶轮机械性能受制于很多不确定性因素。其中的一些误差来源于 CFD 本身建模时的限制,还有一些误差是由于未知几何形状和未知边界条件产生的。叶片排损失、机器效率和压气机失速边界的预测是最容易产生误差的量,任何用于预测这些量的 CFD 都应该尽可能地按照实验数据进行标定。总之,不能因 CFD 可用而减少实验,也就是说实验应该被设计用于标定 CFD,而不是只模拟一个特殊的设计。

多年以来,随着 CFD 的发展,模型误差已经逐渐减小,并且毫无疑问将来会继续减小。然而,除非 DNS 计算变成一个设计工具,否则,通用的湍流模型和转捩模型不太可能再发展。有些几何形状误差,如密封间隙和叶尖间隙会因为更好的制造和装配公差而减小,但是有些几何形状误差,如腐蚀和表面粗糙度的运行状态将一直维持未知。若模型误差和几何形状误差得以减小,边界条件误差也会随之减小,因为它们在上游的级中可以被精确预测。然而,流体的湍流度,仍然会有很大的不确定性。

尽管 CFD 有以上种种限制,但它仍然是叶轮机械设计中的有力工具,作者当然并不建议在应该采用 CFD 时而少用它。无论如何,CFD 必须用于相对基准,而非绝对的性能预测。例如,我们可以用 CFD 比较同样叶尖间隙下的两种设计,即使实际间隙未知,CFD 也可以用来检验叶尖间隙的敏感度。也许 CFD 最重要的用处在于可以帮助用户理解流场的物理现象,这需要用户研究细致的解决方案而不是仅仅观测几个总性能数据。有了对流场物理现象的理解,即使性能的定量预测并不可信,我们也可以改善不合需要的流动特性。

1.5　本书的主要内容

本书对目前航空压气机中的4种泄漏流动研究进行了论述,包括转子叶尖径向间隙泄漏流、带冠与悬臂静子叶根径向间隙泄漏流以及便士腔间隙泄漏流。其中,针对便士腔间隙泄漏流动现象,在第1章介绍了目前相关出版文献的研究成果后,后续章节将不再涉及。全书共分为5章,各章的内容如下。

第1章为绪论,简要论述了航空压气机中常见的4种间隙泄漏流动现象,并对压气机泄漏流动CFD计算相关的一些限制进行了介绍。

第2章论述了航空压气机泄漏流动的经验模型。考虑叶尖间隙泄漏流的损失经验模型,包含了动量泄漏类损失经验模型、势涡类损失经验模型。考虑篦齿间隙泄漏流损失经验模型,包含了篦齿泄漏流量经验公式、篦齿泄漏损失经验公式。考虑叶尖间隙的气动稳定性模型,包含了Koch失速静压升系数模型、改进失速静压升系数模型。

第3章论述了采用实验和数值模拟方法获得的转子叶尖径向间隙泄漏流动对航空压气机气动性能和稳定性的影响及相应的流动机制。

第4章论述了采用实验和数值模拟方法获得的带冠静子叶根径向间隙泄漏流动对航空压气机气动性能和稳定性的影响及相应的流动机制,最后介绍了带冠静叶泄漏流动的两种被动控制方法。

第5章论述了采用实验和数值模拟方法获得的悬臂静子叶根径向间隙泄漏流动对航空压气机气动性能和稳定性的影响及相应的流动机制,最后介绍了悬臂静叶泄漏流动的4种被动控制方法。

参 考 文 献

[1] Denton J D. Some limitations of turbomachinery CFD[C]//ASME Turbo Expo 2010：Power for Land，Sea，and Air. American Society of Mechanical Engineers Digital Collection，2010：735 - 745.

[2] Dénos R，Brouckaert J F，Von Karman Institute for Fluid Dynamics. Advances in axial compressor aerodynamics[M]. Rhode Saint Genese，Belgium：Von Karman Institute for Fluid Dynamics，2006.

[3] Rains D A. Tip clearance flows in axial compressors and pumps[D]. California，USA：California Institute of Technology，1954.

[4] Lakshminarayana B. Methods of predicting the tip clearance effects in axial flow turbomachinery[J]. Journal of Basic Engineering，1970，92(3)：467 - 480.

[5] Kirtley K, Beach T, Adamczyk J. Numerical analysis of secondary flow in a two-stage turbine[C]//26th Joint Propulsion Conference. American Institute of Aeronautics and Astronautics, 1990.

[6] Chen G T, Greitzer E M, Tan C S, et al. Similarity analysis of compressor tip clearance flow structure[J]. Journal of Turbomachinery, 1991, 113(2): 260 – 269.

[7] Storer J A, Cumpsty N A. An approximate analysis and prediction method for tip clearance loss in axial compressors[J]. Journal of Turbomachinery, 1994, 116(4): 648 – 656.

[8] Inoue M, Kuroumaru M, Fukuhara M. Behavior of tip leakage flow behind an axial compressor rotor[J]. Journal of Engineering for Gas Turbines and Power, 1986, 108(1): 7 – 14.

[9] Inoue M, Kuroumaru M. Structure of tip clearance flow in an isolated axial compressor rotor [J]. Journal of Turbomachinery, 1989, 111(3): 250 – 256.

[10] Cumpsty N A. Compressor aerodynamics[M]. 2nd ed. Malabar, Florida: Krieger Publishing Company, 2004.

[11] McDougall N M, Cumpsty N A, Hynes T P. Stall inception in axial compressors[J]. Journal of Turbomachinery, 1990, 112(1): 116 – 123.

[12] Wennerstrom A J. Experimental study of a high-throughflow transonic axial compressor stage[J]. Journal of Engineering for Gas Turbines and Power, 1984, 106(3): 552 – 560.

[13] Murthy K N S, Lakshminarayana B. Laser Doppler velocimeter measurement in the tip region of a compressor rotor[J]. AIAA Journal, 1986, 24(5): 807 – 814.

[14] Wisler D C. Loss reduction in axial-flow compressors through low-speed model testing[J]. Journal of Engineering for Gas Turbines and Power, 1985, 107(2): 354 – 363.

[15] Freeman C. Effect of tip clearance flow on compressor stability and engine performance[J]. VKI Lecture series, 1985: 1 – 43.

[16] Hunter I H, Cumpsty N A. Casing wall boundary-layer development through an isolated compressor rotor[J]. Journal of Engineering for Power, 1982, 104(4): 805 – 817.

[17] Denton J D. The 1993 IGTI scholar lecture: loss mechanisms in turbomachines[J]. Journal of Turbomachinery, 1993, 115(4): 621 – 656.

[18] Yoon S, Selmeier R, Cargill P, et al. Effect of the stator hub configuration and stage design parameters on aerodynamic loss in axial compressors[J]. Journal of Turbomachinery, 2015, 137(09): 091001.

[19] de Dominicis I, Robens S, Wolfrum N, et al. Interacting effects in a multistage axial compressor using shrouded and cantilevered stators[J]. Journal of Propulsion and Power, 2021, 37(4): 615 – 624.

[20] Swoboda M, Ivey P C, Wenger U, et al. An experimental examination of cantilevered and shrouded stators in a multistage axial compressor[C]//ASME 1998 International Gas Turbine and Aeroengine Congress and Exhibition. American Society of Mechanical Engineers Digital Collection, 1998.

[21] Campobasso M S, Mattheiss A, Wenger U, et al. Complementary use of CFD and experimental measurements to assess the impact of shrouded and cantilevered stators in axial compressors[C]//ASME 1999 International Gas Turbine and Aeroengine Congress and Exhibition. American Society of Mechanical Engineers Digital Collection, 1999.

[22] Lange M, Mailach R, Vogeler K. An experimental investigation of shrouded and cantilevered compressor stators at varying clearance sizes[C]//ASME Turbo Expo 2010: Power for Land, Sea, and Air. American Society of Mechanical Engineers Digital Collection, 2010: 75 - 85.

[23] Royce R. The Jet engine[M]. London: Rolls Royce Technical Publication, 1996.

[24] Wolf H, Franke M, Halcoussis A, et al. Investigation of penny leakage flows of variable guide vanes in high pressure compressors[C]//ASME Turbo Expo 2016: Turbomachinery Technical Conference and Exposition. American Society of Mechanical Engineers Digital Collection, 2016.

[25] Pohl D, Janssen J, Jeschke P, et al. Variable stator vane penny gap aerodynamic measurements and numerical analysis in an annular cascade wind tunnel[J]. International Journal of Gas Turbine, Propulsion and Power Systems, 2020, 11(2): 44 - 55.

[26] Stummann S, Pohl D, Jeschke P, et al. Secondary flow in variable stator vanes with penny-cavities[C]//ASME Turbo Expo 2017: Turbomachinery Technical Conference and Exposition. American Society of Mechanical Engineers Digital Collection, 2017.

[27] Janssen J, Pohl D, Jeschke P, et al. Effect of an axially tilted variable stator vane platform on penny cavity and main flow[J]. Journal of Turbomachinery, 2022, 144(2): 021010.

[28] Casey M V. Validation of turbulence models for turbomachinery flows: a review[M]//Engineering Turbulence Modelling and Experiments 5. Oxford: Elsevier Science Ltd, 2002: 43 - 57.

[29] Denton J D. Lessons from rotor 37[J]. Journal of Thermal Science, 1997, 6(1): 1 - 13.

[30] Shabbir A, Celestina M L, Adamczyk J J, et al. The effect of hub leakage flow on two high speed axial flow compressor rotors[C]//ASME 1997 International Gas Turbine and Aeroengine Congress and Exhibition. American Society of Mechanical Engineers Digital Collection, 2007.

[31] Dunham J, Meauzé G. An AGARD working group study of 3D Navier-Stokes codes applied to single turbomachinery blade rows[C]//ASME 1998 International Gas Turbine and Aeroengine Congress and Exhibition. American Society of Mechanical Engineers Digital Collection, 2014.

[32] Woollatt G, Lippett D, Ivey P C, et al. The design, development and evaluation of 3 - D aerofoils for high speed axial compressors: part 2 — simulation and comparison with experiment[C]//ASME Turbo Expo 2005: Power for Land, Sea, and Air. American Society of Mechanical Engineers Digital Collection, 2005: 303 - 316.

[33] Mayle R E. The Role of laminar-turbulent transition in gas turbine engines[C]//ASME 1991 International Gas Turbine and Aeroengine Congress and Exposition. American Society of Mechanical Engineers Digital Collection, 1991.

[34] Halstead D E, Wisler D C, Okiishi T H, et al. Boundary layer development in axial compressors and turbines: part 1 of 4 — composite picture[J]. Journal of Turbomachinery, 1997, 119(1): 114 - 127.

[35] Denton J D. The calculation of three-dimensional viscous flow through multistage turbomachines[J]. Journal of Turbomachinery, 1992, 114(1): 18 - 26.

[36] Holmes D G. Mixing planes revisited: a steady mixing plane approach designed to combine high levels of conservation and robustness[C]//ASME Turbo Expo 2008: Power for Land, Sea, and Air. American Society of Mechanical Engineers Digital Collection, 2009: 2649 - 2658.

[37] Adamczyk J J. Aerodynamic analysis of multistage turbomachinery flows in support of aerodynamic design[J]. Journal of Turbomachinery, 1999, 122(2): 189 - 217.

[38] Aalburg C, Simpson A, Schmitz M B, et al. Design and testing of multistage centrifugal compressors with small diffusion ratios[C]//Turbo Expo: Power for Land, Sea, and Air. 2008, 43161: 1667 - 1676.

[39] Goodhand M N, Miller R J. Compressor leading edge spikes: a new performance criterion [C]//ASME Turbo Expo 2009: Power for Land, Sea, and Air. American Society of Mechanical Engineers Digital Collection, 2010: 1553 - 1562.

[40] Gbadebo S A, Hynes T P, Cumpsty N A. Influence of surface roughness on three-dimensional separation in axial compressors[J]. Journal of Turbomachinery, 2004, 126(4): 455 - 463.

第 2 章　航空压气机泄漏流动的经验模型

间隙泄漏流动会对压气机的总体性能和气动稳定性产生影响,因此在压气机的初始设计阶段就对其进行评估会提高设计精度。本章主要介绍目前常见的由叶尖和箆齿间隙泄漏流引起的压气机主流损失经验模型,以及受叶尖间隙影响的气动稳定性经验模型,这些模型主要应用于航空压气机的零维、一维以及二维设计分析。

2.1　叶尖间隙泄漏流损失经验模型

由于前人对泄漏损失机理认知的不同,转子叶尖泄漏损失经验模型主要分为动量泄漏类损失经验模型和势涡类损失经验模型两种。动量泄漏类损失经验模型假设由于压力面和吸力面的压差存在,会导致一部分流量泄漏,而泄漏流量的动能被完全耗散,从而造成了总压损失;势涡类损失经验模型假设叶尖间隙的存在会使得在叶片前缘位置产生一个泄漏涡,泄漏涡在叶片通道内不断发展,直至叶片尾缘脱落,随后便可以利用叶片尾缘叶尖涡流在升力线上的诱导速度场估算总压损失。

2.1.1　动量泄漏类损失经验模型

基于动量泄漏的叶尖泄漏损失机制最早由 Rains[1] 提出,其指出叶尖泄漏涡会使得泄漏流量的动能无法回收,最终造成叶尖泄漏损失,这个想法也由 Yaras 与 Sjolander[2] 的实验所验证。那么,确定叶尖泄漏损失时的关键步骤就在于确定泄漏流量以及泄漏速度,因此,Vavra 基于动能损失思路提出了一个叶尖泄漏损失模型[3]:

$$\bar{\omega}_{tl} = \frac{\cos^2(\alpha_1)}{\cos^3(\alpha_m)} \frac{4\sqrt{2}c}{5s} C_C F_D^3 \frac{\tau}{h} v_{tl}^{1.5} \tag{2-1}$$

式中,F_D 表示间隙中的流动阻力;C_C 表示通过间隙时的流动收缩系数,α 为周向气流角;c 为叶片弦长;s 为叶片栅距;h 为叶片高度;τ 为叶尖间隙;v_{tl} 为泄漏速度。

Hesselgreaves[4]、Lewis 和 Yeung[5] 在采用 Vavra 的模型时,将 C_C 和 F_D 设为 1,但是在计算过程中,尤其是在间隙比较大的情况下,他们发现 Vavra 模型会低估叶尖泄漏损失的产生,因此 Yaras 和 Sjolander[2] 随后对较少考虑叶片表面载荷分布对叶尖泄漏损失影响的 Vavra 模型进行改进。首先定义穿过间隙的泄漏流量具备的动能为

$$\Delta E = \int 0.5 v_{\mathrm{tl}}^2 \mathrm{d} \dot{m}_{\mathrm{tl}} \tag{2-2}$$

式中,$\mathrm{d}\dot{m}_{\mathrm{tl}}$ 为弦向方向上的当地泄漏流量。

　　Yaras 等的研究表明,泄漏流在穿过叶尖间隙时,在沿弦向方向上几乎没有变化,因此流体所经历的垂直于弦线的压差决定了其运动速度[6]。此外,大多数流体在通过间隙时并没有产生损失,因此通过伯努利方程便可以得到在弦向各个位置的泄漏流速度:

$$v_{\mathrm{tl}} = \left[2(p_{\mathrm{ps}} - p_{\mathrm{ss}}) \big/ \rho \right]^{1/2} \tag{2-3}$$

式中,p_{ps}、p_{ss} 分别为叶片表面压力面压力和吸力面压力。

　　众所周知,叶尖附近的叶片载荷分布会因为泄漏流的存在而高度扭曲,然而 Yaras[7,8] 等经过研究表明,这种压力场的扭曲并不会过度延伸到叶尖间隙较远的位置。因此可以假设对于泄漏流计算时采用的静压分布可以使用不带间隙时的叶尖区域压力场分布,即认为压力场扭曲仅存在于间隙内部。得到泄漏流的速度后,穿过间隙的泄漏流量便可以通过下式计算:

$$\mathrm{d}\dot{m}_{\mathrm{tl}} = C_{\mathrm{m}} \rho v_{\mathrm{tl}} \tau \mathrm{d}x' \tag{2-4}$$

式中,C_{m} 为流量修正系数;τ 为叶尖间隙。

　　Vavra 建议将 0.5 作为流量系数,而 Yaras 等人通过实验研究发现,流量系数应该取更大的值,并表明流量系数会随间隙的大小而改变,如图 2-1 所示。图中的流量系数实际上反映了叶尖附近在径向方向上分离气泡的大小,对于不同设计的叶型,流量系数的变化趋势会稍有不同,不过一般选取 0.7~0.8 之间都是合理的,Dishart 和 Moore 通过实验发现,当流量系数采用 0.7 时,采用式(2-4)对泄漏流量进行计算的预测效果比较好[9]。

　　将式(2-4)和式(2-3)代入式(2-2)中便可以得到间隙动能的表达式:

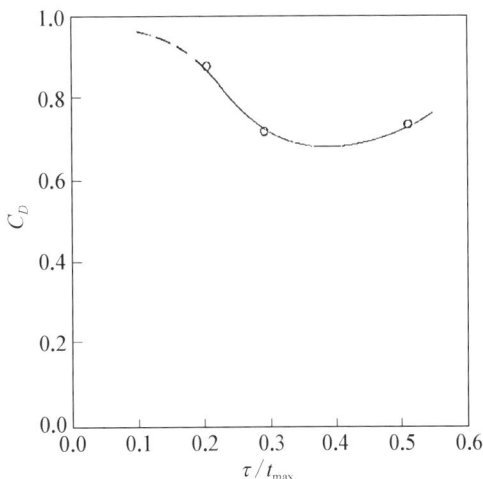

图 2-1　流量系数随间隙变化关系[6]

$$\Delta E = \left(\frac{2}{\rho} \right)^{0.5} C_{\mathrm{m}} \tau \int_0^c (p_{\mathrm{ps}} - p_{\mathrm{ss}})^{1.5} \mathrm{d}x' \tag{2-5}$$

由此可知,当叶片表面的静压分布已知时,便可以对叶尖泄漏损失进行估算。在设计早期阶段,可以对叶片的表面静压分布进行近似处理,最简单的一种选择是线性分布:

$$p_{ps} - p_{ss} = \Delta p_{max}\left(1 - \frac{x'}{c}\right) \tag{2-6}$$

式中,Δp_{max} 是叶片压力面和吸力面的最大压差。

假设压气机表面的静压为线性分布,定义升力系数为

$$C_L = \frac{\int_0^c (p_{ps} - p_{ss})\mathrm{d}x'}{0.5\rho v_m^2 c} \tag{2-7}$$

式中,v_m 为叶栅通道内的平均速度。

将式(2-7)代入式(2-5)便可以得到泄漏动能为

$$\Lambda E = K_F \rho c C_m \tau v_m^3 C_L^{1.5} \tag{2-8}$$

式中,K_E 为针对不同设计理念的叶型的载荷分布修正系数,对于前加载和后加载分布的叶型,一般将 K_E 取为 0.56;对于中间加载的叶型,一般将 K_E 取为 0.5。

针对相对和绝对坐标系下的基于动能形式的损失系数可以定义为

$$\bar{\omega} = \frac{\Delta E}{E} = \frac{\Delta E}{m_m v_1^2/2} \tag{2-9}$$

式中,m_m 为主流流量。

通过叶栅通道的动能可以表示为

$$E = \frac{\rho h s}{2} \frac{v_m^3 \cos^3(\alpha_m)}{\cos^2(\alpha_1)} \tag{2-10}$$

叶尖泄漏损失系数便可以改写为

$$\bar{\omega}_{tl} = 2K_E \sigma \frac{\tau}{h} C_m \frac{\cos^2(\alpha_1)}{\cos^3(\alpha_m)} C_L^{1.5} \tag{2-11}$$

式中,σ 为稠度。

Storer 和 Cumpsty[10] 于 1994 年提出了一个叶尖泄漏混合损失模型,该模型假设间隙损失是由间隙流与叶尖叶片吸力面的主流掺混引起的。间隙流与主流的速度相同但是流动方向不同,在每个弦向位置,损失的产生取决于间隙流的局部流动方向,通过简单的控制容积分析可以计算出间隙损失。为此,Storer 定义了沿叶片弦向方向的质量平均泄漏流方向。可以利用平均泄漏速度与流向速度计算泄漏流流动角度,并根据泄漏流与主流之间的流动方向差异来预测泄漏流与主流之间的掺混损失。假设叶尖处叶片吸力面的平均压力分布与远离叶尖部分的吸力面压力分

布近似,并且平均泄漏速度与远离叶尖位置处的叶片表面的压差的平方根成正比。叶尖间隙中产生损失的流动如图 2-2 所示,在该区域中的流动,熵产相当于滞止压力的损失,由整体守恒约束关系确定,假设最终间隙流与主流完全均匀混合,因此流动过程的细节不影响整体结果。v_S 和 v_L 分别为间隙流在流向上和泄漏方向上的速度分量。

将图 2-2 中所示的间隙流动过程进行简化,可以看作在二维平面的间隙流与主流的混合过程,如图 2-3 所示,间隙流和主流都以均匀且相等的速度 v 以近似不可压缩的流体流动混合形成下游速度为 v_m 的均匀流。间隙流的流动面积为 A_{tl},主流的流动面积为 A_m,两股流体流动面积的比值 $\chi = A_{tl}/A_m$ 小于 1,间隙流入射角度为 ζ。

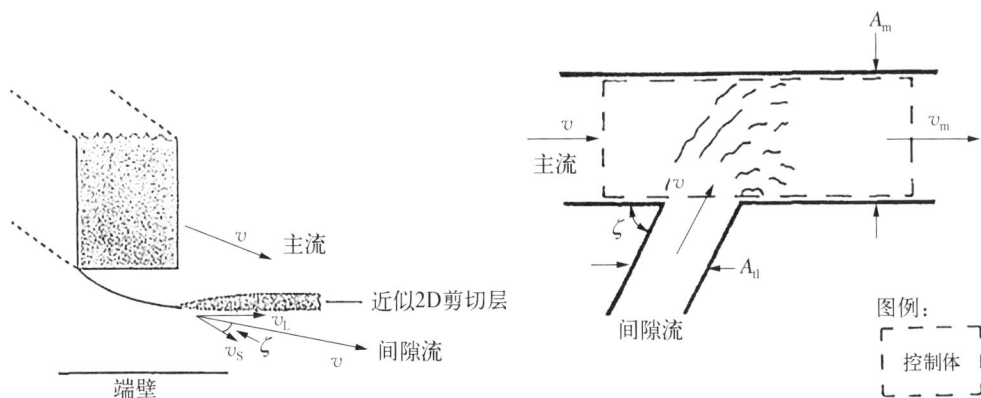

图 2-2　叶尖泄漏流动损失机理模型[10]

图 2-3　间隙流与主流混合的简化模型[11]

在忽略混合过程表面摩擦的情况下,在入口和出口之间的主流方向上应用质量守恒和动量守恒,则可以得到整个流动混合过程的总压损失,为

$$\frac{\Delta p^*}{0.5\rho v_m^2} = \chi \sin\zeta \left[\frac{2 + \chi\sin\zeta - 2\cos\zeta}{(1 + \chi\sin\zeta)^2}\right] \qquad (2-12)$$

式中,上角标 * 表示滞止参数。

式(2-12)中采用完全混合后的出口速度对压力进行无量纲化处理,而当应用于压气机时,根据总压损失的定义,应当采用压气机进口动压,因此还要进一步假设压气机进出口的轴向速度相当,即 $v_1\cos\alpha_1 = v_2\cos\alpha_2$,则对于压气机中间隙流于主流的掺混造成的总压损失可以改写为

$$\frac{\Delta p^*}{0.5\rho v_1^2} = \chi \sin\zeta \left[\frac{2 + \chi\sin\zeta - 2\cos\zeta}{(1 + \chi\sin\zeta)^2}\right]\frac{\cos^2\alpha_1}{\cos^2\alpha_2} \qquad (2-13)$$

间隙流与主流之间的面积比需要用叶栅的几何参数来表示。对于间隙流来说,其面积为弦长和间隙高度的乘积 $A_{tl} = \tau c$,而主流的面积则是叶片的高度乘以叶片

的法向栅距,作为近似值,法向栅距等于叶片栅距乘以安装角的余弦值,而栅距等于叶片的弦长除以稠度,因此间隙流与主流的面积比可以表示为

$$\chi = \frac{\tau c}{(c/\sigma)h\cos\gamma} = \frac{\sigma(\tau/c)}{(h/c)\cos\gamma} \tag{2-14}$$

Storer 和 Cumpsty[12]通过实验研究发现,利用式(2-14)经常会高估间隙流量比值,为了更好地与实验值贴合,需要添加一个流量系数 $C_m = 0.8$ 来对其进行修正:

$$\chi = C_m \frac{\sigma(\tau/c)}{(h/c)\cos\gamma} \tag{2-15}$$

在式(2-15)中,对于间隙流与主流之间的入射角度,Storer 和 Cumpsty[12]认为间隙流应该垂直于主流入射,即 $\zeta = 90°$。入射角度对间隙损失计算的影响如图 2-4 所示,图中还展示了由 Yaras 提出的叶尖泄漏动量损失模型在不同入射角度下的损失计算结果,Yaras 认为叶尖泄漏损失是泄漏流在穿过间隙时,其自身具备的动能被全部耗散导致的。从图中可以看出,Yaras 模型在 $\zeta = 90°$ 时,其模型计算的损失达到最大值;而 Storer 基于动量守恒的损失计算模型,预测所得损失则随入射角度增大呈现单调递增趋势;当入射角度大于 30°时,Yaras 模型预测的损失便低于 Storer 模型的。

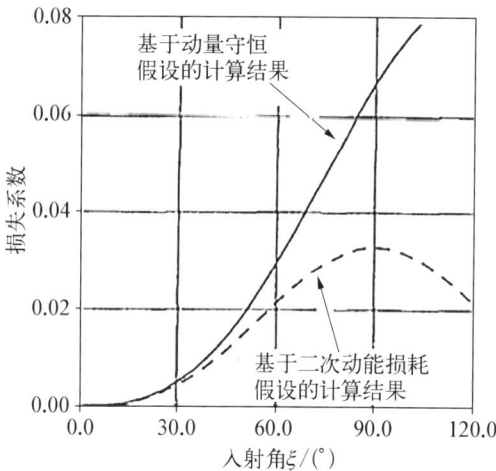

图 2-4 间隙流与主流的入射角度对间隙损失计算的影响[11]

Storer 模型在计算间隙损失时采用整体间隙流与主流入射角度,而该入射角度对间隙泄漏损失的计算有着比较大的影响,为了更好地对该角度进行计算,Storer 和 Cumpsty[12]假设入射角度在穿过间隙时不发生改变,角度变化主要发生在沿弦长方向上,因此在假设密度在弦长方向上变化较小的情况下,对入射角度在沿弦长方向上进行质量平均,可得到整个间隙流的平均入射角度:

$$\bar{\zeta} = \frac{\int_0^c \zeta v_{tl}\mathrm{d}l}{\int_0^c v_{tl}\mathrm{d}l} \tag{2-16}$$

在基于动量泄漏类损失模型中,应用最广泛的一种叶尖间隙泄漏流损失模型是 Aungier[13]于 2003 年提出的,其同时适用于转子叶尖和悬臂静子叶根间隙的损失计

算。Aungier 模型的基本假设认为叶尖泄漏流的产生是由于在叶尖间隙附近(见图 2-5),叶片两个表面之间的压力差驱动压力面流体向吸力面流动,泄漏流量的大小与叶片表面的压力分布有着直接的关联,而泄漏流引起的损失主要受泄漏流量的影响,因此,正确确定泄漏流量是叶尖泄漏损失模型的关键。

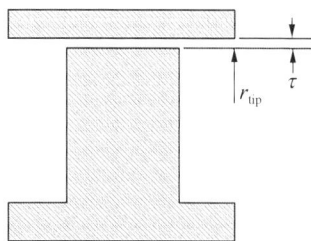

图 2-5　叶尖间隙结构示意图[13]

叶片表面压差引起泄漏流产生时必须满足动量守恒定律,因此两侧压力差必须与叶尖的扭矩相平衡,对于一个间隙大小为 τ 的叶尖泄漏流动,其平衡扭矩 M 的计算公式为

$$M = \pi\tau\left[(r\rho v_\mathrm{m})_1 + (r\rho v_\mathrm{m})_2\right]\left[r_2 v_{\theta 2} - r_1 v_{\theta 1}\right] \tag{2-17}$$

式中,v_m 为子午速度;v_θ 为周向速度;ρ 为流体密度;r 为叶尖半径;下角标 1、2 分别表示叶片通道的进口和出口。

则叶片表面压差可以通过动量守恒来计算:

$$\Delta p = M \big/ (Z r_\mathrm{tip} \delta_c c \cos\gamma) \tag{2-18}$$

式中,Z 是叶片数;c 是叶片的弦长;γ 为叶片顶端的安装角。

穿过叶尖间隙的泄漏流量速度可以通过叶片表面的压差估算出来,但其还受到节流效应的影响,叶片数 Z 越多则节流效应越严重,Aungier 提出的泄漏流量速度经验计算公式为

$$v_\mathrm{tl} = 0.816\sqrt{\Delta p/\rho} \big/ Z^{0.2} \tag{2-19}$$

泄漏流量可以通过泄漏速度与叶尖间隙横截面积来确定:

$$\dot{m}_\mathrm{tl} = \rho v_\mathrm{tl} Z \delta_c c \cos\gamma \tag{2-20}$$

至此,叶尖泄漏造成的总压减少便可以通过泄漏流量与主流之间的比值来进行计算:

$$\Delta p_\mathrm{tl} = \Delta p \dot{m}_\mathrm{tl}/\dot{m}_\mathrm{m} \tag{2-21}$$

叶尖间隙损失模型仅提供了估算叶尖泄漏流所产生的损失的方法,理论上泄漏损失应该集中在叶尖间隙区域,但如果将其直接应用于多级轴流压气机的通流计算,由于叶尖泄漏损失在端壁的不断累积,最终会使得端壁处出现较大的梯度,很容易导致通流计算程序的发散;并且在实际压气机的运行过程中,由于展向掺混的作用,多级压气机的后面级出口展向剖面往往比较平缓均匀,但传统的无黏通流计算方法并不能很好地模拟掺混作用。因此,为了避免计算过程的发散,Aungier 建议将由叶尖泄漏损失模型获得的总压损失在展向进行线性平均,即在叶尖间隙区域采用经验模型估算的总

压损失系数,在叶根处为0,在径向的间隙损失则进行线性插值。

Denton[11]所提出的叶尖间隙泄漏动量掺混模型也是应用较广泛的一种叶尖间隙损失模型[14],该模型的出发点在于,对于叶尖间隙弦向的任意一点,由叶尖泄漏流与主流之间的掺混造成的熵增可以表示为

$$\Delta s = c_p(k-1)Ma^2\left(1-\frac{v_{ps}}{v_{ss}}\right)\frac{dm}{m_m} \tag{2-22}$$

式中,dm 为当地泄漏流量;m_m 为主流流量,v_{ps} 为叶尖位置压力面速度;v_{ss} 为叶尖位置吸力面速度。

式(2-22)经过简单的理论推导可改写为

$$T\Delta s = v_{ss}^2\left(1-\frac{v_{ps}}{v_{ss}}\right)\frac{dm}{m_m} \tag{2-23}$$

将式(2-23)在弦向进行积分,便可得到叶尖泄漏导致的压气机主流熵增。而在弦长任意位置的当地泄漏量为

$$dm = C_m\tau\sqrt{2\rho\Delta p}\,dz \tag{2-24}$$

式中,τ 是叶尖间隙大小;C_m 为流量系数,一般取值在 $0.7\sim0.8$ 之间;Δp 为压力面和吸力面的压差。

将式(2-24)代入式(2-23)并在弦长方向积分可得

$$T\Delta s_{tl} = \frac{C_m\tau c}{m_m}\int_0^1 v_{ss}^2\left(1-\frac{v_{ps}}{v_{ss}}\right)\sqrt{2\rho\Delta p}\,\frac{dz}{c} \tag{2-25}$$

假设叶片表面的压差为

$$\Delta p = 0.5\rho(v_{ss}^2 - v_{ps}^2) \tag{2-26}$$

假设压气机主流流量为

$$m_m = \rho v_2 hs\cos\alpha_2 \tag{2-27}$$

式中,h 为叶片高度;s 为叶片栅距。

将式(2-26)、式(2-27)代入式(2-25)可得叶尖间隙泄漏所造成的总熵增,总熵增为

$$T\Delta s_{tl} = \frac{C_m\tau c}{v_2 hs\cos\alpha_2}\int_0^1 v_{ss}^2\left(1-\frac{v_{ps}}{v_{ss}}\right)\sqrt{v_{ss}^2 - v_{ps}^2}\,\frac{dx}{c} \tag{2-28}$$

2015 年,Banjac[15]在 Denton[11]提出的叶尖泄漏损失机理的基础上提出了另一种叶尖间隙损失的估算方法,该方法认为叶尖泄漏造成总压损失的主要原因是叶尖泄漏流在叶尖吸力面的减速并在叶片下游与主流之间的掺混所造成的熵增。该模型的基本假设是,认为泄漏流是由于靠近叶尖区域的叶片吸力面和压力面的压差驱

动引起的;另外,由于大量的 CFD 算例表明端壁边界层对叶尖泄漏流量的影响较小,一般只有端壁边界层厚度增加 20%,才会引起泄漏流量的 1% 增量,因此忽略端壁边界层厚度对泄漏损失的影响。

图 2-6 中展示了计算变量示意图。c 为转子叶尖弦长;γ 为安装角;τ 为叶尖间隙;叶片吸力面和压力面速度为 w_s、w_p;叶尖半径为 R_T。

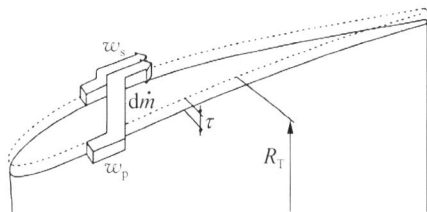

图 2-6　叶尖间隙泄漏损失机制示意图[15]

假设气体是沿近似圆周方向流过间隙,在弦长方向上的当地泄漏流量可以用下式计算:

$$\mathrm{d}\dot{m} = C_C \tau c \sqrt{2\rho\Delta p}\cos\gamma\,\mathrm{d}\bar{x} \qquad (2-29)$$

式中,变量 $\bar{x} \in [0,1]$ 表示相对弦长的位置;C_C 表示间隙内的气流收缩系数,一般取值为 0.79。

间隙流的总熵产由以下公式定义:

$$\Delta s = \int_{\bar{x}=0}^{1} w_s(w_s - w_p)\mathrm{d}\dot{m} \qquad (2-30)$$

将式(2-29)代入式(2-30)可得总熵产为

$$\Delta s = C_C \tau c \cos\gamma \int_0^1 \sqrt{2\rho\Delta p}\, w_s(w_s - w_p)\mathrm{d}\bar{x} \qquad (2-31)$$

对于叶尖间隙的最大限制,尽管一些研究表明,当叶尖间隙大于 4% 的叶高时,继续增加间隙并不会再造成损失的继续增加,但 Banjac 还是建议采用 7% 的叶片周向截距 $s\cos\gamma$ 作为其损失计算模型的间隙上限。

在弦长方向上的当地压差和密度的计算公式如下:

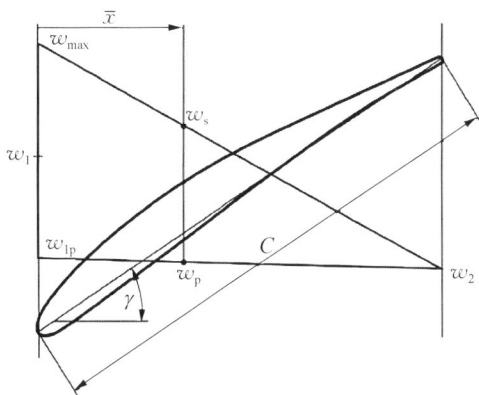

图 2-7　叶尖间隙损失模型中的简化速度分布[15]

$$\Delta p = \frac{1}{2}\rho(w_s^2 - w_p^2),$$
$$\rho = \rho_1 + (\rho_2 - \rho_1)\bar{x} \qquad (2-32)$$

线性密度变化是在假设密度变化较小的情况下使用的,在一般的轴流压气机中,该假设都是适用的。对于压气机叶片表面的简化线性速度分布如图 2-7 所示。

在叶片吸力面,速度从最大值 $w_{\max}$ 线性降低至出口速度 w_2;而在压力面,速度从起始值 w_{1p} 线性变化到出口速

度 w_2：

$$w_s = w_{\max} - (w_{\max} - w_2)\bar{x}, \ w_p = w_{1p} - (w_{1p} - w_2)\bar{x} \quad (2-33)$$

对于 NACA65 系列和圆弧中弧线类叶片，根据 Lieblein[16,17] 的建议，其吸力面最大速度计算公式为

$$w_{\max} = w_1(A + 1.12 + 0.61\Gamma^*) \quad (2-34)$$

式中，Γ^* 为参考状态下的叶片环量参数。Γ^* 的计算方式为

$$\Gamma^* = \frac{\cos^2\beta_1^*}{\sigma}(\tan\beta_1^* - \tan\beta_2^*) \quad (2-35)$$

上角标 ∗ 表示为参考状态下的参数，A 为非设计工况下的最大速度修正系数：

$$\begin{cases} A = 0.011\ 7\Delta i^{1.43}, & \Delta i > 0 \\ A = 0, & \Delta i \leqslant 0 \end{cases} \quad (2-36)$$

对于 MCA 叶型，系数 $A = 0.007$；对于其他一般叶型，$A = 0.011\ 7$。

攻角变化为实际攻角与参考攻角的差值：

$$\Delta i = \beta_1 - \beta_1^* \quad (2-37)$$

对于后加载形式的叶型，Koënig[18,19] 建议吸力面的最大速度计算方法如下：

$$\begin{cases} w_{\max} = w_1(A + 1 + 1.446\Gamma^* - 1.18\Gamma^{*2}), & \Gamma^* \leqslant 0.2 \\ w_{\max} = w_1(A + 1.12 + 0.61\Gamma^*), & \Gamma^* > 0.2 \end{cases} \quad (2-38)$$

叶片压力面的前缘速度由以下公式计算：

$$w_{1p} = w_{\max} - \frac{2w_1}{\sigma\cos\beta_1}(\tan\beta_1 - \tan\beta_2) \quad (2-39)$$

至此，叶片表面的速度分布均为已知条件，则基于熵的动能损失系数为

$$\zeta_{tl} = \frac{Z\Delta s}{0.5w_1^2 m_m} \quad (2-40)$$

式中，Z 为叶片排中的叶片数；m_m 为主流的流量。

通过 Traupel[20] 的方法可以将动能损失系数转化为总压损失系数：

$$\bar{\omega}_{tl} = (0.22Ma^{1.9} + 1)\zeta_{tl} \quad (2-41)$$

基于动量泄漏类的损失经验模型使用比较简便，但此类模型都存在一个缺点，即仅计算了叶尖泄漏造成的整体损失系数，而不评估叶尖泄漏损失在压气机径向的分布，也无法评估叶尖泄漏流动对叶尖区域部分流场的影响。

2.1.2　势涡类损失经验模型

势涡法预测叶尖泄漏损失模型利用升力线模型,考虑了尾缘脱落涡对速度的影响来计算叶尖泄漏损失,但 Lakshminarayana[21] 指出,该模型会高估叶尖泄漏损失,因为其忽略了间隙内黏性流动的真实流动机理以及端壁边界层对泄漏流的影响。由于黏性效应的存在,部分升力会保留在叶尖间隙内部,Lakshminarayana 推导了在不可压缩流动条件下的叶尖泄漏阻力系数:

$$C_D = \frac{C_L^2 (1-K)}{8\pi AR} f\left(\frac{\tau}{s}, \frac{h}{s}\right) \tag{2-42}$$

式中,K 代表升力留在叶尖间隙内部的占比;AR 为展弦比;C_L 为升力系数;s 为叶片栅距;h 为叶片高度;τ 为叶尖间隙。

由于 K 所依赖的变量过于复杂,很难从理论上得到一个清晰的数学表达式,因此 Lakshminarayana 通过实验数据拟合得到了 K 的经验公式:

$$(1-K) = 0.23 + 7.45 \frac{\tau}{s} \tag{2-43}$$

将式(2-43)代入式(2-42)时,$(1-K)$ 和 $f\left(\dfrac{\tau}{b}, \dfrac{H}{b}\right)$ 的乘积可以近似用 $17.6(\tau/b)$ 代替,因此阻力系数的表达式为

$$C_D = 0.7 \frac{C_L^2}{AR} \frac{\tau}{s} \tag{2-44}$$

虽然式(2-44)比势涡法预测叶尖泄漏损失的模型在预测叶尖泄漏损失时相对更准确一些,但其仍然不足以精确地估计叶尖间隙所引起的总压损失。该方法仍然没有考虑叶片边界层的展向流动,在靠近叶尖间隙附近时,其压力梯度比较大,会进一步增加间隙损失的产生。因此,Lakshminarayana[22] 进一步提出了第二个使用于不可压缩流体的叶尖损失模型,该模型考虑了叶片边界层内的流动损失,因此阻力系数可以表示为两种不同机制损失的总和:

$$C_D = C_{D1} + C_{D2} \tag{2-45}$$

式中,C_{D1} 表示无黏区域内尾缘脱落涡造成的阻力系数,由式(2-44)进行计算;C_{D2} 则表征靠近叶尖间隙附近叶片边界层中的能量损失。C_{D2} 由下式进行计算:

$$C_{D2} = \frac{7 C_L^{1.5} (\tau/s)^{1.5}}{\sigma AR \cos \beta_m} \tag{2-46}$$

式中,下标 m 表示通过叶片排的平均值;σ 为稠度。

至此,叶尖泄漏的总阻力系数便可以通过式(2-46)求得,则叶尖泄漏损失系数可以通过下式计算:

$$\bar{\omega}_{tl} = C_D \frac{\sigma \rho_1 v_m^2}{2(p_1^* - p_1)} \tag{2-47}$$

尽管 Lakshminarayana 的叶尖泄漏损失模型与实验结果吻合良好,但其在模型开发过程中并未考虑泄漏涡沿弦向的发展,并且其仅能算出一个总的叶尖泄漏损失系数,无法计算其在展向上的分布情况。为此,Nikolos 等[23]进一步对叶尖泄漏涡结构进行了研究,为了计算涡旋半径和涡强度在沿轴向上的变化,Nikolos 假设所有间隙流都局限在一个泄漏涡中,其后还考虑了涡扩散而导致的涡半径增加,来计算叶片出口的平面总压损失分布。尽管 Nikolos 模型预测的泄漏损失与实验结果展现了非常好的一致性,但其需要在空间上对涡的轴向发展过程进行离散化,因此很难快速地对叶尖泄漏损失进行计算。Lakshminarayana[22] 在 Nikolos 的思路基础上提出了一个类似的叶尖泄漏损失模型,如图 2-8 所示,不过与 Nikolos 相比,他忽略了泄漏涡在轴向上的积分计算,而是直接在叶片出口平面上模拟泄漏涡的大小和速度。

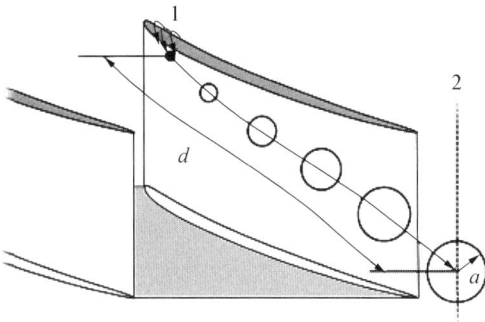

图 2-8　Lakshminarayana 泄漏涡结构示意图[22]

在叶片尾缘出口截面上,存在一个半径为 a 的泄漏涡,其涡半径可以通过 Rains[1] 提出的简化理论来进行估计:

$$\frac{a}{\tau} = 0.14 \frac{d}{\tau} \sqrt{C_L} \tag{2-48}$$

式中,d 为出口截面处涡核到泄漏涡起始位置的距离。

随后,Lakshminarayana[21]通过层流假说推导了在叶片出口截面处由泄漏涡所诱导的速度流场分布,并假设所有与诱导流场相关的动能均已损失,从而计算出泄漏涡所造成的总压损失,然后在不同的半径处对总压损失进行周向质量平均,便可以得到叶尖泄漏损失在展向的分布。然而,该模型并未考虑叶尖附近叶片表面边界层在径向的发展过程,因此在靠近叶尖区域时,预测的损失偏小;此外,由于仅对叶尖泄漏涡在叶片尾缘出口截面建模,故而忽略了泄漏涡在轴向发展过程中产生的损失部分[24]。

总体而言,相比于动量泄漏类叶尖泄漏损失经验模型,势涡类的叶尖泄漏损失经验模型具有更加明确的物理意义,其能够计算叶尖泄漏造成的压气机主流损失,评估泄漏损失在压气机径向的分布以及泄漏流对叶尖区域流场的影响,但该类模型在对泄漏涡进行建模分析时也存在大量的假设,因此普遍会低估叶尖泄漏损失,并且在实际使用过程中,该类模型计算过程较复杂。

2.2　篦齿间隙泄漏流损失经验模型

典型的压气机带冠静叶的篦齿容腔结构如图 2-9 所示。当主流从左向右逆压力梯度流动时,在经过静叶减速扩压后,由于出口的气流静压大于进口的静压,因此在轴向压力梯度的驱动下,气流会从静叶根部的篦齿间隙处逆主流方向泄漏,在静叶前缘处重新汇入主流,并与压气机通道内的主流掺混,造成主流的总压损失。

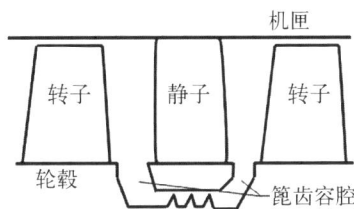

图 2-9　压气机带冠静叶的篦齿容腔结构

2.2.1　篦齿泄漏流量经验公式

篦齿容腔泄漏流对压气机造成的总压损失与泄漏量之间存在直接关系,因此准确地计算通过篦齿容腔的空气流量对轴流压气机的设计分析是至关重要的。在过去的几十年,对于篦齿泄漏研究的经验公式也多集中于泄漏流量的计算。对篦齿容腔泄漏流量的计算方法一般有热力学理论分析和实验数据拟合两类:前者通过一系列假设结合热力学过程对泄漏量进行理论计算,如 Martin 计算方法[25] 和 Stodola 计算方法[26];后者则是在热力学过程分析的基础上,通过实验数据分析拟合采用一系列影响因子来进行修正,如 Egli 计算方法[27] 和 Vermes 计算方法[28]。其中 Martin 是最早对篦齿泄漏流量计算方法展开研究的[25],其提出的计算方法是基于绝热流动的假设,即认为每一个齿腔单元具有相同的流阻,在每一个容腔里动能完全转化为热能,且下游气体静压与上游气体总压之比小于 0.8,其详细计算公式为

$$m = A\,\frac{p_0^*}{\sqrt{R_\mathrm{g} T_0}}\sqrt{\frac{1-(p_1/p_0^*)^2}{Z-\ln(p_1/p_0^*)}} \tag{2-49}$$

式中,A 为篦齿间隙处的横截面积;Z 为篦齿齿数;R_g 为气体常数。

Martin 公式考虑了进出口压比以及齿数的影响,但其推导过程是在不可压缩流体的假设下,因此实际的计算误差较大,还需要额外引入流量修正系数 C_m 来反映实际泄漏流量与理想泄漏量之间的差距。

在 Martin 公式的基础上,Stodola 也通过绝热流动假设,将容腔内的流动看作为一系列的类喷管流动,将伯努利方程和连续方程应用于篦齿容腔,假设在篦齿容腔前后压比不大的情况下,对整个篦齿容腔进行积分,得到了与 Martin 公式类似的泄漏流量计算公式[26]:

$$m = C_\mathrm{m} A\,\frac{p_0^*}{\sqrt{R_\mathrm{g} T_0}}\sqrt{\frac{1}{Z}\left(1-\left(\frac{p_1}{p_0^*}\right)^2\right)} \tag{2-50}$$

在推导 Martin 公式和 Stodola 公式过程中存在一系列假设,虽然在计算公式中将篦齿容腔前后压比以及齿数考虑了进来,但其他的影响因素都归入流量系数 C_m 来考虑,因此如何选取合理的 C_m 值对压气机的设计分析有着比较大的影响。Vermes[28] 在 Martin 公式的基础上,对其进行了非绝热条件下的修正,采用自由射流理论推导了篦齿容腔内的透气效应系数 α:

$$\alpha = \frac{8.52}{(P-t)/\tau + 7.23} \tag{2-51}$$

式中,P 为篦齿之间的距离;t 为篦齿齿尖宽度;τ 为篦齿间隙。α 表示在篦齿容腔中,气流的动能未转化为热能所占的比例,因而篦齿泄漏量的计算公式可修正为

$$m = C_m A \frac{p_0^*}{\sqrt{R_g T_0}} \sqrt{\frac{1-(p_1/p_0^*)^2}{Z - \ln(p_1/p_0^*)}} \sqrt{\frac{1}{1-\alpha}} \tag{2-52}$$

吴丁毅[29] 在 Martin 公式的基础上,增加了反应篦齿厚度 t 与篦齿间隙 τ 对泄漏流量影响的无量纲参数,总结了针对直通式的篦齿容腔泄漏经验关系式:

$$m = C_m A \frac{p_0^*}{\sqrt{R_g T_0}} \sqrt{\frac{1-(p_1/p_0^*)^2}{Z - \ln(p_1/p_0^*)}} \sqrt{\frac{1}{1-\alpha(Z-1)/Z}} \left(\frac{\tau}{t}\right)^{0.1} \tag{2-53}$$

张丽等[30] 则考虑了篦齿间距 P 与篦齿间隙 τ 之比的无量纲参数对间隙泄漏量的影响。通过实验数据分析拟合,得到了齿间距的修正系数:

$$C_s = -0.087\,2\left(\frac{P}{10\tau}\right)^2 + 0.314\,6\,\frac{P}{10\tau} + 0.772\,6 \tag{2-54}$$

Egli[27] 则通过假设气流经过篦齿容腔的流动为一系列锐边孔口的流动,考虑了篦齿宽度与节流效应,提出了不同于 Martin 的泄漏计算公式:

$$m = 2\pi r \tau C_C C_r \rho \sqrt{RT} \tag{2-55}$$

式中,R 为气体常数;T 为温度;C_C 为流动收缩系数,由下式计算:

$$v_2 C_C = 1 - \frac{1}{3 + \left(\frac{54.3}{1+100\tau/t}\right)^{3.45}} \tag{2-56}$$

C_r 为考虑节流效应的修正系数:

$$C_r = \frac{2.143\ln(Z) - 1.464}{Z - 4.322}(1-\pi)^{0.375\pi} \tag{2-57}$$

2.2.2　篦齿泄漏损失经验公式

基于泄漏流与主流掺混所造成的掺混损失机理,Denton[11] 提出了一种比较常用的篦齿间隙泄漏损失经验模型。该模型首先假设泄漏流在经过篦齿容腔时不产生任何损失,在与主流掺混前为等熵绝热流动,则对于篦齿间隙处的轴向流动速度便可以采用下式进行计算:

$$v_{sl} = \sqrt{v_2^2 - v_{\theta 1}^2} \qquad (2-58)$$

式中,v_2 为主流出口速度;$v_{\theta 1}$ 为主流进口的周向速度。

由此可得,篦齿径向间隙导致的泄漏流量为

$$m_{sl} = \rho \tau C_C \sqrt{v_2^2 - v_{\theta 1}^2} \qquad (2-59)$$

式中,τ 为篦齿径向间隙;C_C 为篦齿容腔流动收缩系数。

由式(2-59)可得,篦齿间隙泄漏流与主流的流量比值为

$$\frac{m_{sl}}{m_m} = \frac{\tau C_C \sqrt{v_2^2 - v_{\theta 1}^2}}{h v_2 \cos \alpha_2} \qquad (2-60)$$

假设叶片通道的进出口轴向速度不变,根据掺混原理便可以计算出篦齿泄漏流所造成的总压损失:

$$\frac{T \Delta s}{0.5 v_2^2} = 2 \frac{m_{sl}}{m_m} \left(1 - \frac{\tan \alpha_1}{\tan \alpha_2} \sin^2 \alpha_2\right) \qquad (2-61)$$

对于篦齿泄漏流所造成的压气机主流损失,Aungier[13] 提出了另一种比较通用的计算篦齿泄漏损失的经验公式,即认为篦齿泄漏流量造成的总压降低与主流进出口的静压以及泄漏量与主流流量的比值之间为线性关系:

$$\Delta p^* = \Delta p \frac{m_{sl}}{m_m} \qquad (2-62)$$

泄漏流量的计算公式采用 Egli[27] 模型来计算。Aungier 提出的经验模型完全忽略了篦齿的具体结构,他采用大量的经验系数来修正篦齿泄漏流量的计算公式,而这些经验系数具有很大的随意性,针对某一特定的篦齿结构计算效果较好。仅仅是通过该特定形式的篦齿结构(见图 2-10)的实验结果进行修正,很难拓展到现代先进高负荷高性能高压压气机的设计中。

Banjac[15] 在 2015 年提出了一种更符合

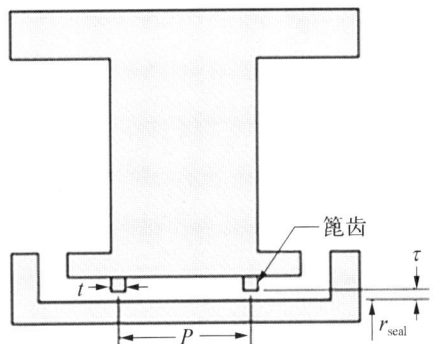

图 2-10　篦齿结构示意图[13]

物理机理的篦齿泄漏损失估计模型,认为篦齿泄漏流量与主流之间的掺混作用造成了熵增,从而使得静子根部的总压损失增加,经过篦齿间隙的速度可以通过主流的进出口压力来进行计算:

$$v_{sl} = \sqrt{\frac{2\Delta p}{\rho Z}}, \quad \Delta p = p_2^* - p_1 \tag{2-63}$$

式中,v_{sl} 为篦齿间隙内的流动速度;Z 为篦齿齿数;p_2^* 为压气机中径处出口总压;p_1 为压气机中径处进口静压。

通过篦齿间隙的流量则可以采用下式计算:

$$m_{sl} = C_C \rho \pi D_s \tau v_{sl} \tag{2-64}$$

式中,D_s 为篦齿间隙所处的直径;τ 为篦齿间隙大小;C_C 表示篦齿容腔的收缩效应,Banjac 建议取值为 0.8。

定义篦齿容腔泄漏流量与压气机通道内的主流流量的比值为 μ,则泄漏流与主流之间的掺混后熵的计算方法为

$$s_2 \approx \frac{s_1 + \mu s_{sl}}{1 + \mu} = \frac{s_1 + \mu [R\ln(p_2/p_1) + s_1]}{1 + \mu} \tag{2-65}$$

因此泄漏流与主流之间掺混造成的熵增为

$$\Delta s = s_2 - s_1 = \frac{\mu}{1 + \mu} R\ln\frac{p_2}{p_1} \tag{2-66}$$

对于气体绝热节流的过程来说,其熵产可以用下式计算:

$$\Delta s = s_2 - s_1 = -R\ln\frac{p_2^0}{p_1^0} \tag{2-67}$$

上式(2-67)可改写为

$$e^{-\frac{s_2 - s_1}{R}} = \frac{p_2^0}{p_1^0} - \frac{p_1^0}{p_1^0} + \frac{p_1^0}{p_1^0} \tag{2-68}$$

继而可以得到篦齿容腔泄漏前后的总压差 $(p_1^0 - p_2^0)$ 为

$$\Delta p^0 = p_1^0 (1 - e^{-\frac{\mu}{1+\mu}\ln\frac{p_2}{p_1}}) \tag{2-69}$$

则篦齿容腔泄漏的总压损失系数为

$$\bar{\omega}_{sl} = \frac{\Delta p^0}{p_1^0 - p_1} = \frac{p_1^0}{p_1^0 - p_1} \left[1 - \left(\frac{p_1}{p_2} \right)^{\frac{\mu}{1+\mu}} \right] \tag{2-70}$$

通流计算的主要目的之一是设计轴流压气机的气动和几何参数的展向分布,因此在通流计算过程中需要对各项损失的展向分布进行预测。Aungier[31] 提出将篦齿泄漏损失从静子根部至机匣进行线性分布,在机匣处篦齿泄漏损失系数为 0,在轮

毂处给定经验模型计算的篦齿泄漏总损失。Banjac[15]则建议篦齿泄漏损失的影响范围大小 $\Delta h = 0.5 s/H$，式中 s 和 H 分别为叶片的栅距和叶高，并且泄漏损失的影响范围大小应该在 $(0.25\sim0.5)$ 叶高之间,在泄漏损失影响范围之间的分布形式采用如下的三角函数形式:

$$f_{sh} = \begin{cases} 1 + \cos(\pi h/\Delta h), & h \leqslant \Delta h \\ 0, & h > \Delta h \end{cases} \qquad (2-71)$$

由此模型计算得出的篦齿泄漏损失的展向分布模型拟合如图2-11所示。

上海交通大学商用航空发动机叶轮机械气动传热技术联合创新中心研究团队[32]对于泄漏损失展向分布模型影响范围给出的建议是 $\Delta h = 0.52c/H$,即 Δh 应该与压气机的叶片展弦比成反比。当展弦比增加时,泄漏损失的影响范围随之减小,而影响范围的上下限仍然沿用 Banjac 的建议,即 $0.25 < \Delta h < 0.5$。

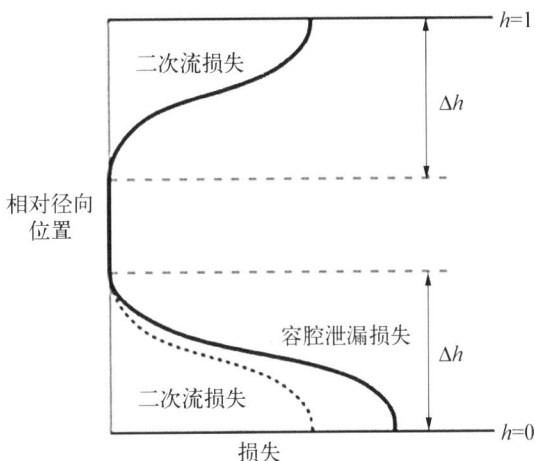

图 2-11　篦齿泄漏损失展向分布模型拟合

对于篦齿泄漏损失的展向分布模型,通过对不同叶片几何形状和篦齿间隙大小数值模拟计算得出的篦齿泄漏损失进行归一化处理,采用式 (2-72) 的三角函数对其进行拟合,得出的结果如图 2-12 所示。

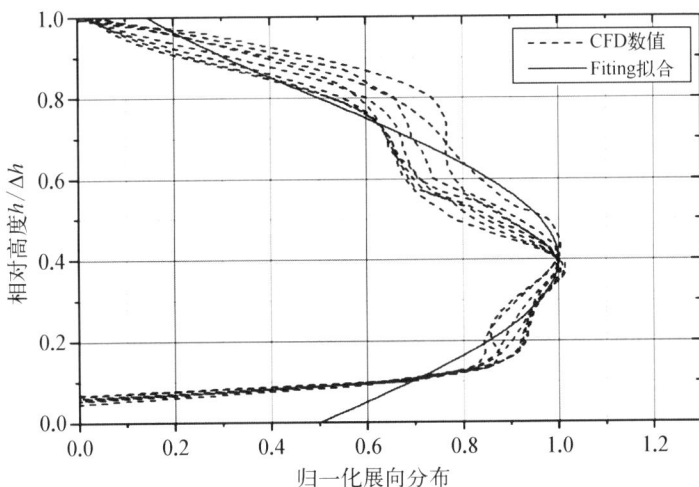

图 2-12　篦齿泄漏损失展向分布模型拟合[32]

$$f_{sh} = \begin{cases} 0.5 + 0.5\sin(1.25\pi h / \Delta h), & h \leqslant \Delta h \\ 0, & h > \Delta h \end{cases} \tag{2-72}$$

2.3　考虑叶尖间隙的气动稳定性经验模型

在过去几十年中,大量研究[33, 34]表明,转子叶尖间隙不仅对压气机效率有较大的影响,叶尖间隙导致的叶尖泄漏流对压气机的气动稳定性也有着较大的影响,因此本节将介绍考虑转子叶尖间隙影响的航空压气机气动稳定性经验模型。

2.3.1　Koch 失速静压升系数模型

Koch[35]对轴流压气机的失速静压升能力进行了深入的研究,展示了叶尖间隙大小和压气机的失速静压升能力之间的关系,在中等间隙到较大间隙时,两者近似呈现线性关系;而对于较小的几个间隙尺寸,Koch 的研究结果表明,随着叶尖间隙的减小,压气机的失速静压升能力增强,这说明在小间隙时,压气机的稳定性和间隙之间略微存在着非线性关系。Koch[35]提出,既然二维扩压器和压气机叶栅的工作原理都是对气流进行扩压,而二维扩压器的扩压能力与其无量纲扩散长度相关(见图 2-13),那么压气机叶栅也可以类比为二维扩压器,如图 2-14 所示,将压气机的扩压能力也与类似的无量纲扩散长度相关联。与二维扩压器相比,压气机叶栅通道中气体的通流面积比并不是固定不变的,因为通流面积比并不是单独由叶片的几何参数决定的。当叶栅节流增大攻角时,通流面积比将增大,造成叶栅失速,从而达到最大静压升。对于扩压器或压气机叶栅来说,失速静压升和相应的极限面积比应该是扩散长度与流道横截面某一特征长度比值的函数。在压气机整个运行工况内,压气机叶栅的出口通流面积大致保持不变,而进口通流面积变化较大。因此可以采用叶栅中弧线长度 L 和叶栅出口

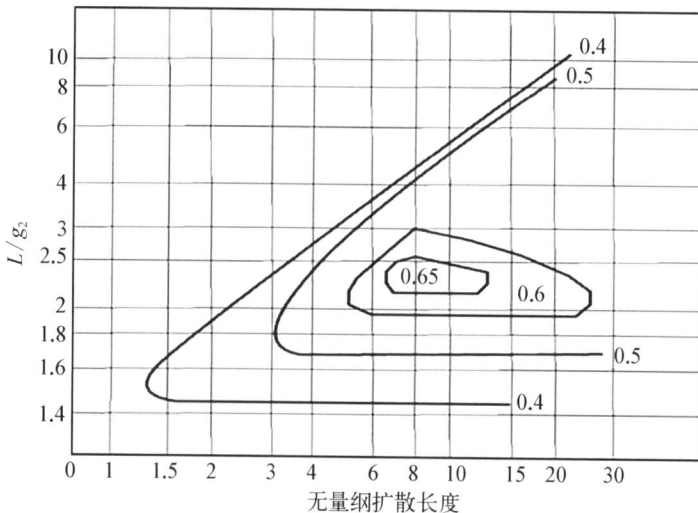

图 2-13　二维扩压器静压升系数性能图[35]

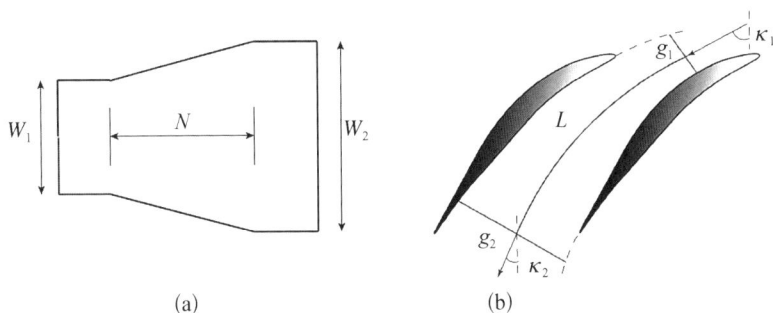

图 2 - 14　压气机叶栅与二维扩压器的类比

(a) 二维扩压器；(b) 压气机叶栅

垂直于气流方向的宽度 g_2 之比 L/g_2 作为压气机的无量纲扩散长度。

如图 2 - 14(b)所示，Koch 选取压气机叶片中径处的中弧线长度 L 类比为二维扩压器的扩散长度，通过假设叶片的中弧线为圆弧类分布形式，则其中弧线长度可以通过叶片中径处的弯角 χ 以及弦长 c 来计算得到：

$$L = \frac{c\,\dfrac{2\pi}{360}\,\dfrac{\chi}{2}}{\sin\dfrac{\chi}{2}} \qquad (2-73)$$

二维扩压器的无量纲扩散长度为扩压器的长度 N 和进口宽度 W_1 的比值，扩压器所能实现的最大静压升系数完全由扩压器的几何参数决定。与二维扩压器不同，在压气机叶栅中，气流在经过叶栅通道时经历的进口流通面积并非仅由叶片的几何形状决定，如图 2 - 14(b)所示，气流在进入叶片通道时，其进口横截面积应与进口气流角相互垂直，当进口气流角逐渐增大时，其进口横截面积逐渐减小，因此进口宽度 g_1 应该由压气机叶片几何参数和进口气流角共同决定，并且难以量化。相比于进口流通面积，压气机的出口横截面积在压气机整个运行范围内基本保持不变，这主要是由于相比于进口攻角的大幅度变化，压气机的出口落后角在整个工作范围内是相对稳定的。因此，不同于二维扩压器选择进口宽度 W_1 来对扩散长度进行无量纲化，在压气机中，选择变化范围相对较小的出口宽度 g_2 作为关联参数更合理。由于出口气流角对压气机叶栅的出口宽度影响较小，因此出口宽度 g_2 可以进一步通过栅距 s 与叶栅的几何出口角 κ_2 来确定：

$$g_2 = s\cos\kappa_2 \qquad (2-74)$$

确定叶栅的扩散长度 L 和出口宽度 g_2 后，类比于二维扩压器的无量纲扩散长度 N/W_1，压气机叶栅的无量纲扩散长度 L/g_2 可以通过叶栅的稠度 σ、叶型弯角 χ 以及叶片的几何出口角 κ_2 来计算得到：

$$\frac{L}{g_2} = \frac{\sigma \dfrac{2\pi}{360} \dfrac{\chi}{2}}{\sin \dfrac{\chi}{2} \cos \kappa_2} \tag{2-75}$$

分别计算转子与静子的无量纲扩散长度后,以转子和静子的进口动压头作为加权因子加权平均,得到压气机级的无量纲扩散长度:

$$\left(\frac{L}{g_2}\right)_{\text{stage}} = \frac{\left(\dfrac{L}{g_2}w_1^2\right)_{\text{rotor}} + \left(\dfrac{L}{g_2}v_1^2\right)_{\text{stator}}}{(w_1^2)_{\text{rotor}} + (v_1^2)_{\text{stator}}} \tag{2-76}$$

式中,w_1 和 v_1 分别为转子的进口相对速度和静子的进口绝对速度。

Koch 从大量的低速轴流压气机的实验数据中分析总结得到,对于雷诺数 Re 为 1.3×10^5,转子叶尖间隙 τ 与叶片中径处间距 g 之比为 0.055,转、静子之间轴向间隙 Δz 与叶片栅距 s 的比值为 0.38 的单级压气机,其失速静压升系数与无量纲扩散长度之间的关系曲线近似于二维扩压器工作在 9% 进口边界层厚度情况下的性能曲线,如图 2-15 所示。

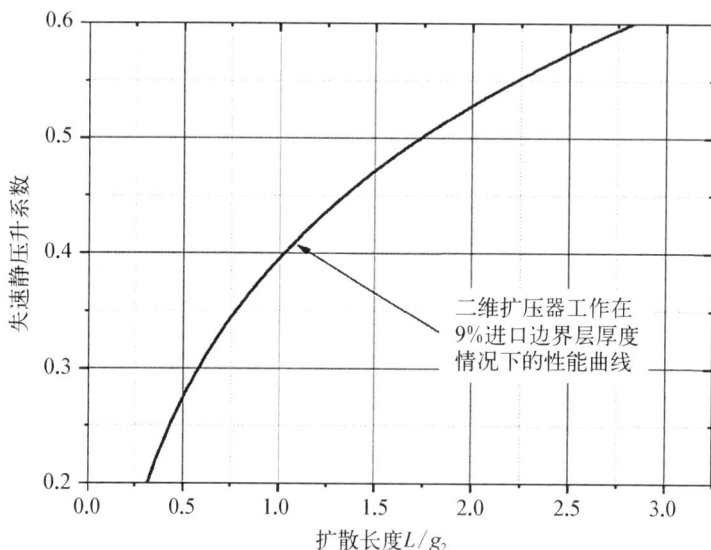

图 2-15 压气机级失速静压升系数与无量纲扩散长度的关系[35]

而当压气机工作雷诺数不同于 1.3×10^5 时,Koch 采用如图 2-16 所示的关系曲线进行修正(其中 $\Delta z/s = 0.38$)。从图中可以看出,雷诺数与其对压气机的失速静压升能力影响呈现一定的单调关系,即在不同雷诺数情况下,同一台压气机工作的失速静压升系数会随雷诺数增加而不断增大,并且在雷诺数较小时变化趋势较大;当雷诺数不断增大时,其对失速压升能力的影响逐渐减弱,系数变化趋于平缓,最终当压气机工作的雷诺数大于 10^6 时，其进一步增加对压气机的失速静压升系数几乎不会造成影响。

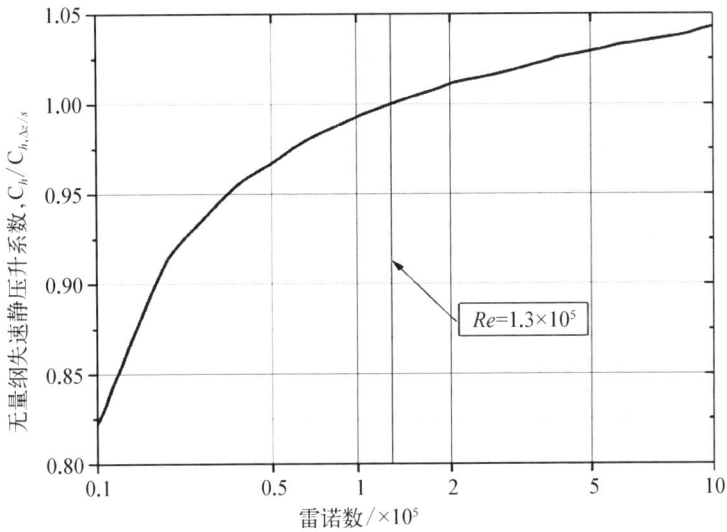

图 2-16　雷诺数修正对失速静压升系数的影响[35]

　　Smith[34] 曾指出转子和静子之间的轴向间隙对压气机的失速能力也有一定的影响，因此 Koch 采用了两台四级压气机 TG1 和 TG2 的实验数据，针对轴向间隙对压气机的失速静压升能力影响系数进行了修正，如图 2-17 所示。转子与静子之间

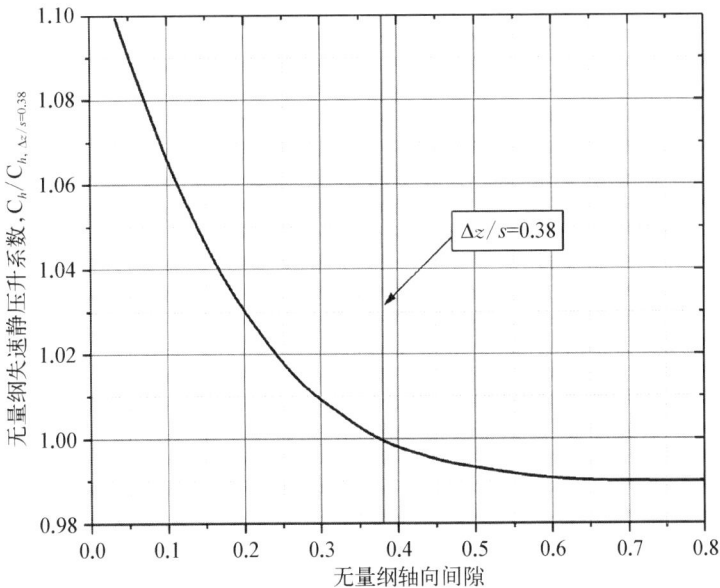

图 2-17　轴向间隙对失速静压升系数的影响[35]

的轴向间隙越小,则压气机级的最大静压升能力就越强;当轴向间隙逐渐增大时,压气机的最大静压升能力逐渐降低,并且变化逐渐趋于平缓;最终当转子与静子叶片排的轴向距离大于转子叶片栅距的 0.8 倍后,修正系数将不再变化。

图 2-18 中展示了 Koch 关于转子叶尖间隙大小对压气机级的失速静压升能力影响研究的结果。从图中可以看出,转子间隙越小,则压气机的失速静压升能力就越强,这与叶尖间隙泄漏流在压气机流动失稳过程中起关键作用的结论基本一致。对于转子叶尖间隙的无量纲化,Koch 选择叶尖间隙的实际高度 τ 与转子叶片中径处间距 g 的比值作为关联参数进行修正,选择叶尖间隙的绝对大小而不是常用的相对大小是为了将展弦比对压气机失速预测的影响考虑进来。由于展弦比对于压气机的失速预测有较大的影响,可以通过采用转子叶尖间隙与叶片间距的比值隐性地将展弦比的影响考虑进来,当两台压气机具有相同的相对叶尖间隙大小,即两台压气机的叶尖间隙 τ 与叶高 h 的比值相同时,展弦比更大的压气机具有更大的绝对叶尖间隙,其无量纲化叶尖间隙 τ/g 也更大,根据图 2-18 可知,其叶尖间隙修正因子更小,因此展弦比较大的压气机具有更小的失速静压升系数。

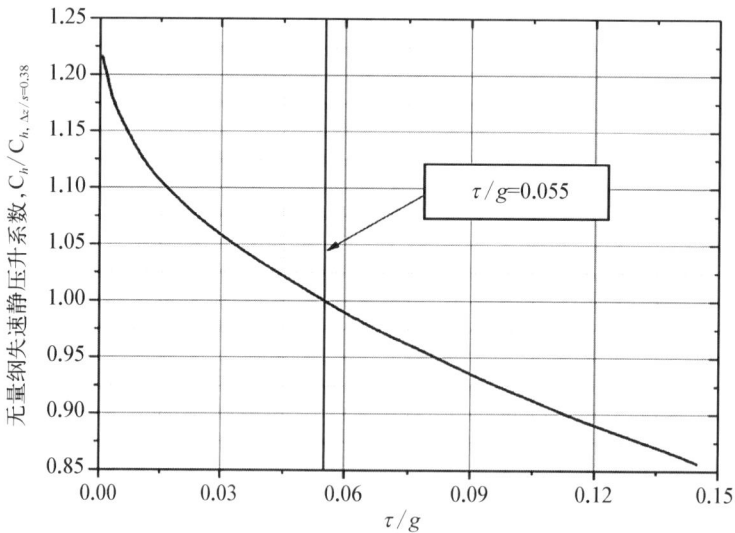

图 2-18 叶尖间隙对失速静压升系数的影响[35]

Koch 失速静压升系数模型的最后一个修正因子是对速度三角形的修正,这起源于 Koch 在对安装角影响失速静压升能力的研究时的发现,如图 2-19 所示。当安装角比较大时,二维扩压器关联式预测的压气机失速静压升系数与实验数据吻合得比较好;但当安装角比较小时,二维扩压器关联式会高估压气机的失速静压升系数。虽然安装角会对压气机的无量纲扩散长度产生一定影响,但显然这里对失速静压升的影响并不是单纯改变了无量纲扩散长度。

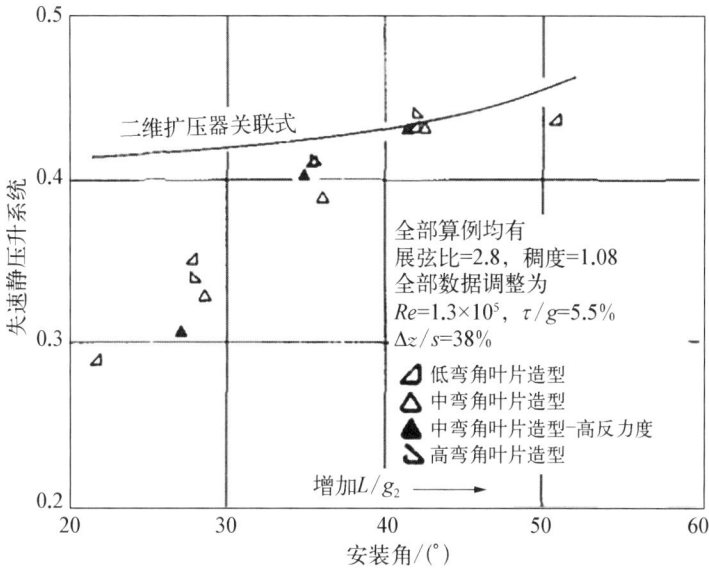

图 2 - 19　安装角对失速静压升系数的影响[35]

对于安装角影响失速静压升系数的一个比较合理的解释是,安装角的大小会影响离开上游转子叶片通道的低动量边界层流体进入静子通道时的流动情况。图 2 - 20 是一个典型的压气机转子和静子的速度三角形示意图。转子出口自由流的速度三角形用实线来表示。如果低动量尾迹或者低动量的边界层流体以相对气流角 β

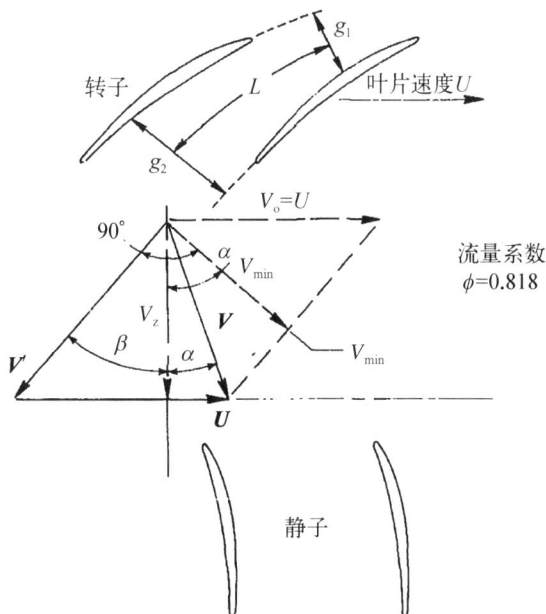

图 2 - 20　压气机转子和静子的速度三角形示意图[35]

离开转子,则其对即将进入下游绝对坐标系下的静子产生的流动影响是降低未受到干扰的自由流的速度 v,并且增大静子进口自由流的绝对气流角 α。如果静子上游来流的相对动量损失足够大,则静子进口的绝对速度会达到其最小值 v_{min},当静子进口的绝对速度达到其所能实现的最小速度 v_{min} 时,其对应的气流角为 $\alpha_{v_{min}}$,并且从图 2-20 中可以看到,此时静子进口的绝对气流角和相对气流角的和为 90°。

在图 2-20 中可以看到,当转子的安装角增大时,转子出口更强烈的扰动将会使静子进口的速度增加,并且使得静子进口绝对气流角向轴向偏转。在安装角较小的情况下,静子进口相对气流角与绝对气流角的和会远小于 90°,静子进口可实现的最小速度 v_{min} 远小于静子进口自由流的实际速度 v,从而使得静子进口可用的动压头被进口的低动能流体严重削弱,因此安装角较小的压气机更容易失速。相反,对于安装角比较大的压气机,静子进口的绝对气流角和相对气流角的和会等于或大于 90°,进口的低动量边界层流体转变为相对下游叶片的高动量流体,因此大安装角会通过激活静子进口低能流体的方式,使得压气机更不容易失速。

因此 Koch 采用有效动压头因子来衡量流量系数与安装角对失速静压升系数的影响,有效动压头因子的定义为有效动压头与转子出口自由流的动压头之比。有效动压头因子 F_{ef} 的计算公式是由经验得到的,具体公式如下:

$$F_{ef} = \frac{v^2 + 2.5v_{min}^2 + 0.5U^2}{4v^2} \quad (2-77)$$

式中,v_{min} 的计算方法如下:

$$v_{min} = \begin{cases} v\sin(\alpha+\beta), & (\alpha+\beta) \leqslant 90° \text{ 且 } \beta \geqslant 0° \\ v, & (\alpha+\beta) > 90° \\ U, & \beta \leqslant 0° \end{cases} \quad (2-78)$$

到这里,Koch 失速静压升模型就可以应用于判断压气机失速与否了。利用 Koch 模型估算多级轴流压气机各级的极限负荷 $C_{h,max}$ 的步骤如下:

(1)计算出各级的无量纲扩散长度 L/g_2,并根据图 2-15 所示的曲线,求出多级轴流压气机各级的有效失速静压升系数 C_{hef};

(2)由各级的速度三角形计算出各级的有效动压头因子 F_{ef},根据经过雷诺数、叶尖间隙、轴向间隙及动压头修正后的静压升系数($C_{hadj} = F_{ef}C_{hef}$)求出修正前的 C_{hadj};

(3)求出各级的 Re,τ/g_2 和 $\Delta z/s$,根据经验拟合关系求出修正系数 K_{Re}、K_{τ/g_2} 和 $K_{\Delta z/s}$,然后由 $C_{h,max} = K_{Re}K_{\tau/g_2}K_{\Delta z/s}C_{hadj}$ 预测出多级轴流压气机各级的级极限负荷。

当压气机的实际静压升系数大于等于二维扩压器的最大静压升系数,即 $C_{h,act} \geqslant C_{h,max}$ 时,则认为压气机已经进入失速。压气机实际的静压升系数可以通

过下式计算:

$$C_{h,\,\text{act}} = \frac{c_p T_1 \left[(p_2/p_1)^{(k-1)/k} - 1 \right]_{\text{stage}} - 0.5(U_2^2 - U_1^2)}{0.5(v'^2_{1\text{rotor}} + v^2_{1\text{stator}})} \tag{2-79}$$

式中, c_p 为空气的定压比热容; T_1 为压气机级的进口静温; p_1 为压气机级的进口静压; p_2 为压气机级的出口静压; k 为空气的绝热指数。

为了方便在二维扩压器性能图上直观地对比压气机实际静压升系数与失速模型的预测结果,可以将压气机的实际静压升系数 $C_{h,\,\text{act}}$ 通过各项修正系数转化为压气机实际有效静压升系数 C_h:

$$C_h = \frac{C_{h,\,\text{act}}}{F_{Re} F_{\tau/g} F_{\Delta z/s} F_{\text{ef}}} \tag{2-80}$$

式中, F_{ef} 表示有效动压头因子。

2.3.2　改进失速静压升系数模型

在 Koch 提出的二维扩压器类比概念的基础上,上海交通大学商用航空发动机叶轮机械气动传热技术联合创新中心研究团队[36]对 Koch 的压气机级最大静压升系数失速预测模型进行了改进。不过在该改进模型中,关于叶尖间隙大小对压气机失速静压升系数的影响规律与 Koch 模型保持一致,这里主要介绍该模型的主要改进思路与使用方法。

首先,通过理论推导确定了气流角对压气机扩散长度的影响,下面列出具体的推导过程。图 2-21 是考虑气流角影响的无量纲扩散长度示意图。

很明显,压气机的实际扩散长度应该等于 $\overset{\frown}{AB}$ 的长度,而在圆弧类中弧线的假设下, $\overset{\frown}{AB}$ 的长度取决于点 A 和点 B 的中弧线角度,而点 A 和点 B 的中弧线角度与进、出口气流角之间

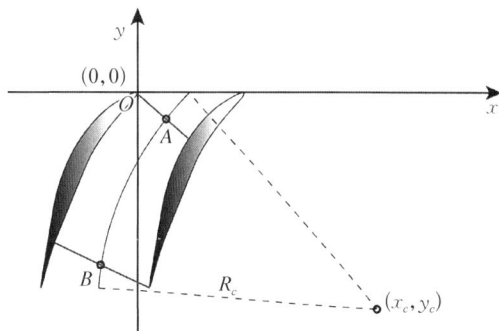

图 2-21　考虑气流角影响的无量纲扩散长度示意图

存在一定的关系,因此只要确定压气机叶片的实际进、出口气流角,便可以通过圆弧类中弧线假设求得此时的压气机扩散长度,具体计算如下:

$$L = \frac{c \dfrac{2\pi}{360} \dfrac{\kappa_A - \kappa_B}{2}}{\sin \dfrac{\chi}{2}} \tag{2-81}$$

下面列出点 A 和点 B 的中弧线角度的详细推导过程。将叶片中弧线近似为圆弧,则叶片通道中心线可表示为以下圆的一部分:

$$
\begin{cases}
R_c = c/2\sin(\chi/2) \\
x_c = R_c\cos\kappa_1 + (S/2) \\
y_c = R_c\sin\kappa_1
\end{cases}
\tag{2-82}
$$

式中，R_c 是圆的半径；(x_c, y_c) 为圆心的坐标。

采用斜率表示进口和出口气流角：

$$
\begin{cases}
k_1 = -\tan\beta_1 \\
k_2 = -\tan\beta_2
\end{cases}
\tag{2-83}
$$

则点 A 和点 B 的坐标可以用式(2-84)和式(2-85)来计算：

$$
\begin{cases}
x_A = \dfrac{x_c + k_1 y_c - \sqrt{R_c^2(k_1^2+1) - (k_1 x_c - y_c)^2}}{k_1^2 + 1} \\[4mm]
x_B = x_c - \dfrac{k_2 f(\beta_2) + \sqrt{R_c^2(k_2^2+1) - f^2(\beta_2)}}{k_2^2 + 1}
\end{cases}
\tag{2-84}
$$

$$
\begin{cases}
y_A = k_1 x_A \\
y_B = k_2(x_B - x_c + S/2 - R_c\cos\beta_2) + y_c + R_c\sin\beta_2
\end{cases}
\tag{2-85}
$$

其中，$f(\beta_2)$ 为

$$
f(\beta_2) = k_2(R_c\cos\beta_2 - s/2) + R_c\sin\beta_2
\tag{2-86}
$$

则点 A 和点 B 的中弧线角度为

$$
\begin{cases}
\kappa_A = a\tan\dfrac{y_A - y_c}{x_c - x_A} \\[4mm]
\kappa_B = a\tan\dfrac{y_B - y_c}{x_c - x_B}
\end{cases}
\tag{2-87}
$$

得到点 A 和点 B 的中弧线角度后，将其代入式(2-81)便可以得到考虑气流角影响的叶栅无量纲扩散长度：

$$
\left(\frac{L}{g_2}\right)_{\mathrm{mod}} = \frac{\sigma\,\dfrac{2\pi}{360}\,\dfrac{\kappa_A - \kappa_B}{2}}{\sin\dfrac{\chi}{2}\cos\kappa_2}
\tag{2-88}
$$

其次，根据二维边界层理论评估了雷诺数对压气机有效通流面积的影响。对于二维扩压器来说，随着入口边界层厚度的增加，其压升能力大幅降低。而根据湍流边界层理论，边界层厚度 δ 与雷诺数之间存在以下关系：

$$
\delta \propto \frac{1}{Re^{1/6}}
\tag{2-89}
$$

可以看出,随着雷诺数的减小,二维扩压器的进口边界层厚度增加,根据二维扩压器的性能图可以发现,二维扩压器的压升能力也随之减小。而在轴流压气机中也可以发现类似的结论:随着雷诺数的增加,失速静压升系数逐渐与雷诺数无关;而在雷诺数较小时,压气机的失速静压升系数也会变小。因此,在不同雷诺数范围内,采用不同进口边界层厚度的二维扩压器性能曲线作为轴流压气机级的失速限值更合理。受此假设启发,作者在此提出一种等效堵塞因子 BL,以考虑雷诺数对失速静压升系数的影响:

$$BL = \frac{Re^{1/6}}{\sigma} \tag{2-90}$$

等效堵塞因子 BL 反映了在压气机叶片通道内的有效通流面积的大小,分母中的稠度 σ 表示压气机叶片通道的几何流通面积。当压气机的稠度增大时,叶片之间的栅距减小,使得压气机叶片通道的几何流通面积减小。雷诺数则表示了通道中气动边界层厚度。根据边界层理论可知,雷诺数越小,气动边界层厚度越大,因此雷诺数减小会使得压气机通道的有效通流面积减少。由此可知,当等效堵塞因子 BL 减小时,压气机的实际有效通流面积会减小,通过二维扩压器类比,应该采用进口边界层厚度更大的二维扩压器性能曲线来作为压气机的失速静压升极限。

图 2-22 中展示了多台不同设计参数的压气机级的失速静压升系数,以及进口边界层厚度为 1%、9% 和 13% 时的二维扩压器性能曲线。从图中可以看出,如果仅采用 9% 进口边界层堵塞的二维扩压器性能曲线作为压气机的失速静压升系数关联曲线,对于部分压气机而言,其预测精度较高,但总体而言,其离散性过大。并且从图中可以明显看出,红色部分和绿色部分的压气机静压升系数分别与 1% 和 13% 进

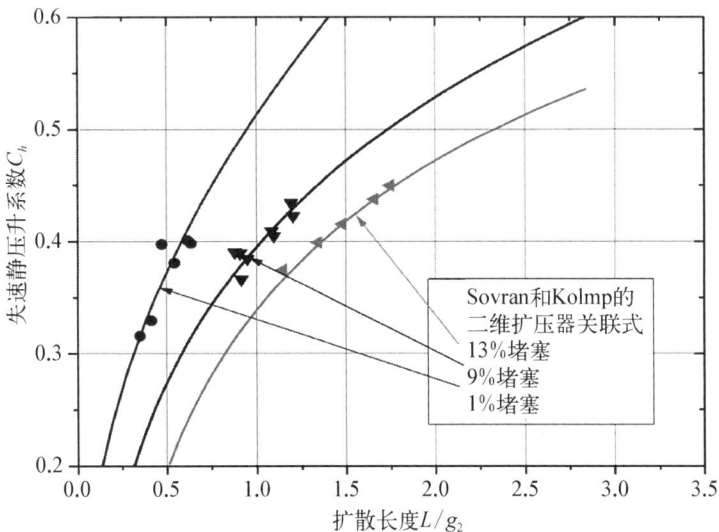

图 2-22　在不同堵塞下的静压升系数修正(见附页彩图)

口边界层厚度的二维扩压器性能曲线更为贴合(彩色图片见附录)。由此可知,为了提高失速预测模型的普适性,应该采用不同的二维扩压器性能曲线作为不同压气机的失速静压升关联曲线。

为了确定如何选择不同的二维扩压器性能曲线作为对应压气机的失速极限,研究人员得到了等效堵塞因子 BL 随无量纲扩散长度的变化结果(见图 2 - 23)。

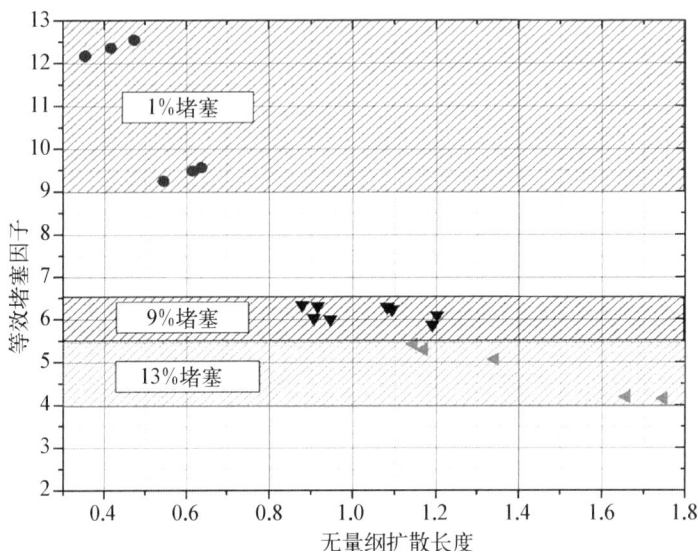

图 2 - 23 等效堵塞因子随无量纲扩散长度的变化关系(见附页彩图)

改进失速静压升系数模型还需要考虑叶型弯角对压气机失速静压升能力的影响。叶型弯角主要影响叶片流道的几何形状,因此研究中对弯角效应的修正因子是基于实际弯角下的无量纲扩散长度与参考弯角下的无量纲扩散长度的比值:

$$F_{cam} = \left[\frac{L/g_2}{(L/g_2)_{ref}}\right]^2 \quad (2-91)$$

其中,等式右边的指数为经验系数。

参考弯角的定义是在相同的安装角下,压气机实际静压升系数与二维扩压器性能曲线最贴合的转子叶型弯角,其参考曲线如图 2 - 24 所示。

参考弯角 χ_{ref} 的多项式拟合公式如下所示:

$$\chi_{ref} = 0.016\,5\gamma^2 - 2.029\gamma + 72.97 \quad (2-92)$$

式中,γ 为压气机转子的安装角,单位为度。

通过式(2 - 91)以及式(2 - 92)等可以得到叶型弯角修正系数的表达式:

$$F_{cam} = \left[\frac{\chi \sin(\chi_{ref}/2)\cos(\kappa_2 - 0.5\chi_{ref} + 0.5\chi)}{\chi_{ref}\sin(\chi/2)\cos\kappa_2}\right]^2 \quad (2-93)$$

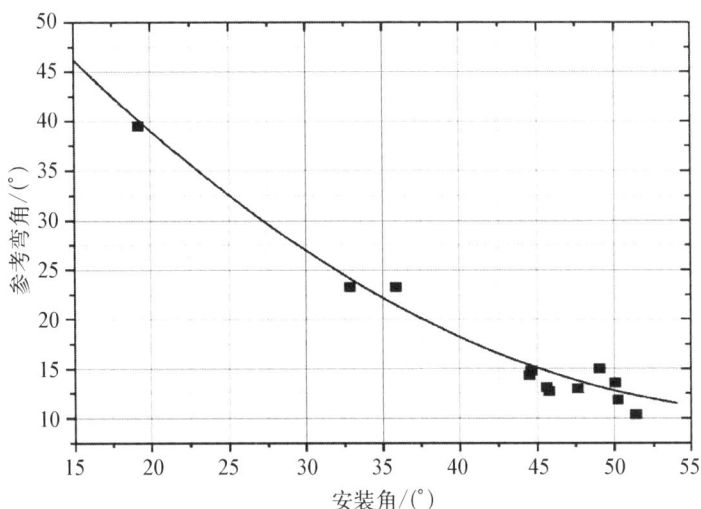

图 2-24　参考弯角的参考曲线

最后,改进的失速静压升系数模型的计算步骤如下:

(1) 根据式(2-90)计算压气机的等效堵塞因子 BL,并根据图 2-23 确定 BL 区间范围,对应的二维扩压器性能曲线作为该压气机的失速极限;

(2) 根据式(2-81)至式(2-88)计算压气机的无量纲扩散长度 $(L/g_2)_{mod}$,并从图 2-22 中读取其对应的静压升系数 $C_{h, mod}$;

(3) 分别通过图 2-17 和图 2-18 确定对应的轴向间隙修正因子 $F_{\Delta z/s}$ 和转子叶尖间隙修正因子 $F_{\tau/g}$,根据式(2-77)计算有效动压头因子 F_{ef},根据式(2-93)计算转子叶型弯角修正系数 F_{cam};

(4) 根据下式计算得到预测的压气机最大静压升系数;

$$C_{h, max} = C_{h, mod} F_{cam} F_{\tau/g} F_{\Delta z/s} F_{ef} \qquad (2-94)$$

(5) 通过式(2-79)计算得到压气机的实际静压升系数 $C_{h, act}$ 后,进行判断。若 $C_{h, act} > C_{h, max}$,则认为压气机达到其极限载荷,进入失速。

2.4　本章小结

本章主要介绍了航空压气机泄漏流动相关的经验模型,包括叶尖间隙泄漏流损失经验模型、篦齿间隙泄漏流损失经验模型以及考虑叶尖间隙的气动稳定性经验模型。首先,针对叶尖间隙泄漏流的损失经验模型,探讨了动量泄漏和势涡模型两种不同机理,前者假设压力面和吸力面压差引发流量泄漏,并造成动能损失;而后者推断叶尖间隙会形成叶尖泄漏涡,最终影响总压损失;并列出了现有的基于动量泄漏和势涡法的叶尖泄漏损失经验模型的详细计算过程。其次,阐述了压气机带冠静叶的篦齿间隙泄漏损失机理,列出了篦齿泄漏流量和篦齿泄漏损失经验公式。最后,展示了考虑叶尖间隙影响的 Koch 失速静压升系数模型以及在此基础上的改进模型。本章介绍的各类经验模型在航空压气机的设计和分析中评估间隙泄漏流对压气机损失以及气动稳定性的影响发挥着重要作用。

参 考 文 献

[1] Rains D A. Tip clearance flows in axial compressors and pumps [R]. Pasadena California: California Inst of Tech Pasadena Mechanical Engineering Lab, 1954.

[2] Yaras M I, Sjolander S A. Prediction of tip-leakage losses in Axial Turbines [J]. Journal of Turbomachinery, 1992, 114(1): 204 – 210.

[3] Vavra M H. Aero-thermodynamics and flow in turbomachines [M]. Malabar, Florida: RE Krieger Publishing Company, 1974.

[4] Hesselgrieves J E. A correlation of tip clearance/efficiency measurements on mixed flow and axial flow turbomachines[C]//proceedings of the Proc of 3rd Conf on Fluid Mechanics and Fluid Machinery. Hungary: Akadémia Kiadó, 1969.

[5] Lewis R, Yeung E. Vortex shedding mechanisms in relation to tip clearance flows and losses in axial flow fans [J]. Aeronautical Research Council Reports & Memoranda, 1977.

[6] Yaras M, Zhu Y, Sjolander S A. Flow field in the tip gap of a planar cascade of turbine blades [J]. Journal of Turbomachinery, 1989, 111(3): 276 – 283.

[7] Yaras M I, Sjolander S A. Effects of simulated rotation on tip leakage in a planar cascade of turbine blades: part I: tip gap flow [J]. Journal of Turbomachinery, 1992, 114 (3): 652 – 659.

[8] Yaras M I, Sjolander S A, Kind R J. Effects of simulated rotation on tip leakage in a planar cascade of turbine blades: part II: downstream flow field and blade loading [J]. Journal of Turbomachinery, 1992, 114(3): 660 – 667.

[9] Dishart P T, Moore J. Tip leakage losses in a linear turbine cascade [J]. Journal of Turbomachinery, 1990, 112(4): 599 – 608.

[10] Storer J A, Cumpsty N A. An approximate analysis and prediction method for tip clearance loss in axial compressors [J]. Journal of Turbomachinery, 1994, 116(4): 648 – 656.

[11] Denton J D. The 1993 IGTI scholar lecture: loss mechanisms in turbomachines [J]. Journal of Turbomachinery, 1993, 115(4): 621 – 656.

[12] Storer J A, Cumpsty N A. Tip leakage flow in axial compressors [J]. Journal of Turbomachinery, 1991, 113(2): 252 – 259.

[13] Aungier R H, Farokhi S. Axial-flow compressors: a strategy for aerodynamic design and analysis [J]. Applied Mechanics Reviews, 2004, 57(4): 22.

[14] Hall D K, Greitzer E M, Tan C S. Performance limits of axial compressor stages[C]// Turbo expo: power for land, sea, and air. New York: American Society of Mechanical Engineers, 2012.

[15] Banjac M, Petrovic M V, Wiedermann A. Secondary flows, endwall effects, and stall detection in axial compressor design [J]. Journal of Turbomachinery, 2015, 137 (5): 051004.

[16] Lieblein S. Loss and stall analysis of compressor cascades [J]. Journal of basic engineering, 1959, 81(3): 387 - 397.

[17] Lieblein S, Schwenk F C, Broderick R L. Diffusion factor for estimating losses and limiting blade loadings in axial-flow-compressor blade elements [R]. Washington: National Advisory Committee For Aeronautics Cleveland OH Lewis Fligh, NACA RM E53D01, 1953.

[18] König W M, Hennecke D K, Fottner L. Improved blade profile loss and deviation angle models for advanced transonic compressor bladings: part II: a model for supersonic flow [J]. Journal of Turbomachinery, 1996, 118(1): 81 - 87.

[19] König W M, Hennecke D K, Fottner L. Improved blade profile loss and deviation angle models for advanced transonic compressor bladings: part I: a model for subsonic flow [J]. Journal of Turbomachinery, 1996, 118(1): 73 - 80.

[20] Traupel W. Thermische turbomaschinen: band 1: thermodynamisch-strömungstechnische berechnung [M]. Belin: Springer-Verlag, 2019.

[21] Lakshminarayana B. Methods of predicting the tip clearance effects in axial flow turbomachinery [J]. Journal of Basic Engineering, 1970, 92(3): 467 - 480.

[22] Lakshminarayana B. Fluid dynamics and heat transfer of turbomachinery [M]. Hoboken, New Jersey: John Wiley & Sons, 1995.

[23] Nikolos I K, Douvikas D I, Papailiou K D. Modelling of the tip clearance losses in axial flow machines [M]. New York: American Society of Mechanical Engineers, 1996.

[24] Manfredi M, Fontaneto F. Transonic axial compressors loss correlations: part I: analysis and update of loss models [C]//Turbo expo: power for land, sea, and air. New York: American Society of Mechanical Engineers, 2020, 84065: V02AT32A029.

[25] Bayada G, Martin S, Vázquez C. An average flow model of the reynolds roughness including a mass-flow preserving cavitation model [J]. Journal of Tribology, 2005, 127(4): 793 - 802.

[26] Kaszowski P, Dzida M. Analysis of the impact of mass flow extraction on the change of parameters in a labytinth seal using the Stodola method [J]. Journal of Polish CIMEEAC, 2016, 11(1).

[27] Egli A. The leakage of steam through labyrinth seals [J]. Transactions of the American Society of Mechanical Engineers, 2023, 57(3): 115 - 122.

[28] Vermes G Z. A fluid mechanics approach to the labyrinth seal leakage problem [J]. Journal of Engineering for Power, 1961, 83(2): 161 - 169.

[29] 吴丁毅. 两类常用篦齿密封和临界特性的分析与比较[J]. 航空动力学报, 1997, 12(4): 397 - 400.

[30] 张丽, 刘松龄, 游绍坤, 等. 各型封严篦齿的换热研究[J]. 航空动力学报, 1999, 14(2): 5.

[31] Aungier R H. Axial-flow compressors [M]. New York: American Society of Mechanical Engineers, 2003.

[32] 李健. 轴流压气机 CFD 通流计算模型研究与改进[D]. 上海: 上海交通大学, 2023.

[33] Bowden A, Jefferson J. The design and operation of the Parsons experimental gas turbine [J]. Proceedings of the Institution of Mechanical Engineers, 1949, 160(1): 454 - 472.

[34] Smith G D J, Cumpsty N A. Flow phenomena in compressor casing treatment [J]. Journal of Engineering for Gas Turbines and Power, 1984, 106(3): 532 - 542.

[35] Koch C C. Stalling pressure rise capability of axial flow compressor stages [J]. Journal of

Engineering for Power，1981，103(4)：645 - 656.

[36] Li J，Teng J，Ferlauto M，et al. An improved stall prediction model for axial compressor stage based on diffuser analogy [J]. Aerospace Science and Technology，2022，127：107692.

第3章 转子叶尖径向间隙泄漏流

本章针对航空压气机中转子叶尖径向间隙泄漏流动现象进行更加全面的详述。首先介绍转子叶尖径向间隙泄漏流对压气机气动性能的影响,接着从相关实验和数值模拟研究两方面讲解转子叶尖间隙泄漏流动的结构与机理,以及转子叶尖泄漏损失的机制,最后介绍了转子叶尖泄漏流与气动稳定性的关系。

3.1 转子叶尖泄漏流对性能的影响

压气机中,转子叶尖间隙尺寸是直接影响叶尖区域流动特征的重要的几何参数之一,为了掌握叶尖泄漏流对压气机气动性能的影响规律,为压气机设计提供参考依据,研究人员通过改变叶尖间隙尺寸对压气机叶尖间隙效应进行了大量的研究。由第1章内容可知,压气机的工作效率与叶尖间隙尺寸的变化并不一定呈现单调性关系,可能存在使压气机的工作效率最高的最佳设计间隙,但是该最佳间隙很有可能低于机械约束的最小安全间隙。本节将在第1章的基础上,对转子叶尖间隙影响压气机效率和气动稳定性进行更深入的阐述,最后介绍非轴对称间隙影响气动性能的一些最新研究成果。

3.1.1 对效率的影响

大部分关于转子叶尖间隙泄漏流对效率影响的研究都是针对单排叶片开展的,而通常轴流压气机都是多级的,因此,理解泄漏流在多级环境中的传播规律对于实际工程应用具有重要价值。泄漏流与尾迹类似,在向下游传播过程中会发生所谓的"恢复效应",因此,麻省理工学院和西门子公司研究团队[1,2]联合提出了如图3-1所示的叶片负荷加载方式,这种加载方式可利用恢复效应来减小后面级大间隙时的泄漏流动(小间隙在通道内部几乎完全掺混),并降低效率随间隙变化的敏感性。这是因为通常在大间隙下,叶片负荷峰值位置后移,泄漏流的形成延后,减少了泄漏流在主流通道内的掺混。需要注意的是,在后加载的过程中需要控制泄漏流与主流角度的匹配关系,否则会造成掺混损失的增加。

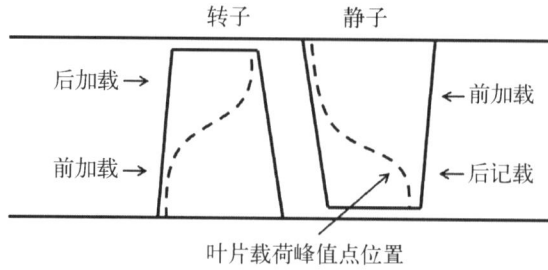

图 3-1　叶片负荷加载方式示意图[2]

Tiralap 等[2]通过非定常数值模拟研究了工业燃机后面级压气机在不同加载形式下的泄漏流损失变化规律,图 3-2 中展示了不同加载形式的近叶尖压力系数分布。图 3-3 所示为不同加载形式对压气机整体损失的影响,结果却表明前加载反而具有更低的损失,这与上述的设计理念刚好相反。基于此,Tiralap 等将级环境中的泄漏损失分解成三部分:泄漏流延后引起的损失、泄漏流角度和泄漏流量变化引起的损失以及泄漏流在下游通道内的损失。从图 3-4 中可以看到,后加载设计确

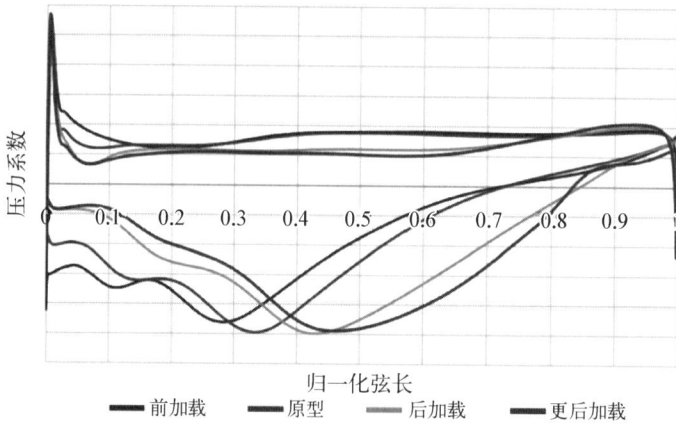

图 3-2　不同加载形式的近叶尖压力系数[2](见附页彩图)

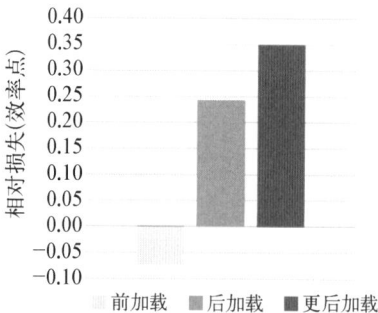

图 3-3　不同加载形式对压气机整体损失变化[2](见附页彩图)

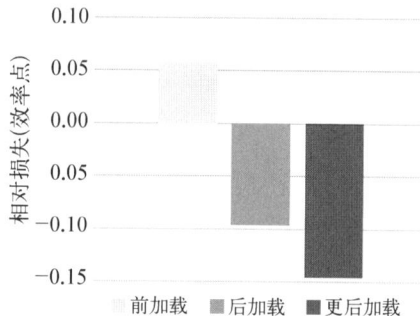

图 3-4　泄漏流延后引起的损失变化[2](见附页彩图)

实能够降低由泄漏流延后引起的损失。然而,正如图 3-5 所示,后加载设计会导致泄漏流角度与主流角度的不匹配,从而导致更大的损失。Tiralap 等指出,如果对后加载的泄漏角度加以控制,该压气机的效率有望提高 0.15 个百分点。

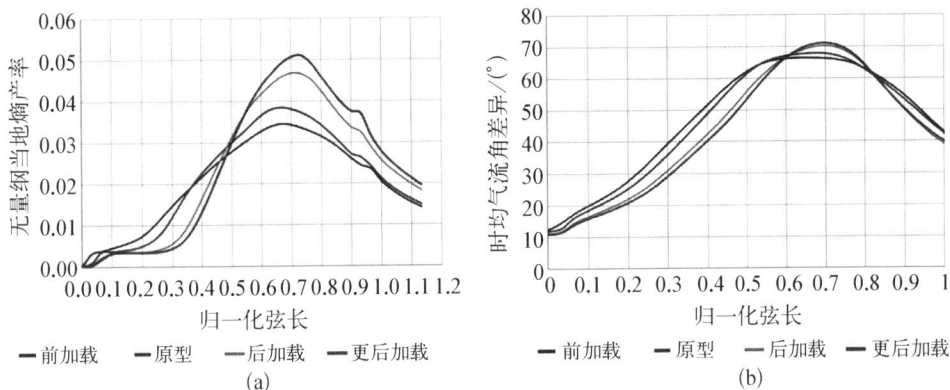

图 3-5　泄漏角度与主流角度不匹配造成的熵产[2]（见附页彩图）

(a) 叶尖泄漏形成延迟对叶尖区域(75%至100%叶高)时均当地熵产率的影响;(b) 主流(80%叶高)与叶尖流动(间隙中部)之间气流角的不匹配

　　普渡大学的研究团队在一台三级中速轴流压气机中对多级环境下叶尖泄漏流对压气机性能及流动的影响进行了系统的研究[3],实验台如图 3-6 所示。该压气机级由一排进口导叶(inlet guide vane, IGV)和三级重复级组成。其中 IGV 和转子 R 均采用双圆弧(double circular arc, DCA)设计,静子 S 均采用 NACA-65 系列叶型且为带冠设计。首先,研究人员采用电容探针对各级叶尖间隙值进行测量,并分析了与转速变化相关的温度变化和离心效应对间隙高度的影响。测量结果表明,第三级转子的叶

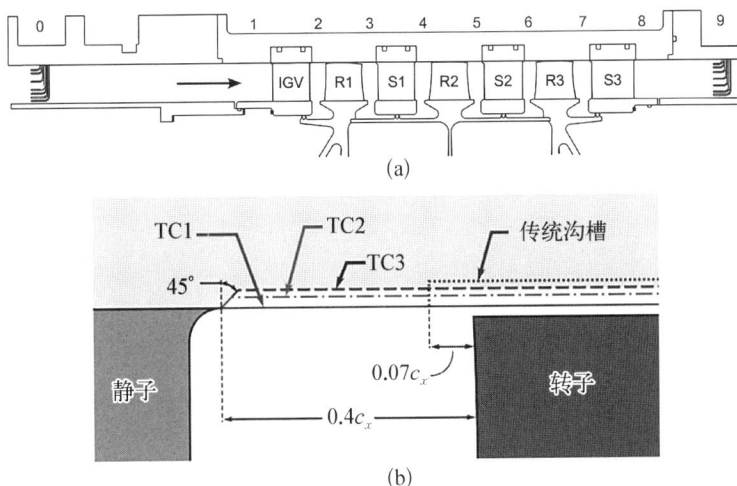

图 3-6　普渡大学三级中速大尺寸压气机实验台[4]

(a) 三级压气机子午面视图及测量界面分布;(b) 转子不同间隙值示意图

尖间隙在近堵点及近喘点的变化接近 0.1 mm(约 0.2%叶高)。当环境温度变化达到 15℃时,叶尖间隙高度变化为 0.05 mm。且几乎所有测得的间隙值变化都超过了测量的不确定性范围。因此间隙值随环境温度及工作条件的变化可能比以往认为的更重要。

其次,他们通过实验研究了转子叶尖大间隙及相应泄漏流对压气机整体性能及级匹配的影响[4],间隙值分别为 1.5%、3.0%及 4.0%叶高(图中分别为 TC1、TC2、TC3)的转子实验测量特性线如图 3 - 7(a)所示。他们采用 Wisler[5]提出的"间隙导数"概念判断性能参数对间隙的敏感性,结果表明,在测试的间隙范围内,效率的间隙导数都是相同的,即每 1%叶高间隙的变化引起 1.3%的效率变化,这与 Wisler[6]和 Tschirner[7]的结论也是相近的,如图 3 - 7(b)所示。他们认为这一结果缩小了以往定义的间隙敏感度范围,有助于在新一代压气机设计中对间隙值进行选取。

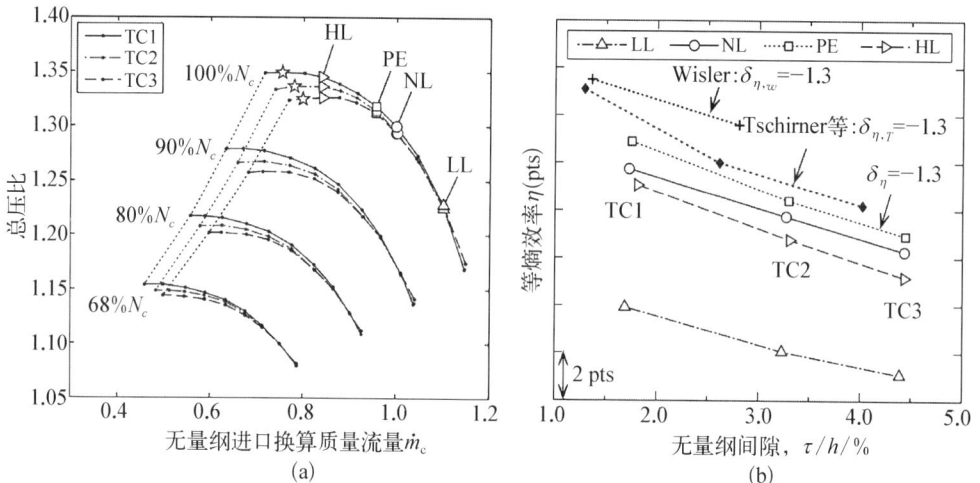

LL—低负荷; NL—名义负荷; PE—峰值效率; HL—高负荷。

图 3 - 7 叶尖间隙对压气机特性线及性能的影响[4](见附页彩图)

(a) 不同间隙下特性线;(b) 不同工况下间隙对效率影响趋势

最后,他们在实验中观察到,由于与叶尖泄漏流有关的阻塞增加,流量分布有从叶尖向轮毂发展的趋势,特别是在带冠静子的轮毂处更易发生分离,转子间隙的增加使得静子吸力面侧的表面流动拓扑结构发生了巨大变化。此外,压气机首级更易受到间隙变化带来的影响,这是因为嵌入级(第 2 级)会吸收与上游转子叶尖泄漏流动干扰有关的堵塞;首级转子在近失速高负荷情况下更容易受到泄漏流轨迹变化的影响。这都是在孤立转子或单级环境下难以获得的结论。

3.1.2 对气动稳定性的影响

转子叶尖泄漏流除了导致压气机内部的流动损失和使压气机效率降低之外,也与旋转失速等流动失稳现象密切相关,会对压气机的气动稳定性产生严重的影响。Baghdadi[8]通过总结实验数据发现,当叶尖间隙尺寸较小(小于 1%弦长)时,压气机的稳定工作范围受叶尖间隙变化的影响不明显;而当叶尖间隙位于常规的叶尖间隙范围内[(1.5%~3%)弦长]时,压气机的稳定工作范围与叶尖间隙尺寸的变化几乎呈线性相关关系,叶尖间隙每增大1%弦长,压气机的稳定工作裕度降低约8%。

Koch[9]对轴流压气机的最大静压升能力进行了深入的研究。在这项工作中,他研究了叶尖间隙与压气机的失速静压升系数之间的关系(见图3-8),在中等间隙到较大间隙时,两者近似呈现线性关系;而对于较小的若干间隙,Koch的研究表明,随着叶尖间隙的减小,压气机的失速静压升能力增强,说明在小间隙时,压气机的稳定性和间隙之间存在略微非线性的关系。Smith 和 Cumpsty 的研究结果[10]显示,当间隙从1%叶片弦长增加到3.5%叶片弦长时,压气机的失速流量系数会逐渐增加,而当间隙继续增加至6%叶片弦长时,实验测得的压气机失速流量系数却没有进一步增加,如图3-9所示。这表明当间隙比较大时,压气机的失速流量系数与叶尖间隙的大小无关。

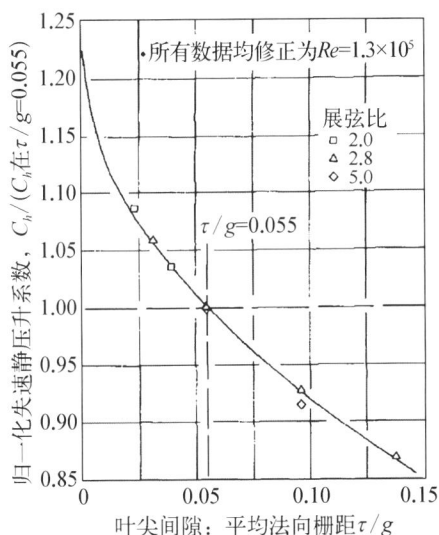

图 3-8 叶尖间隙对失速压升系数的影响[9] 图 3-9 不同间隙下失速静压升特性[10]

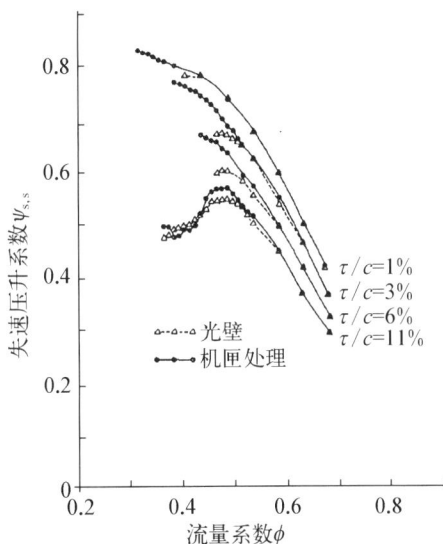

虽然在实际压气机中间隙的变化范围一般应该在1%弦长到5%弦长之间,但是随着压气机的级数不断增加,后面级压气机很有可能出现更大的叶尖间隙。2012年,剑桥大学的 Young[11]在不同间隙情况下(1.1%弦长到10%弦长)对一台低速单级压气机进行了实验研究,探讨叶尖间隙对失速特性及失速模式的影响。图3-10中展示了10种叶尖间隙水平下单级压气机的压升特性,可见随着间隙的增加,压气机的失速压升系数不断下降。但失速流量系数随叶尖间隙的变化关系更复杂。与 Smith 和 Cumpsty 的研究结果[10]类似,当间隙大于2.4%弦长后,失速流量系数不

再随间隙增大而增加,而是基本保持不变;直到间隙大于 6.7% 弦长后,失速流量系数突然增大,后随着间隙的进一步增大而减小。

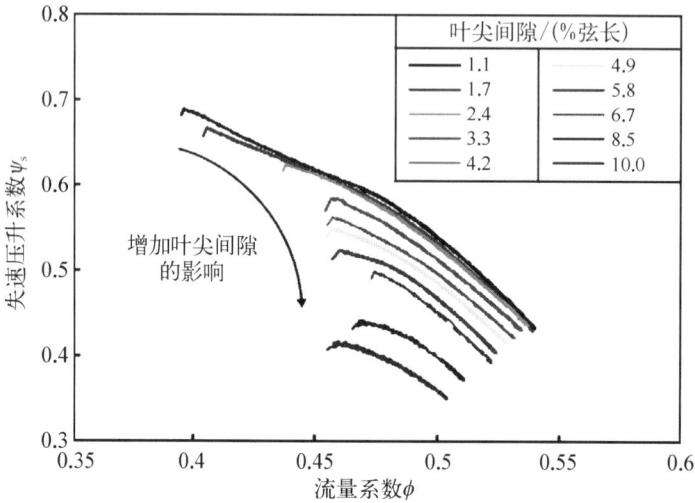

图 3-10   不同间隙大小下的压气机压比特性[11](见附页彩图)

Young[11]总结了该单级压气机中失速流量系数与叶尖间隙之间的关系,并将失速模式变化根据间隙大小分为 3 个区域(见图 3-11)。当间隙小于 3% 叶片弦长时,叶尖间隙尺寸和失速流量系数的关系近似为线性,失速流量系数随间隙的增加而增加,失速先兆模式为突尖波型(spikes);当间隙在 3% 弦长到 6% 弦长之间时,失速流量系数则是恒定的,失速先兆模式为模态波型(modes);当间隙在 7% 弦长至 9% 弦长范围中,增加叶尖间隙会导致失速流量系数的进一步增加,但对于 10% 弦长的间隙,失速流量系数则再次降低,在这一区域内,压气机失速由全叶高失速转变为部分叶高失速(part-

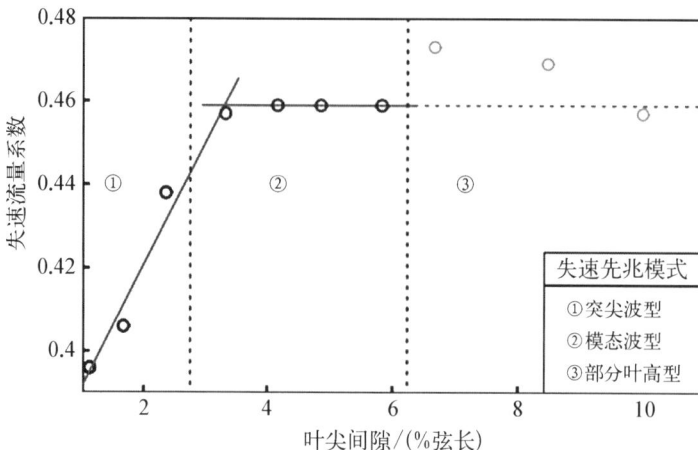

图 3-11   失速流量系数随间隙大小的变化趋势[11]

span)。也正是间隙由 6% 叶片弦长变化为 7% 叶片弦长时失速模式的转变,导致了失速流量系数的突然上升。当这个过渡过程完成后,失速流量系数又降低为之前的0.46。这表明叶尖间隙的大小对压气机失速先兆模式也有着复杂的影响。

　　虽然在上述的结果中并未发现使得失速流量系数最小的最佳间隙值,但这也说明针对这台压气机的设计,其最佳间隙可能小于该压气机的最小安全间隙。如图3-12 所示,该单级低速压气机在叶尖间隙大于 6% 弦长时出现部分叶高失速的现象。在 1.1%~5.8% 弦长的较小叶尖间隙时,在压气机达到失速点后,直接进入全叶高失速,并且此时的压气机迟滞回线范围非常宽广;当压气机的间隙大于 6.7% 弦长时,可以清晰地看到此时的失速为部分叶高失速;当间隙继续增大到 10% 弦长时,压气机逐渐进入部分叶高失速状态。从图 3-10 的压气机特性线也可以看出,当压气机出现部分叶高失速时,压气机的特性线变得不再平滑,这是由于压气机的工作点显示出不稳定增加的迹象,失速点也变得不再清晰,因此更难准确定位压气机何时进入失速。值得一提的是,从图 3-11 中可以看出,当压气机的失速先兆从突尖波变为模态波时,其失速流量系数随叶尖间隙的变化也从线性增加变为定值。

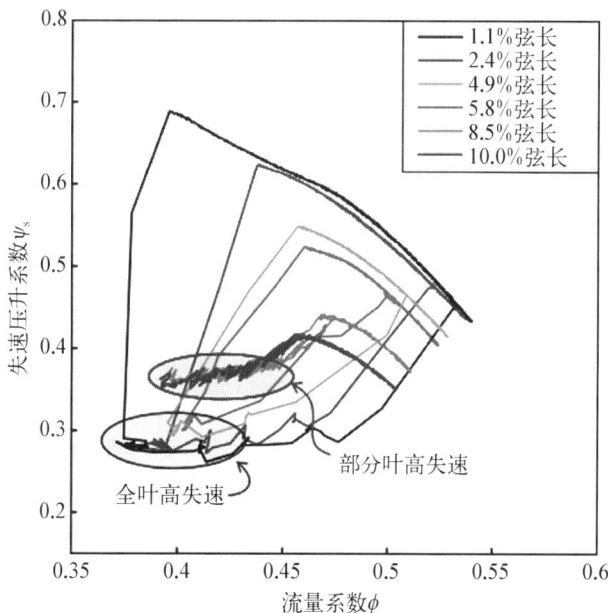

图 3-12　全叶高失速和部分叶高失速的压气机特性[11](见附页彩图)

　　在多级环境中,研究人员开展了叶尖间隙大小对压气机不稳定性影响的研究。2001 年,德累斯顿工业大学的 Mailach 等[12]利用一台四级低速大尺寸轴流压气机进行了实验研究。该四级轴流压气机的轮毂直径为 1 260 mm,轮毂比为 0.84,设计转速为1 000 r/min,设计点下的流量为 25.35 kg/s,中径处的马赫数为 0.22,测试级转子叶片数量为 63 个,其中中径处弦长为 110 mm,叶尖弦长为 116 mm,叶尖稠度为 1.55,安装角为40.5°。在实验过程中,当叶尖间隙为1.55 mm时,在整个运行过程中并没有观察到压气机运行不稳定的现象,因此叶尖间隙被逐步放大至2.3 mm、3.5 mm、5.0 mm。直到叶尖间隙为3.5 mm时,才首次出现压气机运行不稳定的迹象,当叶尖间隙继续增大至5.0 mm时,出现更完整的旋转失速现象。图3-13中展示了该四级压气机完整的运行压比-流量总体特性。图中表明,在流量为0.87设计流量工况时,压气机进入了不稳定状态,此时出现了频率约为转速30%的振动。当进一步对压气机进行节流时,压气机接近运行极限,其振动频率进一步降低,而振幅不断增加。

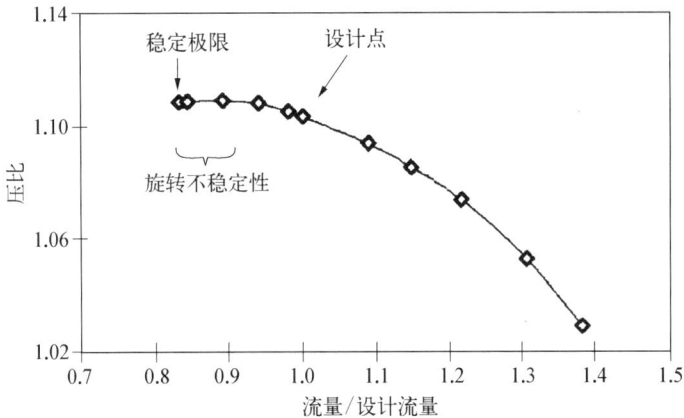

图3-13　四级压气机设计转速下的总体特性[12]

　　图3-14中展示了在该压气机机匣处测量的压气机进入不稳定状态时的典型频谱分布图。BPF为叶片通过频率(blade passing frequency),RI为旋转不稳定性(rotating instability)。此时的叶尖间隙为5.0 mm,流量为0.82设计流量。最大振动振幅出现在265 Hz附近,相当于叶片旋转频率的1/4,在接近叶片旋转频率附近还能观察到显著的突尖波。在压气机的整个运行过程中,会出现两个模态波,以明显低于叶片旋转频率的离散峰值出现,两者的频率分别为1%和50%旋转频率。

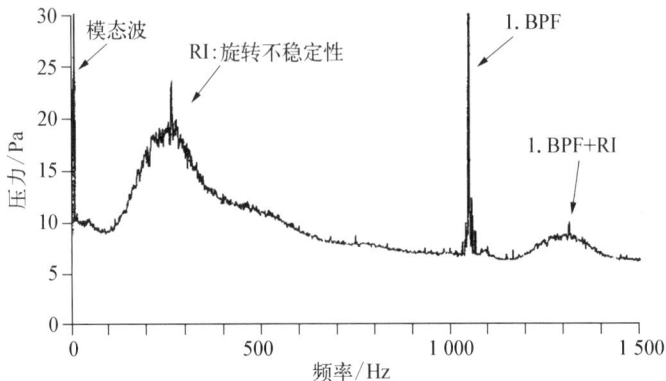

图3-14　机匣处测量的动态压力频谱分布图[12]

在多级环境中,叶尖间隙大小可能不再是决定失速模式的主要因素,转速与级间匹配的变化也会对失速行为产生显著影响。以往的研究表明,失速先兆模式会随着叶尖间隙的增加由突尖波型过渡至模态波型[13-15]。但普渡大学研究者在三级中速压气机实验台中的实验却发现了相反的结果:随着叶尖间隙的增加,失速先兆模式由模态波型转换至突尖波型[16]。

在他们研究的三级压气机中,首级往往是率先失速级。在100%转速下,设计间隙下压气机存在着较强的模态波型先兆及较弱的突尖波型先兆。而随着转速的降低,模态波型先兆逐渐消失,压气机表现出明显的突尖波型先兆。这是由于在低转速下级间匹配发生了变化,第2、3级远离失速工况,而第1级转子中率先发生不稳定流动,逐渐发展为局部的突尖波型失速先兆,再进一步发展至第2、3级,导致三级压气机进入失速状态。因此他们认为,间隙高度和失速先兆机制之间的明确关系可能并不存在。根据多级实验结果,他们绘制了转速与叶尖间隙(tip clearance, TC)与失速先兆模式的关系图(见图3-15),在高转速小间隙情况下,压气机失速受到模态波型先兆的主导,转速的降低或间隙的增大均会导致突尖波型先兆的增强;在低转速小间隙情况下,压气机失速则受由第1级转子形成的多个失速团主导,随着转速增大或间隙增大,失速模式同样向突尖波型转换。

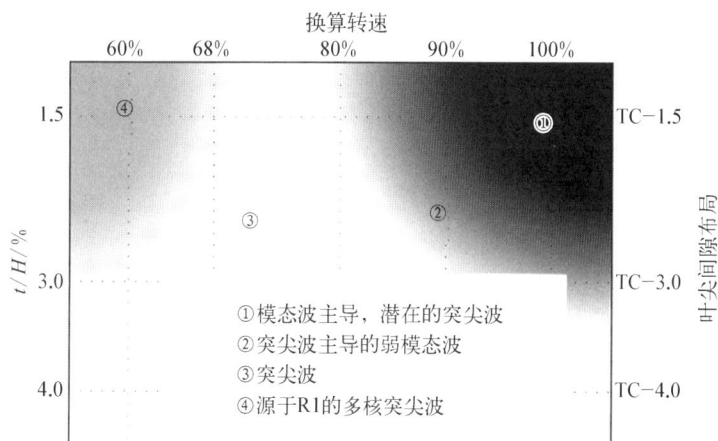

图 3-15　转速与间隙大小与失速先兆模式的关系图[16]

此外,在压气机的运行过程中,由于膨胀、振动和机匣非圆等原因,叶尖间隙不可避免地会发生变化。为了使压气机能够在非常紧凑的间隙下安全运行,压气机的机匣上会装上耐磨衬套,这使得转子叶尖和耐磨衬套能够相互接触。在长期运行后,耐磨衬套会被转子叶片磨损,形成沟槽结构。为了揭示这类沟槽结构对压气机气动性能的影响,上海交通大学商用航空发动机叶轮机械气动传热技术联合创新中心研究团队针对不同沟槽结构下的 NASA Stage35 进行了数值模拟研究[17],所研究的沟槽结构如图3-16所示。结果表明,沟槽结构能略微提高堵点附近的总压比和质量流量,但降低了其他工况点的总压比和效率。不同转速下,不同沟槽结构对压气机稳定裕度的影响是不同的。在100%转速下,外沟槽(outside trench,OT)和内沟槽(within trench,IT)这两种沟槽结构分别能够提高2.8%和1.1%的稳定裕度,平行沟槽(parallel trench,PT)结构降低了1.3%的稳定裕度。图3-17(a)中展示了100%转速下叶尖附近的马赫数

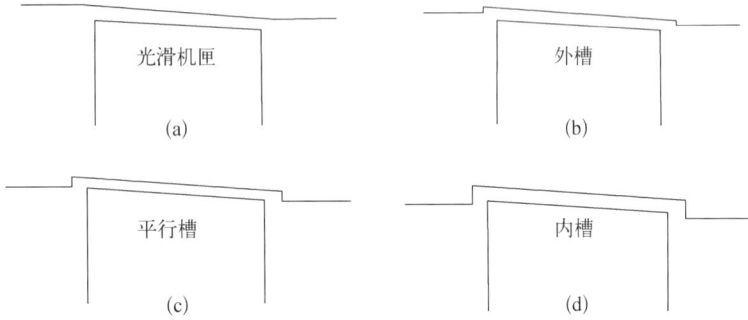

图3-16　不同形式的沟槽结构示意图[17]
(a) 光滑机匣(smooth casing, SC);(b) OT;(c) PT;(d) IT

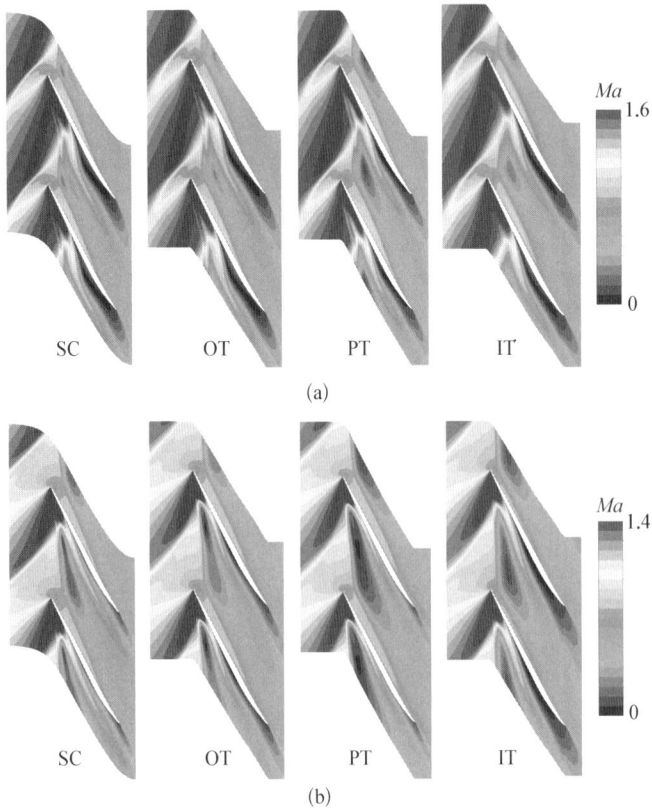

图3-17　不同转速下不同机匣沟槽结构对叶尖马赫数分布的影响[17](见附页彩图)
(a) 100%转速;(b) 80%转速

云图,堵塞流动主要位于叶片吸力面附近和激波与泄漏流相互作用后的通道中部区域,图 3-17(a)表明,稳定裕度恶化的 PT 沟槽结构在通道中部具有更大的堵塞区域。在 80%转速下,沟槽结构会显著加剧通道中部的堵塞,如图 3-17(b)所示,进而造成稳定裕度的下降。尽管不同转速下沟槽结构对压气机特性的影响不同,但稳定裕度变化的原因始终与叶尖附近的堵塞区域变化相关。

3.1.3　非轴对称间隙效果

在实际的压气机中,转子叶尖径向间隙很难保持均一的数值,而是存在着非轴对称的分布。上海交通大学商用航空发动机叶轮机械气动传热技术联合创新中心研究团队以立式四级低速大尺寸压气机实验平台(SJTU-LSRC)为研究对象,基于数值模拟和实验测量方法系统研究了非轴对称布局对压气机气动性能和流场细节的影响。高压压气机的低速模拟实验是研究高压压气机流场细节、改善高压压气机气动性能的关键技术之一。美、英、法等国的研究机构利用低速模化实验取得了丰硕成果。基于对高压压气机低速模拟实验重要性的认识,该团队于 2018 年设计、建成了立式四级低速大尺寸压气机实验平台(SJTU-LSRC)[18, 19],形成了完整的模化设计、几何建模、实验测量、模型开发、设计改进的研发及应用体系。

SJTU-LSRC 实验平台采用立式安装,以保证径向间隙不会受到重力的影响。该实验平台总高达 7 m,由高约 3 m 的实验测试段及高约 4 m 的动力段组成,实验段最大直径达到 2.85 m,流道内径/外径达到 1 320/1 500 mm,形成高达 90 mm 的流道,该实验平台是目前国内尺寸最大的立式多级低速压气机实验平台。实验件采用四级重复级设计,其中第三级作为测试级,前两级重复级为第三级构造模拟真实高压压气机工作环境的进口边界条件,第四级用以模拟多级压气机流动的出口边界条件。该实验平台的实物及结构如图 3-18 所示,实验平台的基本参数见本章参考文献[19]。

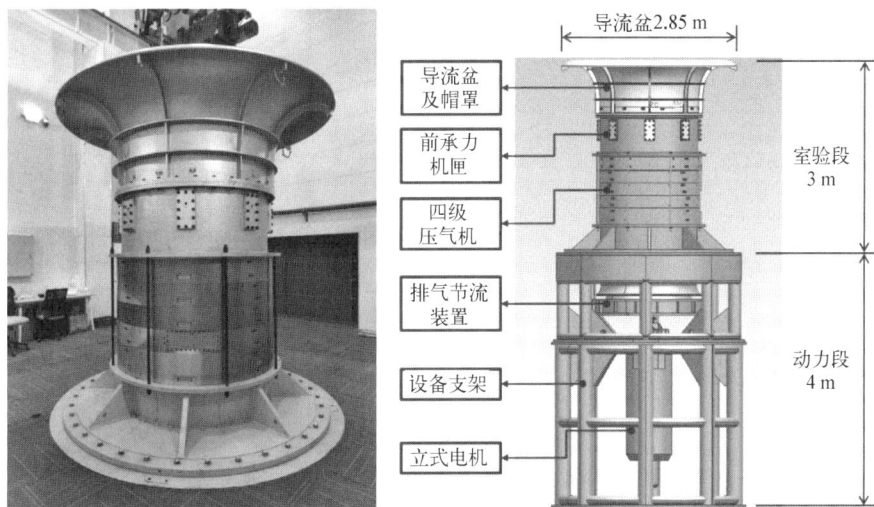

图 3-18　立式四级低速大尺寸压气机实验平台的实物图及结构示意图

实验段剖面图及测量截面位置由图 3-19(a)所示。其中,0—0 截面位于导流盆出口;Ⅰ—Ⅰ截面位于 IGV 进口;Ⅹ—Ⅹ截面位于第四级静子 S4 出口下游;Ⅱ—Ⅱ及Ⅸ—Ⅸ截面位于各叶片排间。此外,在各级转子叶尖处布置了动态压力测试孔矩阵,在第三级静子机匣处设置了局部光学玻璃扇形窗进行先进光学测量[见图 3-19(b)]。在各级间测量位置,采用五孔探针进行一维或二维提拉,获取转子及静子出口气动参数分布[见图 3-19(c)]。

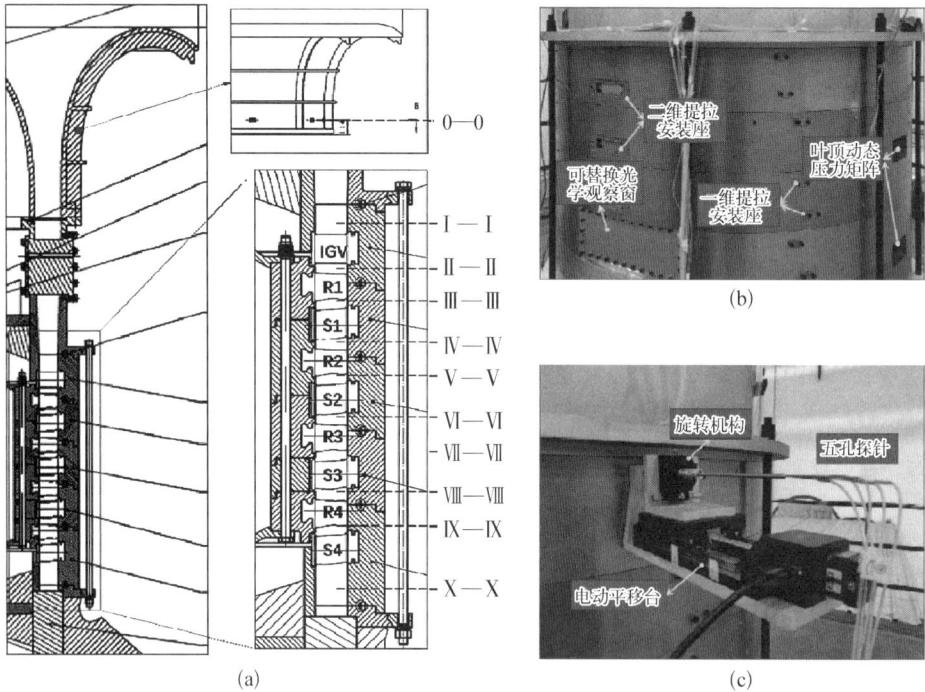

图 3-19 立式四级低速大尺寸压气机实验平台测试接口一览
(a) 级间测量位置轴向分布;(b) 机匣表面测试接口;(c) 气动探针安装方式

基于该实验平台,上海交通大学商用航空发动机叶轮机械气动传热技术联合创新中心研究团队开展了压气机转子叶尖间隙非轴对称布局的研究。压气机转子叶尖间隙非轴对称布局的一个来源在于转子叶片高度在周向范围内的不均匀。该研究团队[20, 21]对 SJTU-LSRC 进口导叶和第一级转子叶片排进行约化,并选取全周模型的 1/8 作为计算域,同时利用高斯概率密度函数构造多通道内的间隙布局方案。结果表明,"锯齿型(zigzag)"非轴对称布局下由于叶尖泄漏产生的堵塞得到显著缓解,产生了约 1.4% 的等熵效率增益,拓宽失速裕度为 3.9%。非轴对称叶尖间隙布局的失速先兆类型与间隙均匀的原型转子相同,均为突尖型扰动,其周向传播速度为转子转速的 78%。不同间隙布局对转子域内流动的影响如图 3-20、图 3-21 所示。

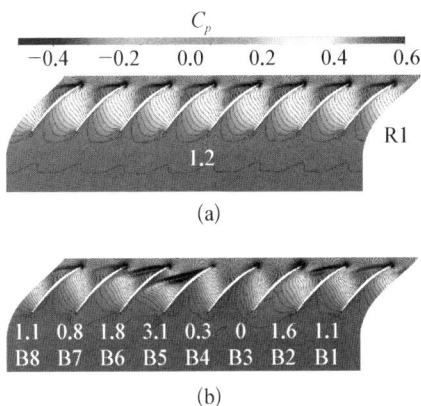

图 3-20　不同间隙布局下近失速工况叶尖
压力系数分布[21]（见附页彩图）

（a）均匀间隙；（b）非轴对称布局间隙

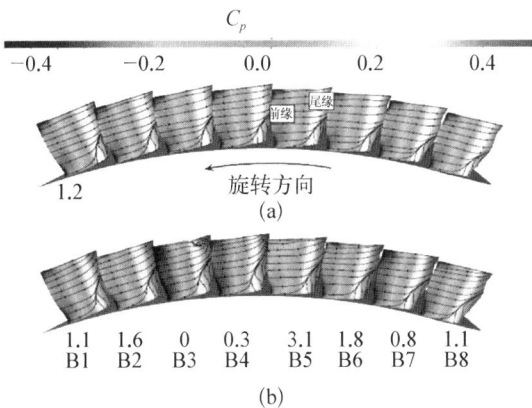

图 3-21　转子叶片吸力面极限流线和压力
系数分布[21]（见附页彩图）

（a）均匀间隙；（b）非轴对称布局间隙

在此基础上，该研究团队进一步研究了不同平均间隙水平下，"锯齿型（zigzag）"
"线性递增型（linear up）""线性递减型（linear down）"等非轴对称间隙分布对整体
性能和损失机理的影响[22]［见图 3-22（a）］，详细对比了不同转子通道内气动特性
和流动行为的差异化分布，指出非轴对称间隙造成的损失不仅包括泄漏流损失，还
包括泄漏流与来流或机匣角区低能流体的干涉，如图 3-22（b）所示，甚至是与相邻
转子吸力面相互作用带来的损失。

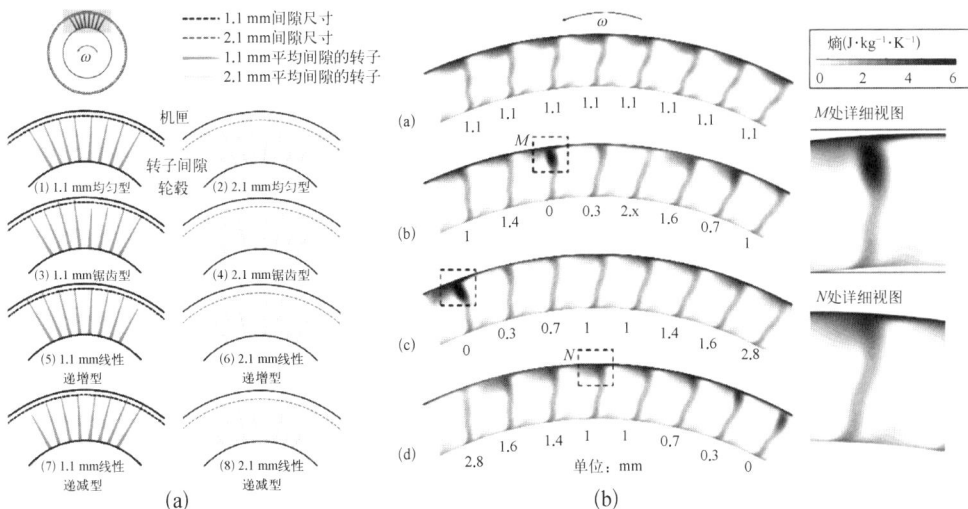

图 3-22　不同非轴对称间隙分布对压气机损失的影响机制[22]

（a）不同类型的非轴对称间隙分布；（b）不同间隙分布对转子出口熵增分布的影响

3.2　转子叶尖泄漏流动结构与机理

随着实验技术和计算能力的逐步提升,研究人员开始更加关注叶尖泄漏流的流场结构以及其对流动机理的影响。本节将对相关的实验及数值模拟研究进行阐述,其中相关实验研究一节,一般情况下是以实验手段为主、数值模拟方法为辅来开展研究的。

3.2.1　相关实验研究

对压气机内部泄漏流动的研究已经进行了 70 余年。研究人员始终致力于采用各类实验测试手段获取泄漏流动流场,描绘泄漏流动结构,解析泄漏流动机理。随着实验测试手段的不断进步,测试对象从最初的叶栅,转变为真实压气机环境;测试手段从侵入流场、仅能获取时均流场的常规测试手段,转变为非接触式的、能够获取瞬时流场的先进测试手段。

Rains 早在 1954 年便在一台三级轴流水泵上对叶尖泄漏流进行了实验研

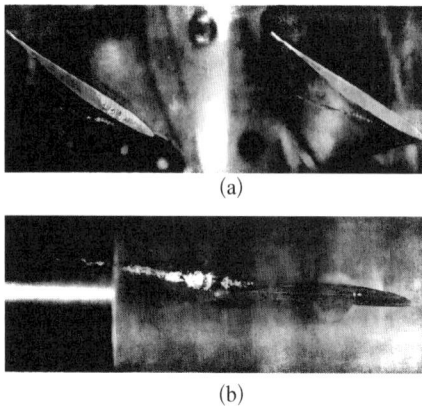

究[23],他利用流动显示技术拍摄到了泄漏流动在流场中的结构(见图 3 - 23)。通过空泡效应的显现,能够让研究人员在流场中看到泄漏涡从转子叶片前缘产生。在另一个带间隙的静子叶片中,采用相同的流动显示技术则发现相应的涡是从 1/4 弦长处发出的,这可能是压差最大的位置。泄漏涡发出位置的不同可能是转子进口来流的偏斜导致峰值负荷移至前缘附近。基于实验结果,Rains 也提出了一个间隙泄漏流动的简单模型。当间隙较大时,该模型假设通过间隙的无黏流动产生了垂直于叶片吸力面的射流;而当间隙非常小时,该模型假定其为简单一维黏性流动。

图 3 - 23　转子(a)与静子(b)间隙泄漏涡空化的流动显示[23]

1965 年,Lakshminarayana 和 Horlock[24]采用一种巧妙的实验装置研究了间隙对流动的影响。他们将一个直叶栅从中间切开使之形成缺口,从而将一个直叶栅分为悬臂的两部分,可以通过中间的缺口调节间隙。在这个实验装置上分别给定均匀来流、缺口附近较弱非均匀来流以及缺口内部放置固壁的强非均匀来流,如图 3 - 24 所示,从而得以研究仅存在泄漏流、泄漏流与弱二次流同时存在、泄漏流与强二次流同时存在这 3 种情况下泄漏流的影响及其与二次流的干涉。实验采用油流显示观察不同来流条件、不同间隙条件下的流动结构。在仅存在泄漏流的情况下,叶片表面压力分布的分析预测与实验结果符合得很好。而在第 2 种情况的实验中,发现了泄漏流与二次流的相互干涉。泄漏流与二次流的方向相反,使得角度分布更均匀,压力分布变化较少。第 3 种情况的实验则表明,在无间隙条件下发现的端壁-吸力面角区的严重分离,在有间隙的情况下被泄漏流削弱;出气角的分布更均匀,损失系数也有所减小,且在实验中发现了能使得角区分离最小化的间隙大小。

(a)

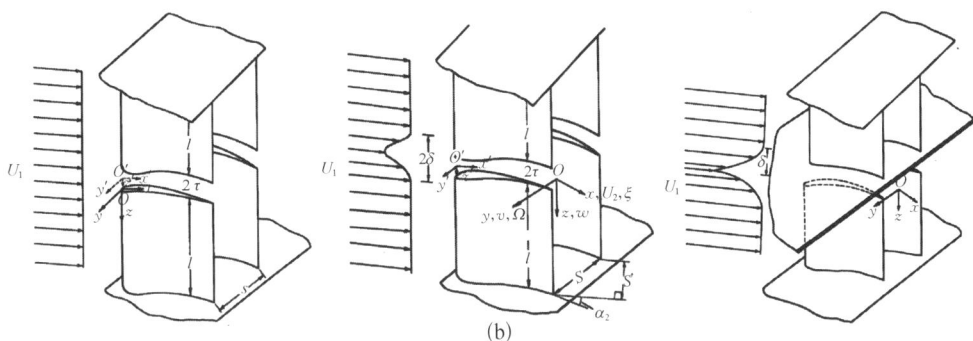

(b)

图 3-24　悬臂直叶栅实验装置(a)及不同来流条件示意图(b)[24]

　　1991 年,Storer 与 Cumpsty[25]对带有间隙的悬臂叶栅进行了壁面压力及泄漏流动测量,如图 3-25 所示。壁面压力测量获取了 0 间隙及两组不同大小间隙下的壁面压力图谱,而泄漏流动测量则是采用压力探针获取了泄漏流动离开叶片叶尖的速度矢量分布,解释了泄漏流的结构及流动现象,同时也基于实验结果验证了当时数值计算的准确性。测量结果表明,泄漏涡会改变叶尖静压分布,叶尖泄漏涡的起始位置和端壁静压最小值点相重合,且该位置随叶尖间隙的增加而向下游移动。但该研究未对泄漏涡的三维结构进行描绘。

　　康顺与 Hirsch 在带有间隙的压气机叶栅中对泄漏涡的涡系结构进行了一系列详细的实验与数值模拟研究[26-28],通过油流显示等流动显示技术获得叶尖及壁面的流动拓扑结构,从而阐明了间隙内及通道内的涡系结构(见图 3-26)。测试的对象是 NACA65-1810 叶片,除 0 间隙外,还对 1.0%弦长、2.0%弦长及 3.3%弦长的间隙进行了研究。实验结果表明,除了通道中的泄漏涡之外,流场中还存在着叶尖上方的叶尖分离涡及其与泄漏涡之间的二次涡,如图 3-26(b)所示。其中最左侧的是

(a)

(b)

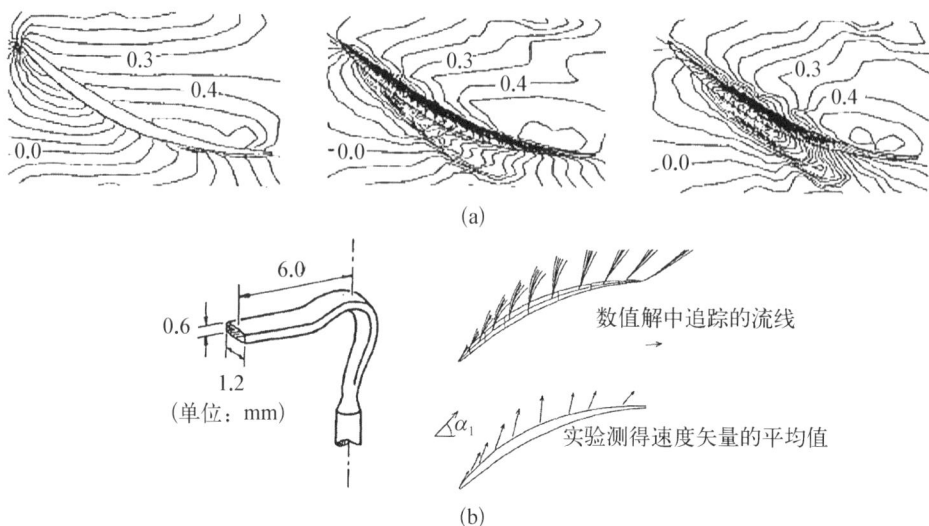

图 3-25 带有间隙的悬臂叶栅中进行的泄漏流动测试实验[25]

（a）不同间隙条件下的壁面压力测量(左：0 间隙；中：2％弦长；右：4％弦长)；(b)采用压力探针进行泄漏流动测量

叶尖分离涡，它以顺时针方向旋转，涡的左边对应着分离线，右边则对应着再附着线。最右侧即是叶尖泄漏涡，位于叶片通道内，同样以顺时针方向旋转。三种涡结构独立存在，使叶尖流动呈现三维性。并且，叶尖间隙的大小会影响泄漏涡结构的轨迹：间隙越大，泄漏涡轨迹越远离吸力面。其数值模拟研究的结果也能够较好地模拟叶尖间隙泄漏流动。

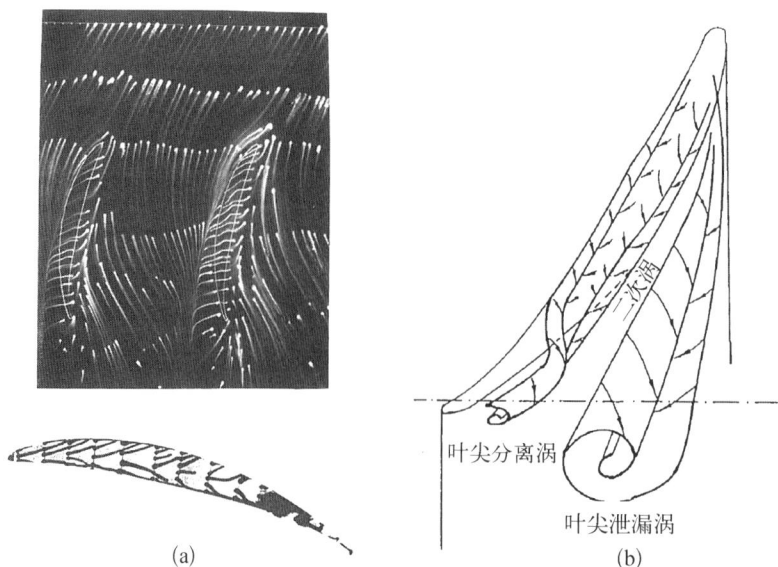

(a)

(b)

图 3-26 叶尖及壁面油流实验结果(a)及叶尖泄漏涡流动模型(b)[26]

在叶栅的实验研究中很难再现真实多级压气机环境中的边界层和其他二次流状态。但是,可以通过施加一些特殊装置模拟单个的流动干扰现象。例如,2015 年 Krug 等[29]在一台典型压气机叶型平面叶栅实验台前设置静叶尾迹扰动,尾迹是由一个固定的圆柱杆产生的。这些圆柱杆具有可变的栅距,以此来分析静子尾迹诱导的进口扰动对带叶尖间隙的压气机直叶栅的影响。使用五孔探头在叶栅的上下游进行稳态流场测量,并结合静态壁面压力测量。二维粒子图像测速(particle image velocity measurement,PIV)测量通过可视化通道内流场来补充这些结果。在此基础上,他们对所有测试配置的不断发展的二次流系统的结构进行了评估和比较,研究了泄漏涡与上游尾迹之间的干涉机理。

研究人员利用直叶栅进行了大量实验研究,在端壁静止条件下获取了丰富的泄漏流与泄漏涡的实验数据。但在实际的压气机中,端壁/叶片的相对运动会对泄漏涡损失、结构产生显著影响,这也是泄漏流动研究中的热点问题。一些研究人员通过制造端壁与叶栅的相对运动对这一主题进行研究。其中最具代表性的是弗吉尼亚理工大学的压气机叶栅移动端壁系统[30]。弗吉尼亚理工大学的研究团队通过电机驱动传送带提供最高可达 25 m/s 的叶栅端壁平动速度,模拟端壁与叶片的相对运动,所得的实验结果如图 3 - 27 所示,这表明了端壁运动使泄漏涡结构发生了畸变和位移;移动端壁剪切层引入了较低的速度梯度,导致雷诺应力和湍动能的降

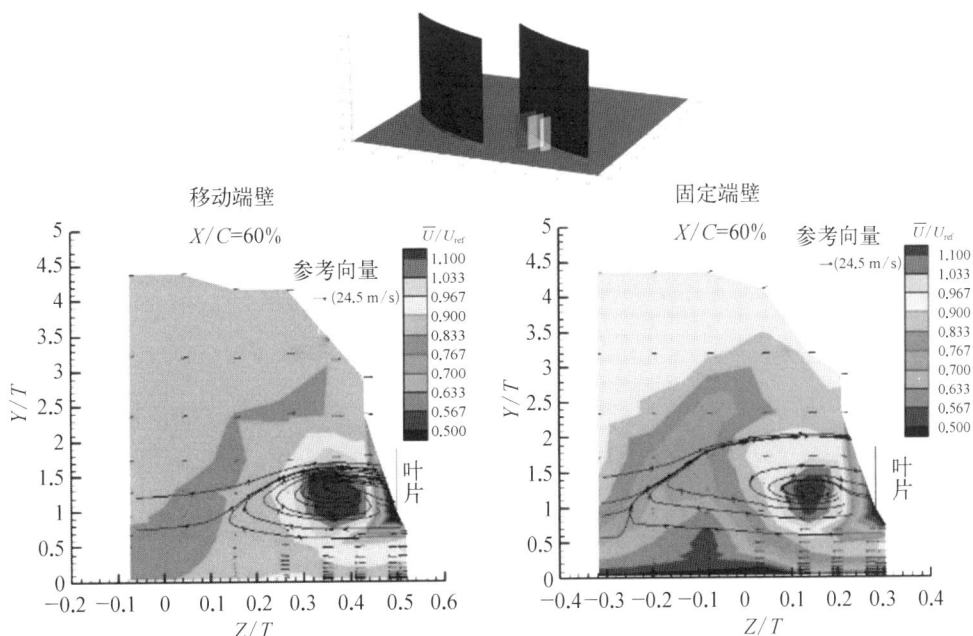

图 3 - 27　压气机叶栅端壁移动/静止的实验结果[32](见附页彩图)

低[31, 32]；但间隙大小(最大为 3.3％叶高)几乎未影响泄漏涡内部速度亏损和湍动能水平[33]。需要注意的是,该实验台的叶栅端壁线速度较低,无法达到真实压气机中叶片与端壁的相对运动速度[34]。

随着实验手段的发展,研究人员得以在实际的压气机转子中研究泄漏流动现象及结构。一些研究人员采用五孔探针及热线风速仪,对转子下游流场进行了详细测量,以清楚识别低能堆积流体及泄漏流卷起的位置[35-38]。另一些研究人员采用旋转探针、热线风速仪及激光多普勒测速仪(laser Doppler velocimeter, LDV)对间隙内部及转子通道内的流动进行了测量,结果显示泄漏流与主流之间可能存在着强烈的相互干涉,并展示出了泄漏涡卷起的初始阶段[10,39-42]。

Inoue 等[43, 44]在一台低速孤立压气机转子中利用热线及壁面压力探针对于不同间隙转子的泄漏流场进行了详细测量,基于锁相技术对低速转子中泄漏流的定常流动结构及现象进行了详细的描述。基于转子下游的热线测量结果,Inoue 等明确了流场中泄漏涡核的存在及位置,并发现了泄漏流引起的回流现象。他们发现,当间隙增大时,涡核旋转的强度增大,流场中泄漏涡核的位置更远离吸力面,如图 3 - 28 所示。Inoue 等基于泄漏涡轴线与壁面静压低压槽位置一致的现象及转子叶尖机匣处的壁面压力探针测试结果,阐明了间隙增大时泄漏涡起始位置后移、涡轴线偏向周向方向的规律,并且发现了间隙流场中存在着泄漏流与进口来流的相互干涉现象,从而描绘出如图 3 - 29 所示的亚声速转子叶尖泄漏流的常见三维空间结构模型。

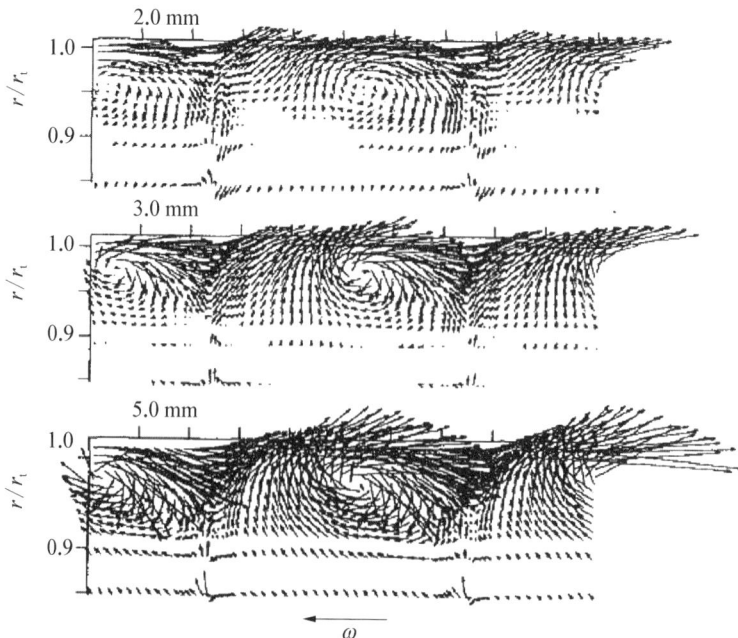

图 3 - 28　不同间隙条件下转子叶尖二次流动分布[44]

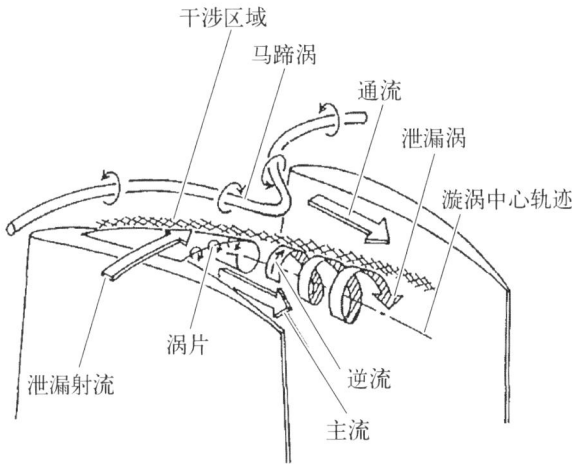

图 3 - 29　亚声速转子叶尖泄漏流的常见三维空间结构模型[43]

　　对于压气机转子叶尖间隙是否会产生泄漏涡的流动现象这一问题，Lakshminarayana[45]分析认为能否产生泄漏涡与很多因素有关，这些因素包括：几何外形因素（单级、多级、叶栅、孤立转子）、入口流动的湍流度、端壁边界层厚度、主流和泄漏流的相互作用以及叶尖间隙的大小、叶片负荷、叶尖速度等，这些因素都会对叶尖间隙流动过程产生影响，因此在某些情况下压气机不会产生叶尖泄漏涡，并通过实验验证了他的结论的正确性。

　　Lakshminarayana 根据其在一级半压气机中的实验数据，对转子叶尖泄漏流与主流的干涉机理在二维平面内进行了描绘[45]，如图 3 - 30 所示，转子叶尖浸没在环

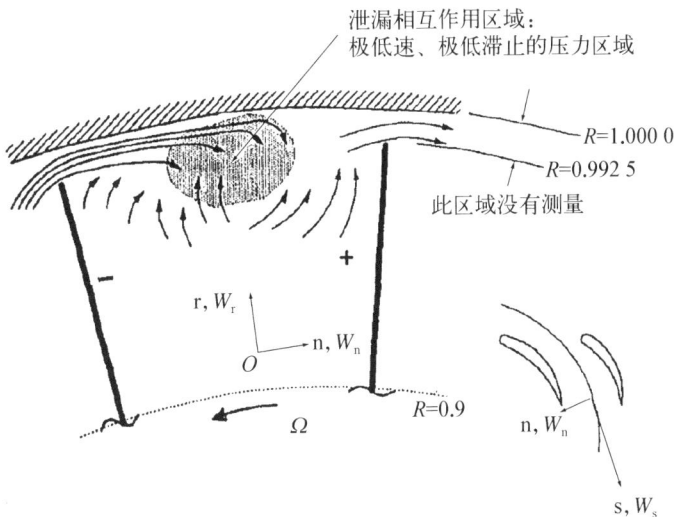

图 3 - 30　转子叶尖泄漏流与主流干涉机理示意图[45]

壁边界层内,因此,泄漏射流在扩散并与主流发生相互作用之前会深入通道内部。由于叶片运动,泄漏流进一步向压力面移动。泄漏流位于高黏度区域,倾向于快速扩散。掺混区域在上述相互作用下具有非常低的速度和总压,呈现类似分离区的形态,如图 3-30 中阴影区域标注位置所示。总压和速度均较低的区域倾向于从远离叶尖的区域夹带流体,导致该区域向外流动。

研究人员进一步对叶片几何参数及流动工况对泄漏流动结构的影响开展了相关研究。李成勤[46]利用实验方法研究了叶栅中叶尖间隙大小、来流攻角和叶片转折角等因素对叶尖泄漏流的影响。结论显示,叶尖间隙的增加使得泄漏流的形成位置后移,且泄漏涡的展向尺度增加,而来流攻角的增大使得泄漏流的起始位置前移;当转折角增加时,泄漏流相对于叶尖间隙大小和攻角的变化敏感性降低。Saathoff 等[47]研究发现,在端壁区域存在的叶尖泄漏流和端壁边界层的相互作用,引起端壁处边界层的分离并造成叶尖附近的流道堵塞。此外,进口边界层厚度的增加会使得叶尖泄漏涡的起始位置前移,并导致叶尖附近的总压损失增加,增压能力降低,同时压气机的稳定工作范围减小[48, 49]。随着压气机进口流量的减小,叶片的负荷增加,叶尖泄漏涡的运动轨迹逐渐向叶片前缘方向移动,甚至从叶片前缘溢出,导致压气机流动失稳现象的产生。在近失速工况附近,主流、叶片角区低能流体、壁面边界层和叶尖泄漏涡之间的相互作用使得叶尖附近的流场结构变得更加复杂,通道的堵塞程度显著增加[50-52]。

在多级环境中,泄漏流的发展受到上下游叶片排的复杂干涉影响。普渡大学的研究团队在三级中速大尺寸压气机实验台中采用高频响压力传感器对于不同间隙高度、不同工况下泄漏流动的行为进行了实验研究[53],通过调整静子叶片与压力传感器的相对位置,研究相邻静叶排对泄漏流轨迹的影响(见图 3-31)。结果表明,上游静叶尾迹确实对下游动叶泄漏流轨迹产生了显著影响(见图 3-32),静叶位置的改变(0%vp 与 52%vp 表示不同周向位置)使泄漏流轨迹偏转了 3°;而下游叶片的势场则未对泄漏流轨迹产生观测可见的影响。且在一些情况下,上游静叶对下游转子泄漏流轨迹的影响甚至大于由转子叶尖间隙高度增加一倍所带来的影响。

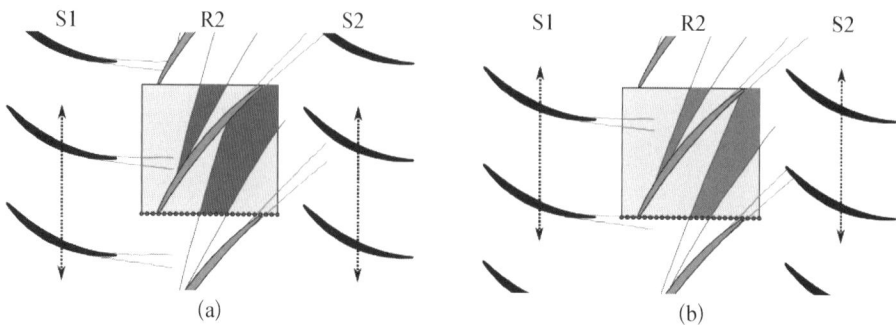

图 3-31　不同静子位置下转子泄漏流测量示意图[53]

(a) 探针位置在静叶通道中部;(b) 探针位置在静叶尾缘下游

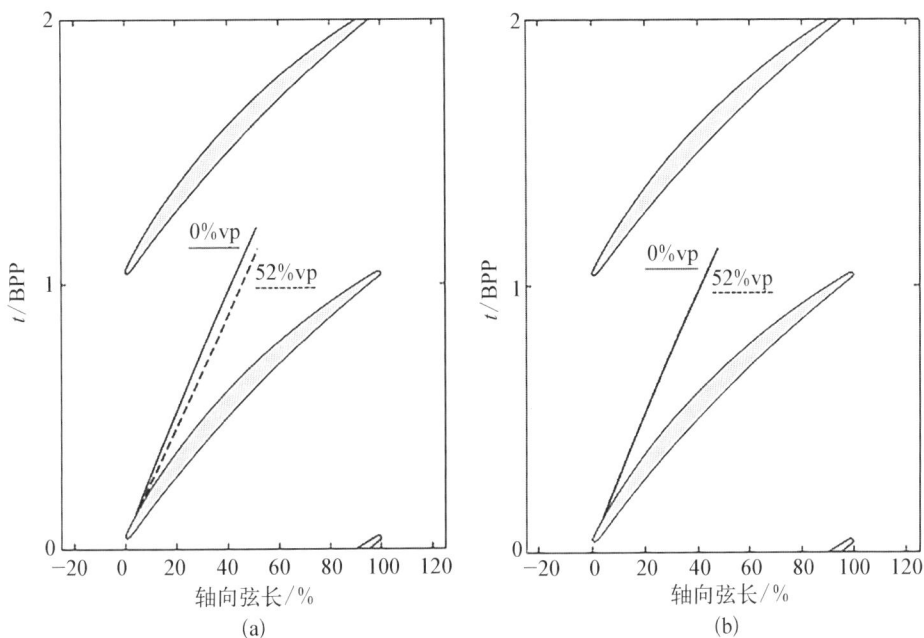

图 3-32　上、下游静叶位置变化对相邻转子泄漏流轨迹的影响[53]

(a) 上游静叶位置的影响；(b) 下游静叶位置的影响

3.2.2　相关数值模拟研究

随着计算能力的发展，数值模拟逐渐成为研究压气机叶尖泄漏流的重要手段。美国国家航空航天局(National Aeronautics and Space Administration，NASA)的格伦研究中心(原刘易斯研究中心)在早期对于跨声速压气机叶尖泄漏流动的数值模拟开展了大量研究。Adamczyk 等[54]是较早开展压气机叶尖泄漏流数值模拟的研究人员，尽管他们仅在间隙内部采用两个网格，但依然能够定性地描述泄漏流的流动行为。他们对 NASA Rotor 67 风扇转子叶尖泄漏流结构的模拟结果，能够总结为一个描述激波与泄漏涡干涉的二维模型，该模型显示，在泄漏涡与激波相互作用后，激波下游产生了一片低速区域，占据了大部分通道，形成了堵塞区。Suder 等[55]同样在 NASA Rotor 37 中通过数值模拟发现了激波与泄漏涡强烈干涉后形成的大范围堵塞区域，这种干涉的影响范围可以影响到 20 倍间隙高度的区域；但当转子在 60% 转速下运行时，泄漏流的径向影响范围仅为其在 100% 转速下运行时的一半。

美国国家航空航天局进一步对间隙建模方式的优劣开展了相关研究。1998年，Chima[56]在 NASA Rotor 37 中开展了对叶尖泄漏流的数值模拟研究。他采用划分网格和施加周期性模型这两种方式模拟叶尖泄漏流，两种方法表现出了较好的一致性。在 95% 叶高位置划分网格的计算结果与实验结果较符合，但该法对激波/

泄漏涡干涉后的流动预测则相对较差。2000 年，Van Zante 等[57]对 NASA Stage 35 开展了数值研究，其对比的叶尖建模方式如图 3‐33(a)所示。基于当时的认识，他们认为采用 Kirtley 的叶尖间隙模型[58]足以获取准确的薄叶尖间隙泄漏流动预测。当泄漏射流与机匣之间的相对速度差较大时，壁面剪切层是泄漏流的重要组成部分，会影响主泄漏流的运动轨迹，并且会影响压气机的稳定裕度。因此壁面剪切层的高精度解析是准确模拟泄漏流的关键[见图 3‐33(b)]。

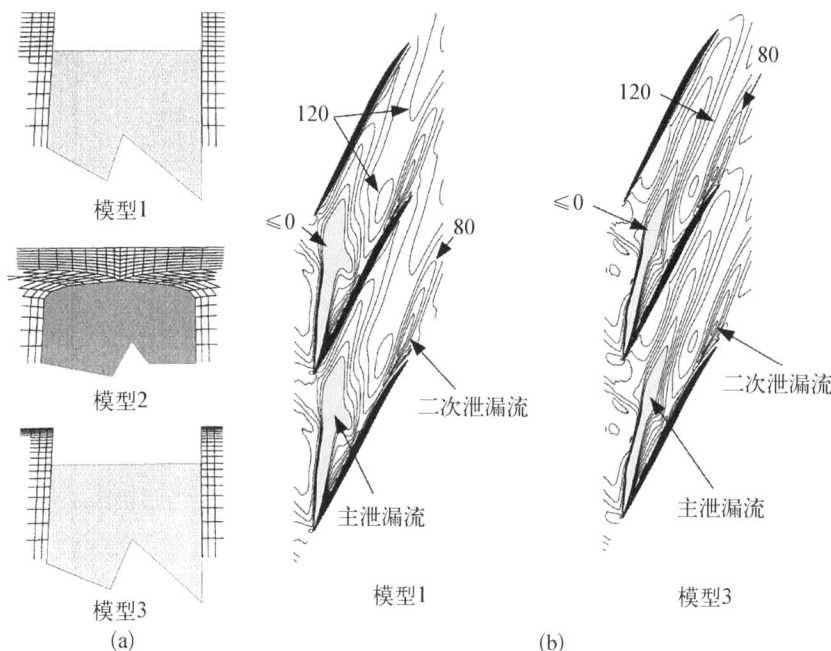

图 3‐33　叶尖间隙模拟方式对泄漏流动预测的影响[57]

(a) 三种不同的叶尖建模方式；(b) 是否准确解析壁面剪切层对泄漏流模拟的影响(轴向速度等值线分布)

2013 年，Du 等[59]针对达姆施塔特工业大学跨声速转子的数值模拟研究结果进一步提出了跨声速转子叶尖泄漏流的三维空间结构模型(见图 3‐34)。该模型将泄漏流分为激波面上游的主泄漏流(浅色箭头)与激波面下游的次泄漏流(深色箭头)，两股泄漏流分别在不同位置处(浅色与深色虚线圆圈)与激波进行相互作用。该模型揭示了跨声速转子叶尖泄漏流的空间结构特征：① 在激波位置上游，高压差负载驱动产生具有负轴向速度的主泄漏流，主泄漏流卷起，形成主泄漏涡结构，泄漏涡在向叶片通道下游移动过程中，向通道内径方向下沉，基本不与相邻叶片压力面碰撞，为次泄漏流的横跨通道流动留出空间。泄漏涡在与激波相互作用后，速度减小，流动是否保持涡结构取决于泄漏涡与激波的作用强度；② 在激波位置下游，低压差负载驱动产生次泄漏流，次泄漏流的负轴向速度非常低，但在主泄漏流的"保护"作用下，沿周向跨越通道到达相邻叶片压力面，在压力面形成低轴向速度、低静压区域。次泄漏流在与压力面相撞位置处被分为两股流体,在间隙区域的一部分流体在压差驱动下发生二次泄漏,而直接与叶片压力面接触的部分流体向通道下游移动,流出叶片通道。由图 3 - 34,可以清楚地看出主泄漏流结构决定了交界面在叶片通道中靠近吸力面的起始位置和方向,而次泄漏流的流动结构则决定了交界面靠近叶片压力面的轴向位置。

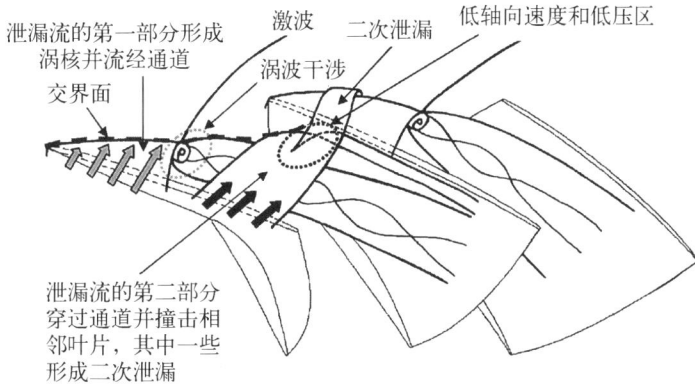

图 3 - 34　跨声速转子叶尖泄漏流的三维空间结构模型[59]

随着数值模拟方法的发展,研究人员开始关注湍流模型对叶尖泄漏流模拟的影响。2008 年,Liu 等[60]针对一台亚声速压气机转子,采用 6 种不同的湍流模型(混合长度模型、Spalart-Allmaras 模型、标准 κ - ε 模型、剪切应力输运 κ - ω 模型(shear stress transport κ - ω model, SST κ - ω 模型)、$\overline{v^2}$ - f 模型及雷诺应力模型)对叶尖泄漏流进行模拟,并基于粒子图像测速(PIV)实验数据进行详细对比验证。结果表明,在设计工况下,雷诺应力模型对叶尖泄漏涡(tip leakage vortex, TLV)的预测优于其他模型;而在近失速工况下,雷诺应力模型依然在模拟泄漏涡方面具有最好的表现,但标准 κ - ε 模型能够更好地预测叶尖角区涡(corner vortex, CV),其他模型都低估了角区涡的尺度(见图 3 - 35)。图中,R,A,T 为笛卡尔坐标系的三个坐标轴。各个模型中,只有雷诺应力模型能够较好地预测正应力三个分量之间的关系。作者同时表示,尽管数值模拟能够较好地模拟平均流场中的大尺度叶尖泄漏涡,但流动机理与 PIV 获得的实际情况大相径庭,在定常模拟情况下,所有湍流模型都没有考虑泄漏涡破碎带来的非线性现象。

德国德累斯顿工业大学的研究人员[61]在多级压气机环境下,采用 SST 及显式代数雷诺应力模型(explicit algebraic Reynolds stress model, EARSM)两种湍流模型对三种间隙下的泄漏流行为进行了研究。结果表明,在定常模拟情况下,湍流模型对泄漏涡轨迹的影响较大:EARSM 模型对各向异性湍流进行建模,因此能够获得比 SST 更好的模拟结果。同时,他们采用基于 SST 模型的非线性谐波(nonlinear harmonic,NLH)方法对上游静叶尾迹与转子泄漏流之间的非定常干涉流动进行了研究,结果表明,静叶尾迹在转子前缘的撞击改变了局部对叶片的攻角,调节了转叶

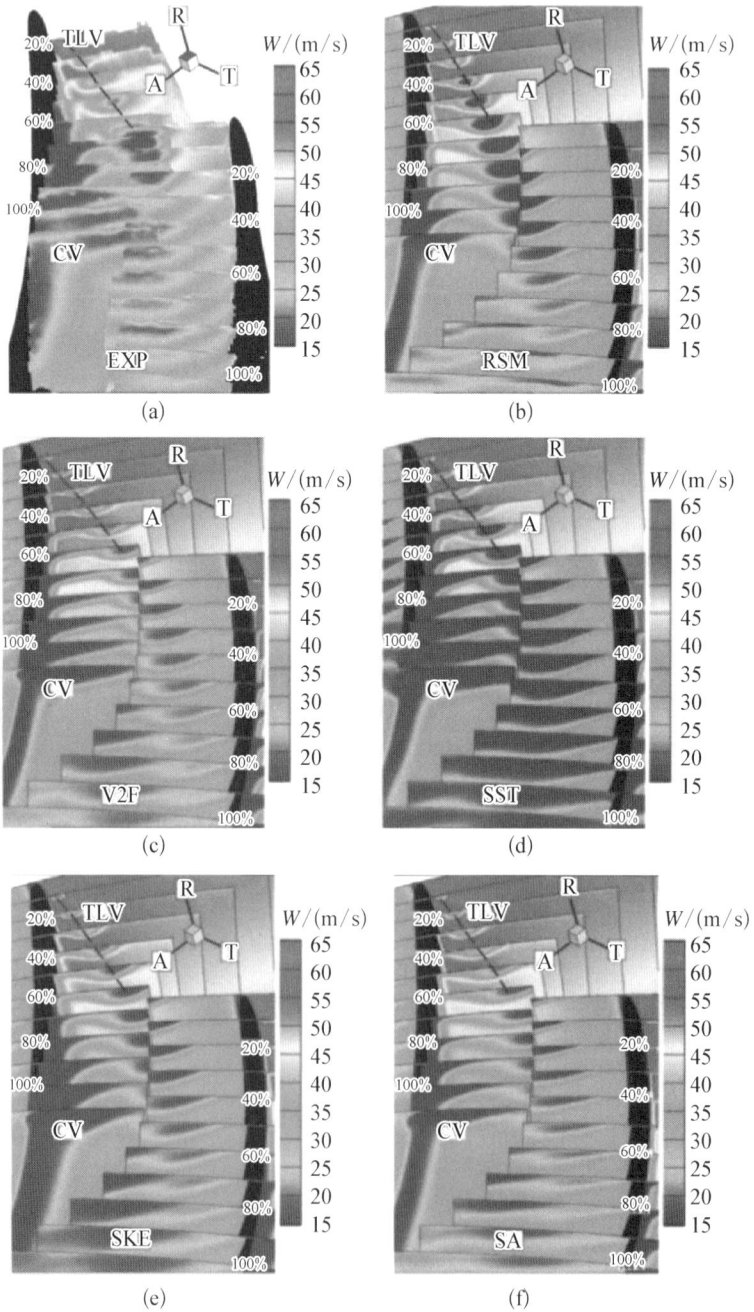

图 3 - 35　近失速工况下流向速度分布的实验与数值模拟结果对比[60]（见附页彩图）

（a）实验结果；（b）雷诺应力模型；（c）$\overline{v^2}$ - f 模型；（d）SST κ - ω 模型；（e）标准 κ - ε 模型；

（f）Spalart-Allmaras 模型

前缘叶尖处的压力分布,最终导致泄漏质量流量的相应波动,如图 3 - 36 所示。因此,每一个尾迹经过转叶前缘,就会产生一段更强的泄漏流。这种压气机泄漏涡的周期性分割在叶片通道内非常明显,根据间隙大小不同,泄漏涡与相邻转子叶片的压力面侧流动的相互干涉位置在 50% 弦长到 80% 弦长范围内变化。

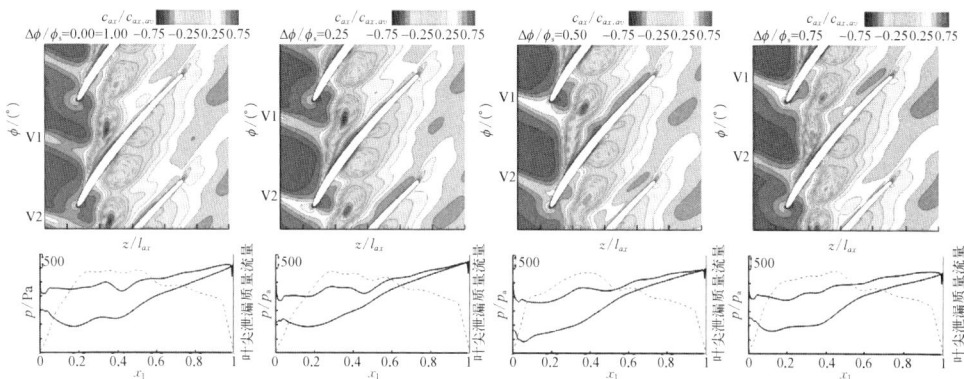

V1—上游静子产生的尾迹位置;V2—相邻静子产生的尾迹位置;z—轴向位置;l_{ax}—轴向弦长。

图 3 - 36　不同时刻转子叶尖轴向速度分布及叶尖压力(实线)与泄漏流量(虚线)分布(见附页彩图)

非定常计算往往能够有助于更好地捕捉叶尖泄漏流的流动行为。上海交通大学商用航空发动机叶轮机械气动传热技术联合创新中心研究团队针对达姆施塔特工业大学的 TUDa-GLR-OpenStage 压气机进行了 URANS 数值模拟研究[62],探究该跨声速压气机级中的叶尖泄漏流动情况。TUDa-GLR-OpenStage 压气机公开了丰富的定常以及非定常数据[63],可以充分验证非定常数值模拟结果。该非定常计算采用约化法,计算域中包含 1 个转子、2 个静子和 1 个出口导叶,湍流模型选择 EARSM 模型,并在出口使用堵塞喷管进行节流。如图 3 - 37 所示为不同工况下机

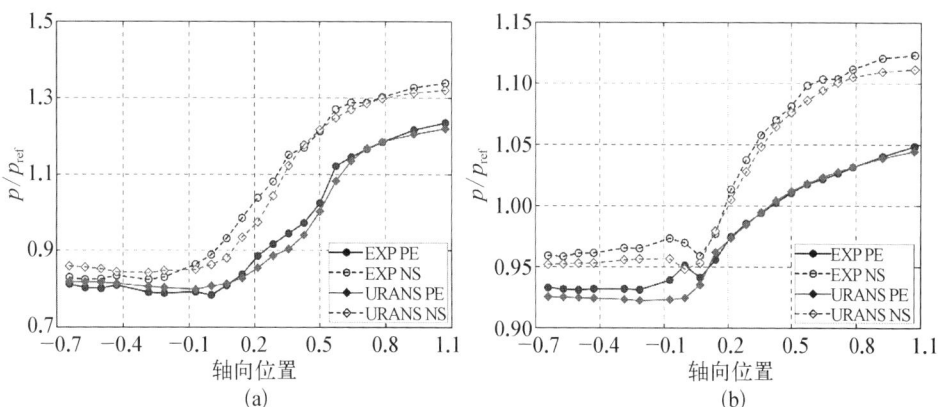

图 3 - 37　机匣壁面时均静压实验与非定常数值模拟结果对比[62]

(a) 100% 转速;(b) 65% 转速

匣壁面的时均静压结果对比,结果表明非定常数值模拟与实验在时均性能方面吻合较好。然而,当对比这些静压信号的功率谱密度时,数值模拟结果和实验结果存在显著差异(见图3-38)。实验结果捕捉到了与旋转不稳定性相关的宽频的非定常波动,而非定常数值模拟结果仅预测到了叶片的通过频率。尽管该研究没有预测到除叶片通过频率之外的流动,但Wang等使用整周非定常数值模拟较好地预测了旋转不稳定性现象[64]。结合前人的研究[65],要准确预测除叶片通过频率外的流动,需要更大的叶尖间隙、更精细的网格、更小的时间步长和更多的叶片通道。

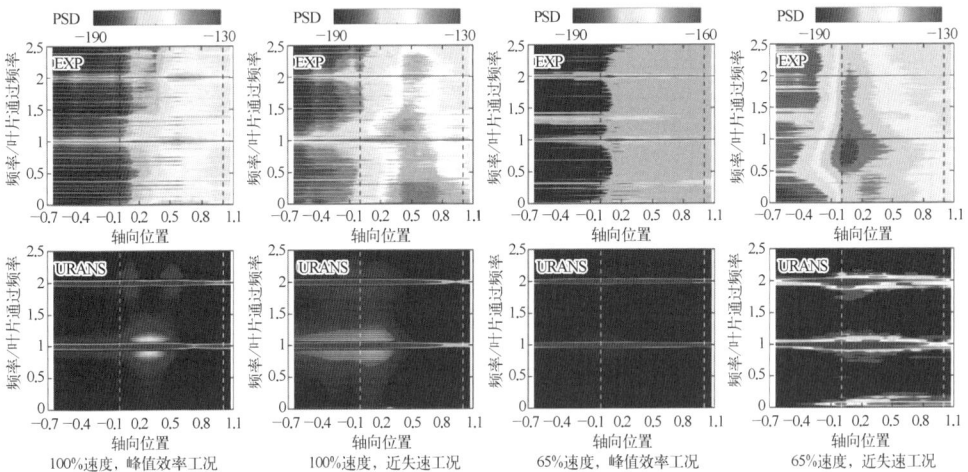

图3-38　机匣壁面静压信号的功率谱密度实验与非定常数值模拟结果对比[62](见附页彩图)

　　由于叶尖泄漏流动是高度非线性、湍流各向异性的流动现象,RANS数值模拟往往难以获取准确的湍流信息。研究人员开始采用湍流解析的模型对泄漏流进行求解。2007年,斯坦福大学的You等较早地使用大涡模拟(large eddy simulation,LES)研究了压气机叶栅中的泄漏流,成功地获取了泄漏流的平均流场与湍动能分布,并阐明了相应的损失机理[66]。2013年,Yamada等利用脱落涡模拟(detached eddy simulation,DES)对1.5级低速压气机转子的叶尖泄漏流进行数值模拟,定性地预测了转子出口速度场与转子机匣壁面静压分布,该预测结果与实验结果的差距较小[67]。

　　近年来,研究人员提出了一系列诸如延迟分离涡模拟(delayed detached eddy simulation,DDES)的LES/RANS混合模型等方法,这些方法所需的计算资源远少于LES所需的计算资源,可以提供流场细节与计算资源之间的平衡。Liu等在2019年采用DDES及SST模型对亚声速压气机的叶尖泄漏流进行了研究[65]。其结果表明,时间步长尺度与URANS的不稳定性有关,常用的较大时间步长(如叶片通过时间的1/50量级)几乎无法产生不稳定性,而采用小时间步长(如叶片通过时间的1/1 000量级)则能得到更接近采用DDES方法得到的结果。在时均流场中,DDES中的泄漏涡耗散更快,与实验具有更相似的结构,而利用 URANS 只能模拟大尺度非定常流动,无法得到泄漏涡的失稳及演化细节。在湍流特性对比中,无论在量级还是尺寸上,DDES 模拟结果都与实验结果的湍动能分布较一致,如图 3-39 所示。对于湍流各向异性的评估表明,泄漏涡与主流相互作用的边界是最为各向异性的区域。2022 年,He 等针对压气机叶尖泄漏流对原有的 DDES 方法进行了改进[68]。原有的 DDES(SA-$\Delta_{\max}$)方法无法准确预测剪切层中 RANS 向 LES 的转捩,导致使用较粗网格时对主流流场预测的不准确。而其改进的 DDES(SA-$F_{KH}\Delta_{hyb}$)方法最大限度地提高了网格的尺度分辨能力,能够定量预测亚声速转子的主流流场,并定性预测其湍流统计特征,如图 3-40 所示。

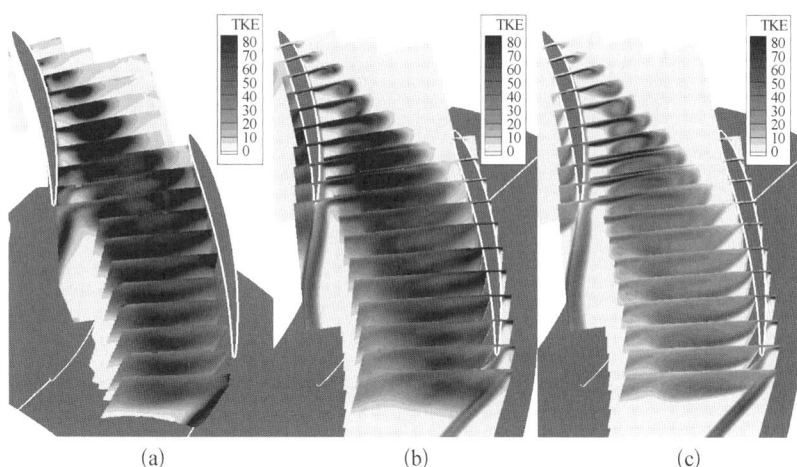

图 3-39　亚声速转子通道内湍动能分布的对比[65](见附页彩图)

(a)实验结果;(b) DDES 模拟结果;(c) URANS 模拟结果

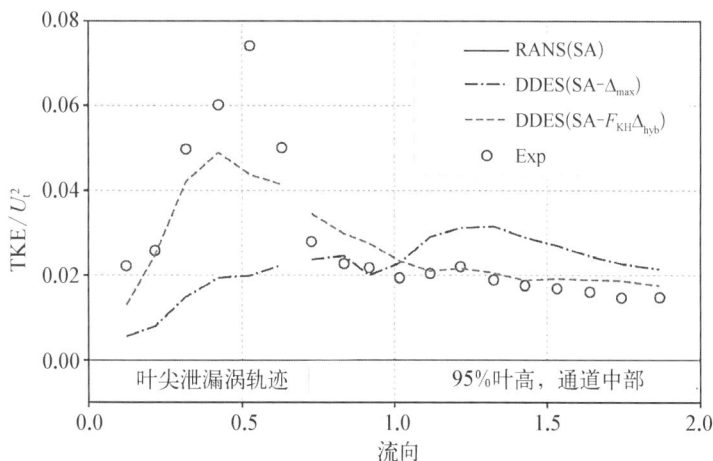

图 3-40　亚声速转子近失速工况下 95%叶高湍动能沿流向分布对比[68]

2022 年，Chen 等探究了不同间隙高度下湍流模型对叶尖泄漏流预测的影响[69]。他们选取了 SST 模型、尺度自适应模拟（scale-adaptive simulation，SAS）模型与区域大涡模拟（zonal large eddy simulation，ZLES）模型，对三种叶尖间隙（1.3% 弦长、2.6% 弦长、4.3% 弦长）下的泄漏流场进行模拟。其结果表明，利用 ZLES 模型在 3 种叶尖间隙下都能得到与实验结果最相近的预测结果，如图 3-41 所示。在小间隙情况下，SST 模型对叶尖流动的预测效果较好，但利用该模型得到的结果与实验结果的偏差随着间隙增加而扩大；与之相反，SAS 模型在中、大间隙下表现出与 ZLES 模型相近的性能。分析表明，利用 ZLES 模型可以捕捉到叶尖和较低叶高区域的小涡流结构，因此获得的结果能够与实验结果保持良好的一致性。

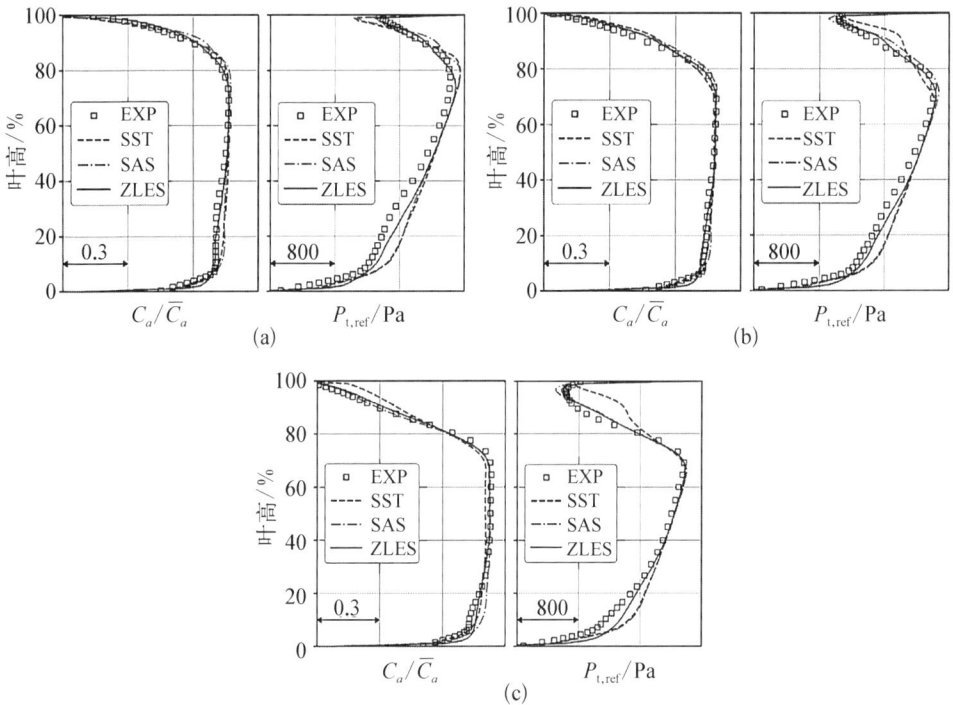

图 3-41 不同间隙下湍流模型对转子出口径向分布的影响[69]（见附页彩图）

(a) 小间隙；(b) 中等间隙；(c) 大间隙

剑桥大学的 Maynard 等利用直接数值模拟（direct numerical simulation，DNS）方法对准三维叶栅模型进行了数值研究[70]。研究对象是径向间隙分别为 1.6% 弦长和 3.2% 弦长的悬臂压气机静叶，在 $Re = 1.2 \times 10^5$、进口马赫数为 0.3 的现代典型压气机来流条件下进行数值模拟。图 3-42(a) 为全三维计算域与准三维计算域的示意图。结果表明，压力侧分离泡的非稳态脱落和吸力侧间隙出口处剪切层瞬间破碎为湍流，是流动最重要的特征。泄漏涡结构只在时均结果中被观察到，而未在瞬时结果中被观察到。且研究发现，尽管泄漏流动十分复杂，但其局部流动在很大一部分弦长范围内以准三维的方式进行。在这个弦长范围内，无论间隙大小，间隙分离高度只与间隙值有关。

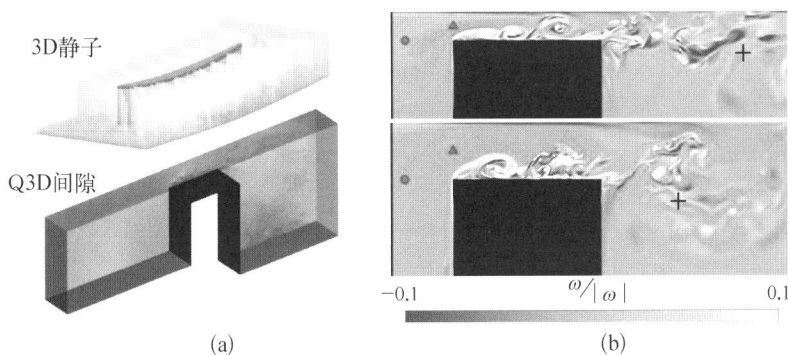

图 3-42　泄漏流直接数值模拟(a) 全三维计算域与准三维计算域模型及 (b) 不同间隙下的结果[70] (见附页彩图)

图 3-42(b)中展示了 33 ％轴向弦长处中弧线法向平面上的轴向涡量，表明大间隙情况下更高的分离泡脱落后产生了更大的流动结构。图中同时展示了湍流结构非定常脱落的机制：当流动从吸力侧间隙流出时，形成了完全湍流的剪切层，轴向涡量既有正值也有负值，这些结构是掺混和损失产生的主要机制。而图中用"＋"符号标记的是时均流场中径向速度为零的位置，即泄漏涡中心的位置。标记泄漏涡中心是为了表明瞬时流动中不存在时均流场中观察到的泄漏涡。相反，该区域的流动由一系列不同尺度的非稳态结构组成，这些结构取决于间隙内和离开间隙的流动中的不稳定性机制。

3.3　转子叶尖泄漏损失机制

Denton 将叶轮机械内的损失分为叶型损失、端壁损失和叶尖泄漏流损失三大类；其中叶型损失指二维叶型产生的流动损失，主要包括叶型边界层损失、尾迹掺混损失和激波损失；端壁损失是由二次流结构在端壁上产生剪切层从而引起的黏性损失；叶尖泄漏损失则是指泄漏流进入流道后与主流发生掺混造成的损失[71]。Denton 指出这三种损失并不是独立的，而且它们在数量级上相当，大约各占总损失的 1/3，因此端壁损失和叶尖泄漏流损失合计将约占总损失的 2/3。Storer 和 Cumpsty 的研究则表明，针对设计良好的轴流压气机，叶尖泄漏损失的实际占比应为 10％左右，对应总效率下降约为 1％，过去的研究可能将端壁区域的一些其他的损失也错误地归于间隙泄漏流中[72]。

Storer 和 Cumpsty 研究了叶尖间隙为 0.5％弦长～4％弦长的直叶栅泄漏流的发展[25]。后来，他们使用 RANS 计算表明，与叶尖间隙流动相关的损失机制确实可以用直叶栅来模拟[72]。他们认为，叶尖间隙区域内速度相近但方向不同的流动混合是损失(熵产)的主要机制。由于泄漏流在间隙内的损失较小,因此当泄漏流流出吸力面时,其速度大小与局部主流相近,而两者流动方向的差异引起了强烈的剪切效应,从而产生大量损失。泄漏流不均匀性在叶片排下游引起的损失可以忽略;端壁相对于叶尖的运动不会显著改变间隙内的流动或间隙外的掺混。他们提出了一种基于射流掺混的简单损失模型,如图2-3所示,并采用RANS计算进行验证。该模型用传统的无量纲设计参数(如稠度、展弦比、流量系数、负荷系数)表示泄漏流损失,从而便于表达由泄漏流引起的效率总损失。在确定了叶片负荷或主流气流角时,该模型可用于预测压气机叶排中由叶尖泄漏流引起的损失。计算损失需要泄漏射流与主流的夹角,该模型提出了一种估算该夹角的近似方法;估算结果表明,对于不同的叶片排设计而言,该夹角变化较小。换言之,叶尖泄漏流造成的损失水平在大安装角转子叶尖和小安装角静叶轮毂中基本相似。该损失预测方法揭示了叶片气动设计对压气机叶尖间隙损失的影响机理。在较大范围的设计空间内,泄漏流-主流掺混损失比叶片负荷(如扩散因子)带来的损失增加得更慢。

随着计算方法的进步及计算能力的增强,研究人员得以采用更先进的数值模拟方法对泄漏流造成的损失机制进行解释。2007年,You等使用大涡模拟研究了压气机叶栅中泄漏流黏性损失的基本机制[66]。他们在模拟端壁移动的直叶栅中,对平均流场和湍流统计信息进行了系统而详细的分析,模拟结果如图3-43所示。

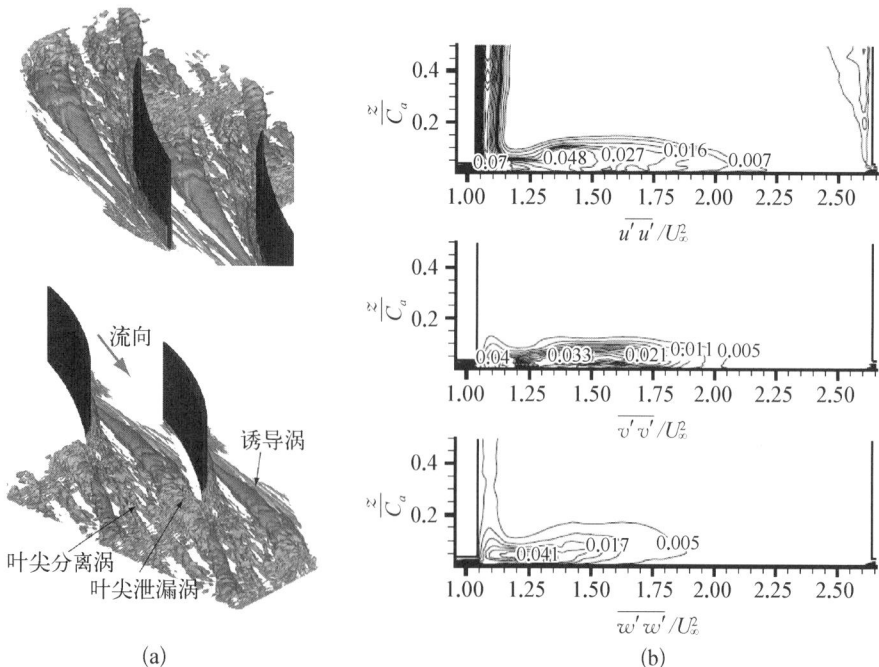

图3-43　叶栅环境下泄漏流的大涡模拟结果[66]

(a) 泄漏涡结构;(b) 叶片通道中部各向平均雷诺应力分布

　　You 的大涡模拟结果表明,泄漏涡与泄漏射流会在叶栅展向方向形成显著的平均速度梯度,从而导致涡量及湍动能的产生。该速度梯度是叶栅端壁区域黏性损失的主要来源,泄漏涡和泄漏射流在端壁区域产生了大部分的雷诺应力和湍动能。随着泄漏涡向下游的传播,峰值亏损和湍流波动迅速下降。在叶栅通道中,$u'u'$ 的分量在湍流应力中占据主导;而在尾缘下游,三个雷诺正应力分量的量级相当。总体来说,在流体流过叶栅通道的过程中,雷诺正应力分量比雷诺切应力分量的量级更高。而仅采用 RANS 计算无法得到这些结论。

　　实验方法的革新也帮助人们进一步理解叶尖泄漏流动中的损失机理。北京航空航天大学刘宝杰团队借鉴大涡模拟与 PIV 测量的相似性,在 2009 年采用立体粒子图像测速(stereoscopic PIV, SPIV)技术对一台低速大尺寸压气机转子的叶尖端区进行了实验测量[73],拍摄平面如图 3 - 44 所示。他们基于实验结果采用亚格子应力(subgrid-scale stress, SGS)模拟求解流场中的湍流耗散率,采用非线性(梯度)模型和 Smagorinsky 模型的混合模型,基于 SPIV 测量结果求解亚格子应力 $\widetilde{\tau}_{ij}$,从而获得流场中的熵产率,以进行损失分析;不同工况下通道内部的熵产率分布如图 3 - 45 所示。

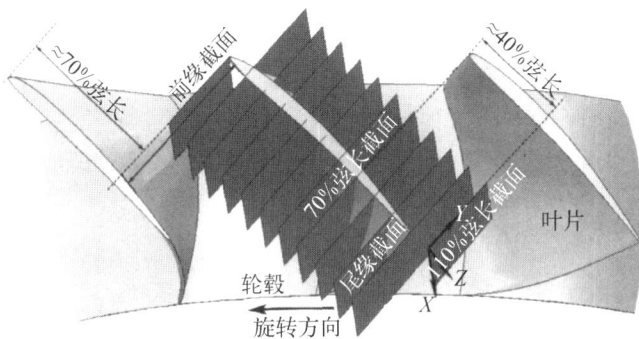

图 3 - 44　在低速大尺寸压气机转子中进行 SPIV 实验的拍摄平面示意图[73]

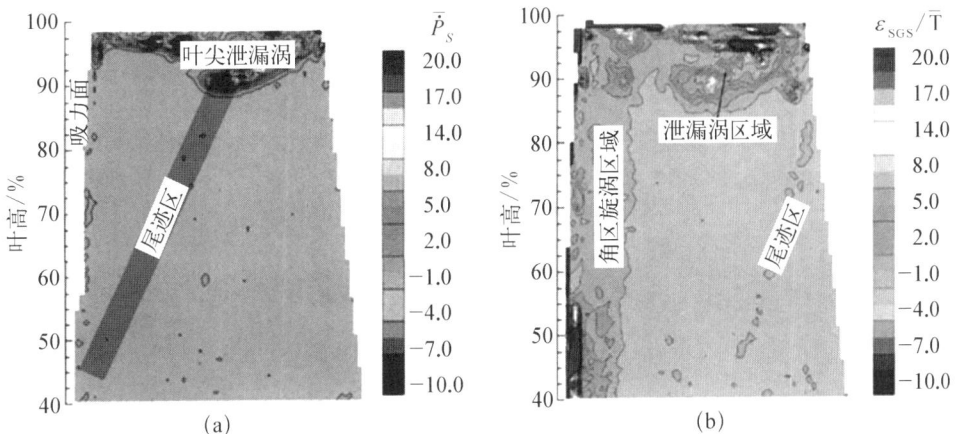

图 3 - 45　设计工况(a)及近失速工况(b)下通道内部的熵产率分布[73]

　　其实验结果表明,在设计状态下,转子内近叶尖区域流动损失的主要来源是叶尖泄漏涡,在靠近转子出口处,叶尖泄漏涡造成的损失主要通过其与主流的相互作用产生。而在近失速状态下,转子内近叶尖区域流动损失的主要来源是叶尖泄漏涡和角区涡:叶尖泄漏涡造成的损失主要通过其与端壁边界层和主流的相互作用产生,并且主要集中在泄漏涡发生破碎前;角区涡造成的损失主要来自叶表吸力面边界层。虽然角区涡处的熵生成率总体上小于泄漏涡处的熵生成率,但是由于其占据的面积大,造成的总损失较大。

　　除了叶尖泄漏流动本身带来的损失以外,上游叶片的尾迹也会对泄漏流损失带来影响。麻省理工学院的 Sirakov 与 Tan 等在 2003 年利用简化的数值模拟方法研究了上游稳态与瞬态的尾迹与转子叶尖泄漏流之间的相互作用对转子性能的影响[74]。他们发现,定常情况下的静子尾迹能够通过与泄漏流的干涉,减少泄漏流相关的损失和堵塞,并增加流道内的静压升,且当负荷增大、叶尖出现二次泄漏现象时,这种作用更加明显。而非定常情况下的尾迹通过在转子压力面上诱导产生压力脉动,与叶尖泄漏流相互作用,能够减少叶尖的二次泄漏流,从而进一步减少损失和堵塞。如图 3 - 46 所示,定常情况下,转子相邻通道中始终存在二次泄漏;而在非定常情况下,由于上游尾迹在相邻转子压力面形成了压力脉动(如图中深色椭圆所示),在一个周期内的某些时刻会出现二次泄漏流被抑制的情况,从而降低了泄漏流的流向速度亏损,相对于定常尾迹的情况进一步提升了性能。他们还表示,在叶尖出现二次泄漏流时,Storer 和 Cumpsty 的原始模型[25]往往会低估叶尖损失,低估的损失最高达到计算值的 60%,需要使用正确的泄漏流动滞止压力对模型进行修正。

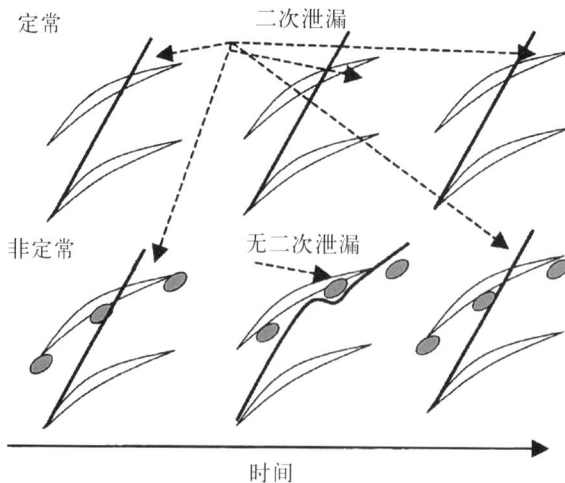

图 3 - 46　上游尾迹的瞬时压力脉动阻止二次泄漏的原理示意图[74]

　　叶片的弯掠设计会显著影响叶尖泄漏流行为,从而改善转子性能。McNulty 等在多级低速大尺寸压气机环境中研究了前掠造型在不同间隙、不同泄漏流强度下对泄漏流及性能的影响[75]。他们的实验和数值模拟均表明,前掠叶片在失速裕度、效率和间隙敏感性方面都有所改善,而对于泄漏流强度更强的情况,这种收益更显著。分析表明,前掠造型会造成流动在叶尖的径向重新分配,从而以压力系数的形式降低了叶尖负荷。这会导致叶尖泄漏流动堵塞减少,泄漏涡轨迹更接近轴向,间隙内回流更少,如图 3-47 所示。此外,较低的叶尖压力系数也降低了涡核在通过叶片通道时的掺混损失。

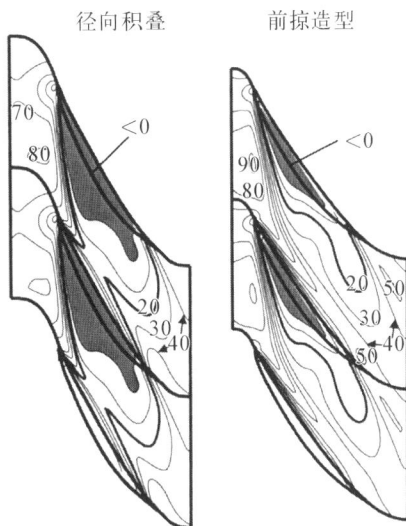

图 3-47 前掠造型对叶尖间隙内轴向速度分布影响的对比[75]

Hewkin-Smith 等在利用叶尖泄漏流轴向动量评判泄漏流分布与特征后,基于轴向动量分布对性能影响的认识,采用弯叶片、二面角、前缘端弯的复合三维造型方法,重新设计了 E³ Rotor B[76]。定常数值模拟结果表明,这种复合弯掠造型方法能够大大降低叶尖泄漏流轴向动量,并将轴向动量分布峰值位置由 20%轴向弦长移至 50%轴向弦长,如图 3-48 所示。

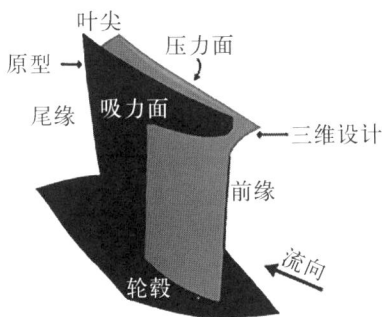

(a)

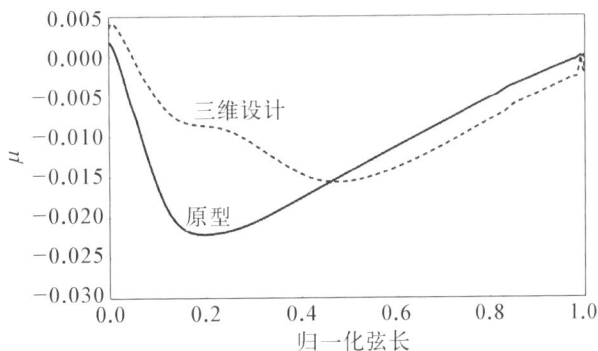

(b)

图 3-48 E³ Rotor B 的复合三维造型对叶尖泄漏流轴向动量分布的影响[76]

(a) 原型与复合三维造型对比;(b) 叶尖泄漏流轴向动量分布对比

2023 年,剑桥大学的 Taylor 等结合实验、直接数值模拟(direct numerical simulation,DNS)与标准三维 RANS 模拟,提出了压气机叶尖的 3 种泄漏损失机制:① 发生在间隙内部的掺混,由压力面边缘的分离泡引起;② 泄漏射流与主流之间的掺混,由流动方向不匹配驱动;③ 通道中部的端壁损失,该处的流动方向也与端壁表面的相对运动不一致[77]。他们将这 3 种损失机制均归结于速度的不匹配。根据对各类损失的量化,在原型叶片 0%~30%叶高范围内,除了叶片表面损失占比达到 46% 之外,间隙分离、主流掺混、端壁剪切这 3 种泄漏损失占比分别为 11%、32% 与 11%(见图 3-49)。

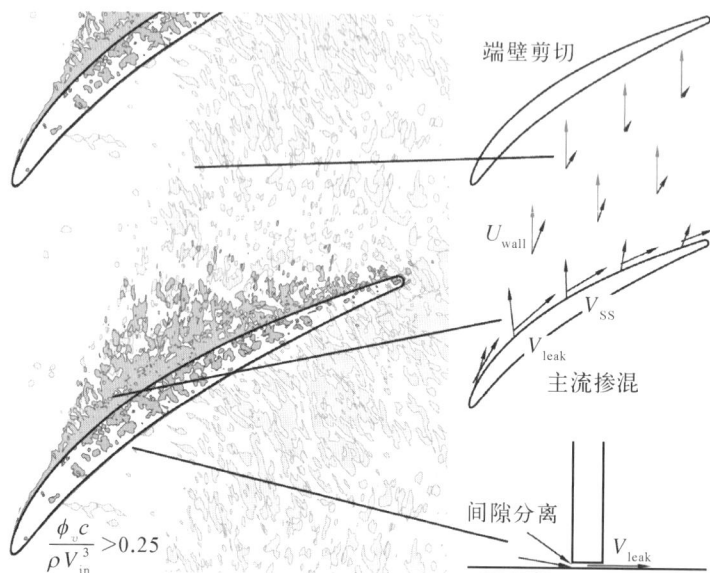

图 3-49 压气机叶尖泄漏流的 3 种损失机制[77](见附页彩图)

此外,根据 DNS 模型与 RANS 模型的对比结果,他们发现 RANS 模型对于主流掺混部分的预测较差,这是因为大多数常用的湍流模型对剪切层的模拟不足。因此,Taylor 等基于这一认识,参考 DNS 计算结果对 RANS 采用的 SA 湍流模型进行修正,在湍流剪切层中将湍流生成率放大 5 倍,如图 3-50 所示。这种修正使得泄漏射流与主流之间的动量输运增大,射流速度在快速掺混后的速度更低,更靠近吸力面。图 3-51 中展示了 DNS 时均结果与修正前后的 RANS 时均结果,可以看出,修正后的 RANS 模拟能够更好地符合 DNS 的时均结果,这也验证了这种基于损失机理认识的湍流模型修正的正确性。

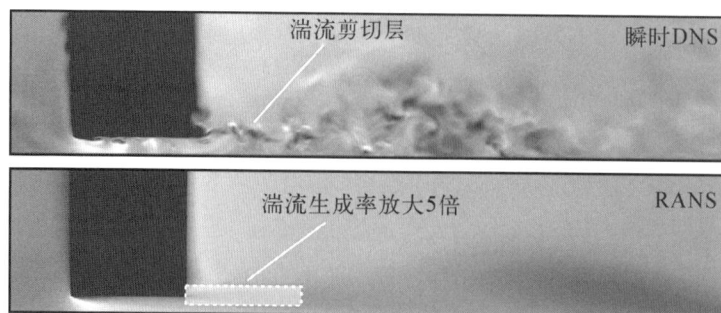

图 3-50 修正的 SA 湍流模型与瞬时 DNS 结果的对比(泄漏射流速度云图)[77](见附页彩图)

DNS时均结果

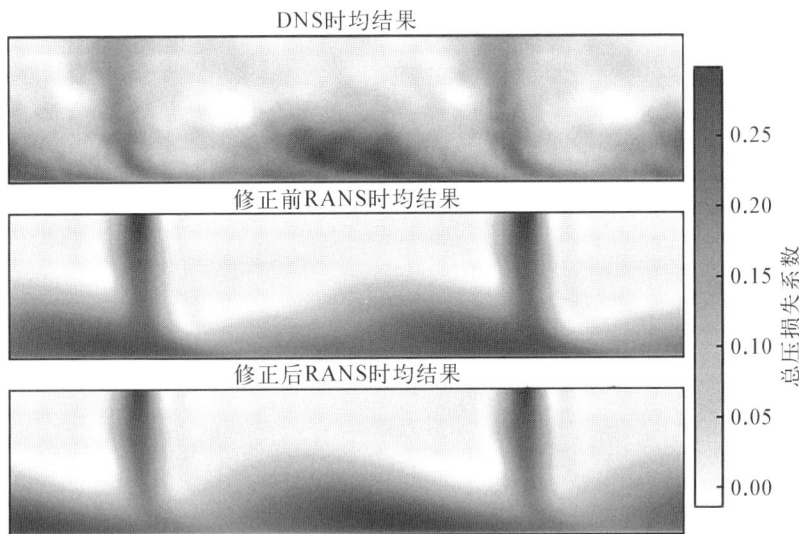

图 3-51　DNS 时均结果与修正前后的 RANS 时均结果对比
（叶片出口总压损失分布）[77]（见附页彩图）

　　基于对三种损失机制的理解,他们进一步开展叶片三维设计以达到控制流动、降低损失的目的,其造型方案如图 3-52 所示。他们通过使用弯叶片造型减小叶尖分离泡尺寸,从而降低叶尖掺混损失;并将叶尖中弧线调整与采用弯叶片相结合,降低泄漏射流与主流之间的速度不匹配,同时也可以使叶片通道中部流动与端壁运动方向更一致。实验测量表明,通过采用合理的三维设计平衡了这三种损失机制,能够在 30% 叶高范围内将原型损失降低 18%。

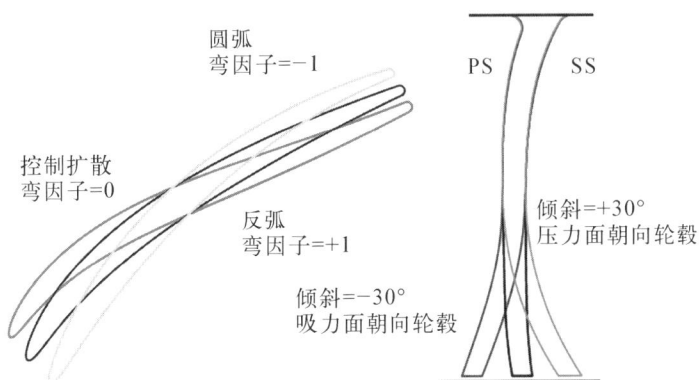

图 3-52　叶尖中弧线调整与弯叶片的复合三维造型方案[77]

3.4　转子叶尖泄漏流与气动稳定性

　　在实际叶轮机械中,不同特征尺度的非定常现象存在于叶片通道内,如图 3-53

所示,将5~6个量级的不同特征尺度的非定常现象大致划分为三大类:① 极小尺度的湍流以及转捩等小尺度非定常现象;② 叶片排之间的势流干涉、尾迹传播和叶尖泄漏流等中尺度(尺度与叶片栅距相当)非定常现象;③ 旋转失速、喘振和瞬态操作等大尺度现象,因此采用非定常研究手段才能更加真实地揭示压气机内部各种流动特征的物理本质。旋转失速及其旋转不稳定性都与转子叶尖泄漏流及泄漏涡有着紧密的联系,且不同的转速、不同的叶尖间隙条件下,旋转失速与旋转不稳定性还可能存在着相互转换、相互依存的关系。

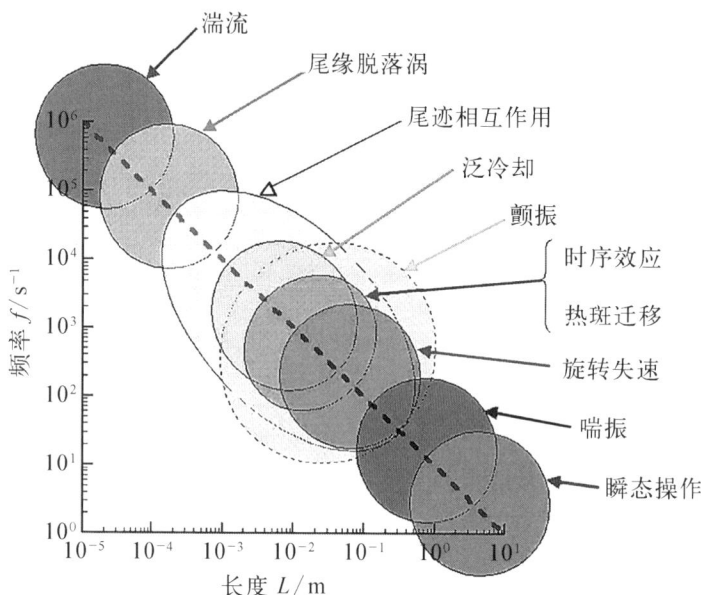

图 3-53 叶轮机械内不同尺度的非定常流动现象[78]

3.4.1 叶尖泄漏流与旋转失速

旋转失速与喘振是两类压气机中最具灾难性的流动不稳定性现象,严重制约着压气机的性能及稳定工作范围,以其流动的复杂性和后果的严重性,成为一直以来困扰研究人员的热点问题。旋转失速或喘振一旦发生,轻则压气机性能迅速恶化,重则发动机熄火,甚至造成叶片疲劳断裂,导致整台发动机损毁。关于旋转失速与喘振现象详见《航空压气机气动热力学理论与应用》[79]一书中第5章气动不稳定性中的论述。

旋转失速是一种非轴对称的不稳定流动现象,通常发生在喘振之前,且有可能是喘振发生的诱因。当压气机流量减小到一定程度,转子通道中会出现一个或若干个失速团,这些失速团以低于转速的角速度(通常为20%~80%转速,绝对坐标系下其传播方向与转子旋转方向相同)旋转,在流场中形成非轴对称的脉动,如图3-54所示[80]。

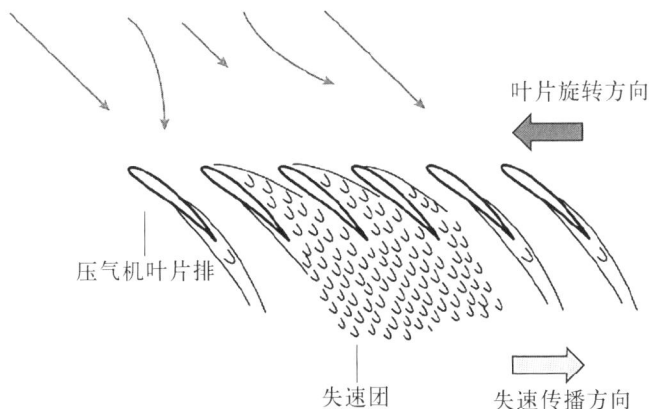

图 3-54　旋转失速示意图[80]

Day 在 2016 年所做的总结中指出,自涡轮喷气发动机被用于航空推进以来,压气机旋转失速就一直是航空发动机研究的热点课题[81]。对于现代高负荷压气机,特别是叶尖负荷较高的压气机,旋转失速往往发生于转子叶尖。在旋转失速发生前,往往存在着所谓"失速先兆"的流动特征,该特征被认为是旋转失速发生前的信号。基于壁面压力时序信号的不同状态与特征,失速先兆又通常可分为突尖波型失速先兆及模态波型失速先兆两种。大量研究表明,转子叶尖泄漏流与旋转失速及其失速先兆的产生、发展过程有着紧密的联系,这始终是旋转失速研究中的热点与难点。

Vo 基于前人实验的基础,利用单通道、多通道数值模拟对多台压气机转子进行研究,总结出发生突尖波失速的两个必要条件:① 在转子叶尖区域,叶尖泄漏流与转子主流的交界面与转子前缘平齐;② 在转子尾缘平面出现流向相邻叶片通道的尾缘回流,图 3-55 中展示了这两个必要条件[82]。这两个必要条件同时也可以预测突尖波扰动的周向尺度。Vo 提出的这两个失速产生的必要条件在实验中得到证实[83, 84]。

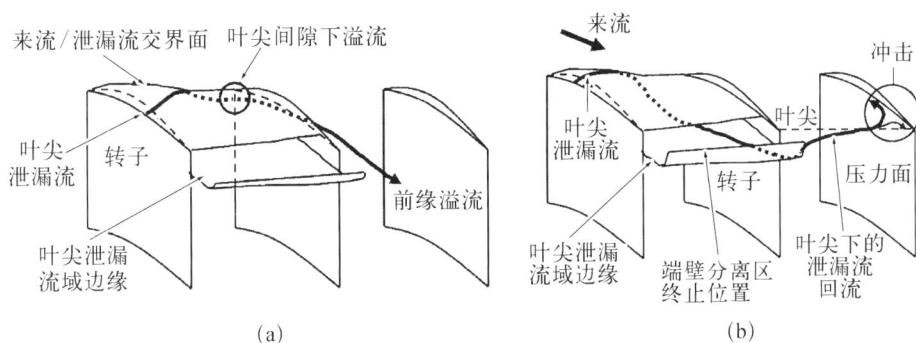

图 3-55　前缘溢流与尾缘回流示意图[82]

(a) 前缘溢流;(b) 尾缘回流

从 Vo 提出产生突尖波失速的必要条件可以看出,叶尖泄漏流是诱发失速的原因之一。但实验数据和数值研究表明,当叶尖间隙为零时,压气机转子仍可表现出突尖波失速,因而 Vo 的理论有一定的局限性。Pullan 等利用全周数值模拟对 E³ 转子以及剑桥大学低速压气机实验台进行研究,在数值研究以及实验结果的基础上,对压气机叶尖失速产生的原因进行解释[85]。Pullan 认为,在近失速工况,叶尖前缘攻角较大,从而在前缘引起分离;前缘的分离引起前缘涡脱落,最终形成一个产生于叶片前缘、终止于转子上端壁的分离涡,整个过程如图 3-56 所示。该分离涡在叶片中不断传播,引发更大的分离,最终引起压气机失速。

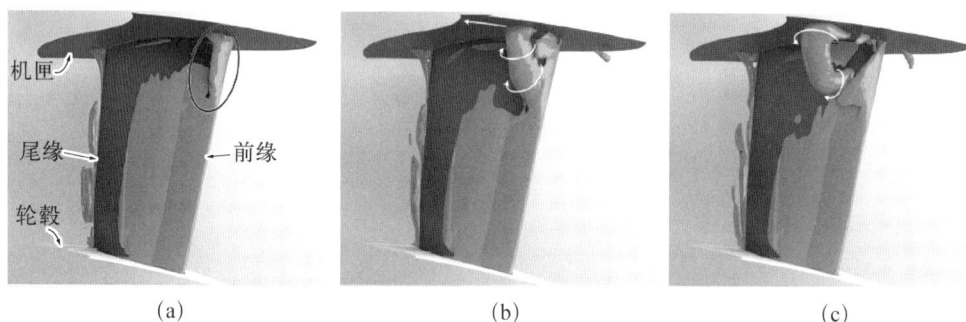

图 3-56 Pullan 等提出的叶尖前缘分离模型[85]

(a) 叶尖前缘分离;(b) 叶尖前缘产生分离涡;(c) 分离涡向下游移动

Hewkin-Smith 等[76]对 Pullan 的理论进行了更为深入的研究,他们认为引起转子前缘分离的原因有两种:一种是机匣附近吸力面角区分离引起叶尖区域流道的堵塞,从而增大叶尖区域的攻角;另一种是由相邻叶片叶尖泄漏流产生的前缘溢流使叶尖区域攻角增大。上述两种机制的相对平衡的结果取决于叶尖间隙,如图 3-57 所示。在没有叶尖间隙的情况下,机匣角区分离造成的堵塞(蓝色)导致了相邻叶片的前缘分离。随着间隙的增加,泄漏流抑制角区分离产生的射流的动量(红色)有效降低了失速流量系数(彩图见附页)。在最佳叶尖间隙处,两种机制的平衡达到最优,此时出现最小失速。此后,叶尖间隙的增加既增加了叶尖泄漏流的动量,也加大了失速。随后,Kim 等在一台大尺寸风扇中对该理论模型进行了进一步的研究、阐释及应用[86]。

与 Pullan 等提出的叶尖前缘分离模型类似,九州大学的研究人员早在 2001年左右就提出了亚声速压气机中龙卷风涡引起突尖波型失速先兆的模型[87, 88]。2013年,Yamada 等利用分辨率更高的壁面动态静压测量和湍流尺度分辨的大涡模拟对这一失速先兆的流动特征进一步进行了阐述[67]。突尖波失速起始时,叶尖前缘发生流动分离,进一步发展形成龙卷风状的涡,连接机匣壁面及叶片吸力面,如图 3-58 所示。龙卷风涡与机匣连接的分支产生了如实验中观测得到的低压区域,并围绕着前缘额线在周向方向上移动、发展。当该龙卷风涡在

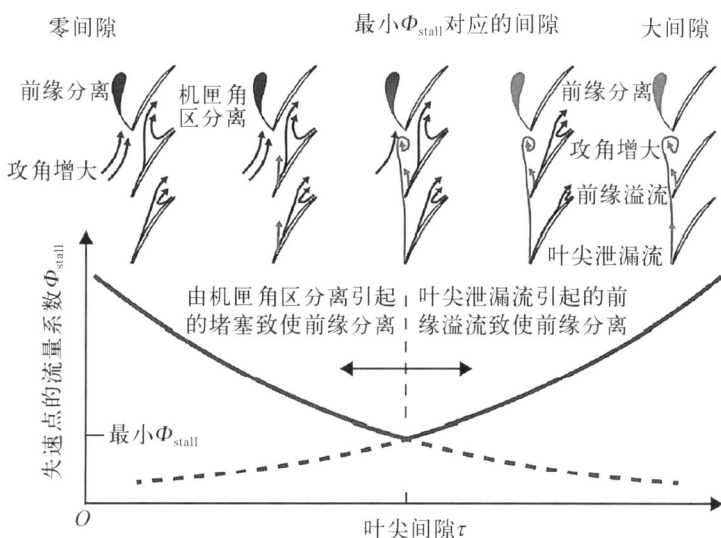

图 3-57　叶尖泄漏流与角区分离的竞争机制[75]（见附页彩图）

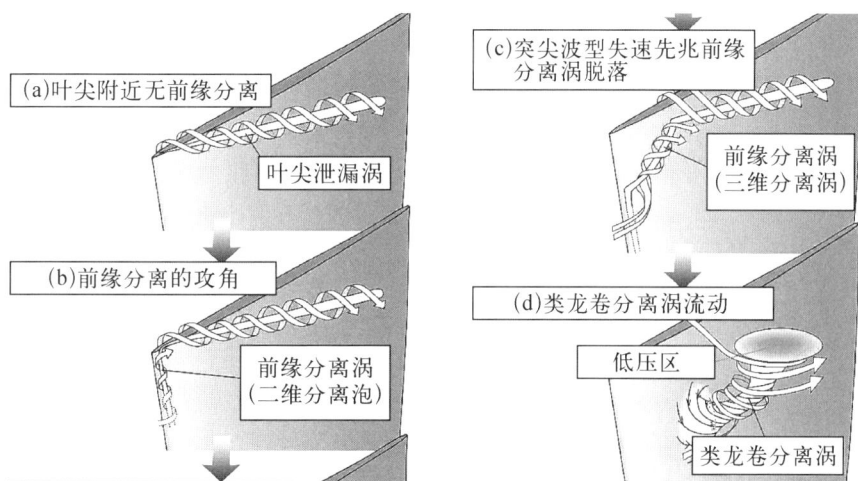

图 3-58　突尖波扰动产生的发展过程[67]

机匣处的分支达到相邻叶片时,会引起相邻叶片叶尖前缘处的分离涡,前缘分离由此在转子通道中沿周向传播,最终发展为多个失速流团。在他们的结果中也存在泄漏流的前缘溢出和尾缘回流,前缘的溢出现象被认为是由龙卷风状分离涡的诱导速度和阻塞效应引起的。在龙卷风涡作用下泄漏流前缘溢流的机理如图 3-59 所示。

　　上海交通大学商用航空发动机叶轮机械气动传热技术联合创新中心研究团队针对达姆施塔特工业大学的跨声速压气机级进行了半周的非定常数值模拟研

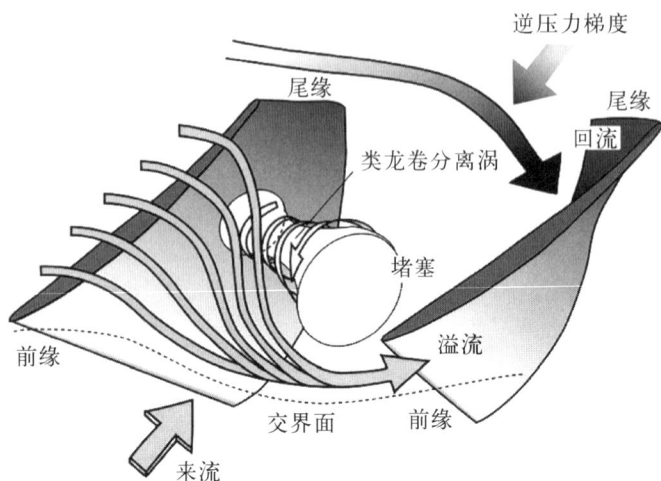

图 3-59　龙卷风涡作用下泄漏流前缘溢流的机理示意图[67]

究[89]，他们在近失速工况下也发现了壁面低压区，并通过涡结构的流动显示发现了
类似 Yamada 研究中的径向涡结构，如图 3-60 所示。涡结构在流场中不断发展传
播，最终诱发了转子失速。他们采用小波分析方法确认了失速先兆产生发展的过
程，如图 3-61 所示，他们发现在该压气机中突尖波失速先兆以 64% 的转速在周向
进行传播。

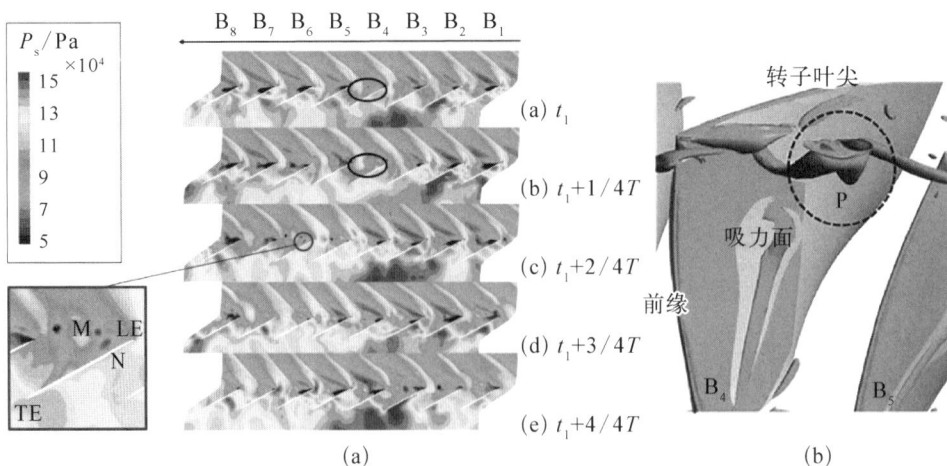

B—叶片(blade)；LE—前缘(leading edge)；TE—尾缘(trailing edge)；M，N—低压区位置；P—径向涡位置。
图 3-60　跨声速压气机中近失速工况叶尖失速先兆[89]（见附页彩图）
(a) 叶尖壁面瞬态压力分布；(b) 径向涡结构

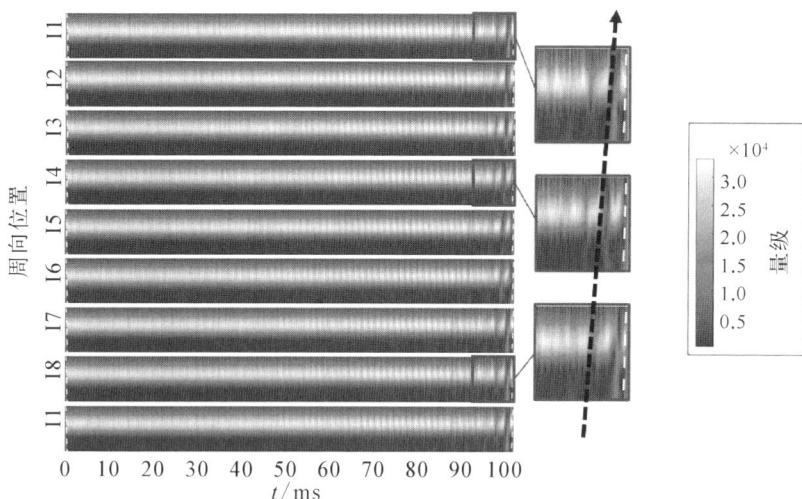

图 3-61　不同周向位置处压力信号的小波图谱[89]（见附页彩图）

3.4.2　叶尖泄漏流与旋转不稳定性

当压气机的工作点移动到喘振边界附近时,其不仅会出现模态波或突尖波等失速先兆,还可能出现旋转不稳定性现象。一般而言,旋转不稳定性现象被认为是叶尖泄漏涡与相邻叶片发生周期性碰撞产生的非定常波动现象,该现象常发生在风扇或者高压压气机的前面级。该现象出现时,研究人员可以观察到多个旋转的流体团,但其发生时,研究人员发现,压气机仍然能够正常工作,并不会出现类似旋转失速发生时性能陡然下降的情况。

Mathioudakis 等[90]最早在一台单级压气机中发现了旋转不稳定性这种非定常波动现象,而后 Mailach 等[12]对一台四级低速轴流压气机第三级转叶进行测量,发现旋转不稳定性现象仅限于叶尖区域,流体团以 50%~60% 的转叶转速沿转动方向传播,在圆周方向的平均波长大约为两个叶片截距。他们还指出叶尖泄漏涡是导致旋转不稳定性现象形成的原因,在近失速工况和大叶尖间隙条件下,叶尖泄漏涡会与相邻叶片发生周期性碰撞,导致叶尖出现非定常波动,造成旋转不稳定现象。如图 3-62 所示,发生旋转不稳定性时,相邻两个叶片通道内泄漏涡轨迹相位相差 180°。影响轴流压气机中旋转不稳定性现象形成的主要参数有转叶叶尖间隙尺寸、吸/压力面压差和转叶轴向速度分量的数值。

在跨声速压气机中,旋转不稳定性现象的出现使得转子叶尖与机匣附近的流场更加复杂。Hah 等[91]对一个跨声速压气机转子流场进行了全周非定常数值模拟,研究了在旋转不稳定性发生的过程中叶尖泄漏流动的特征。数值计算得到的流场表明,在近失速点工况下发生了旋转不稳定性现象,一个横跨多个叶片通道的诱导涡流区在叶尖形成,该区域的旋转速度仅为部分转速。Hah 等同时强调,虽然在此

----- 叶尖泄漏涡轨迹
⌒ 叶尖间隙中的叶尖泄漏涡轴向逆流
⌒ 叶尖间隙中的叶尖泄漏涡流向
⇨ 叶尖区域平均流动

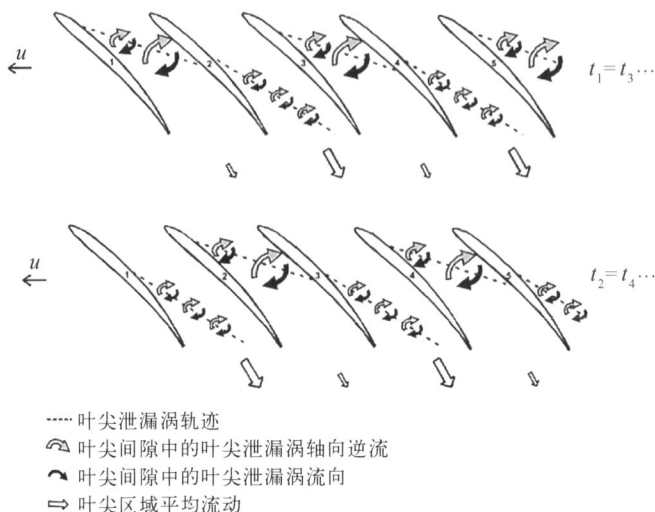

图 3-62　不同旋转系下的叶尖涡量瞬时图[12]

工况下压气机仍能以稳定的模式运行,但旋转不稳定性产生的非同步振动可能导致叶片高周疲劳失效情况的出现。如图 3-63 和图 3-64 所示,较大的诱导涡区域的旋转是造成失速先兆的原因。失速扰动的频率与转子的旋转不同步,这种旋转不稳定性导致的压力波动可能与叶片的非同步振动源有关。由于叶尖涡振荡的频率也是非同步的,因此耦合频率可以成为叶片激励的来源。

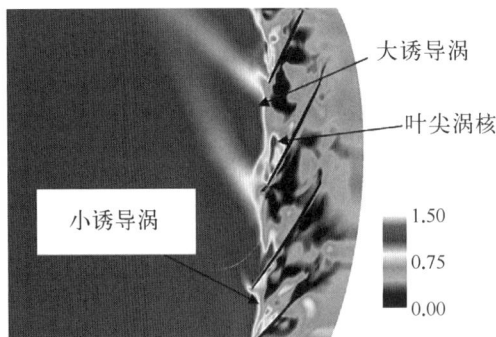

图 3-63　叶尖瞬时马赫数沿流道
　　　　　分布[91](见附页彩图)

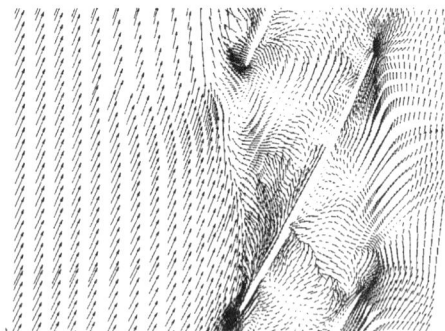

图 3-64　大诱导涡区叶片通道的转子
　　　　　叶尖瞬时速度矢量[91]

　　Gourdain 等分析了三种叶尖构型对同一多级压气机总体性能和气动稳定性的影响[92]。其中,构型 1 使用了小的叶尖间隙尺寸,对应于实验工况;构型 2 使用了相对较大的叶尖间隙尺寸,对应于压气机由于热约束和磨损影响而发生性能恶化的运行工况;构型 3 使用了一组大的叶尖间隙,同时还采用了基于蜂窝形状设计的机匣处理结构。通过对比三种叶尖构型的压气机总体性能发现,与小叶尖间隙相比,大叶尖间隙的稳定工作范围减少了 40%,效率和压力比也分别降低了 1.5% 和 2%。

比较两者的流场特征发现,导致大叶尖间隙总体性能改变的根本原因在于小流量工况发生了旋转不稳定性现象(见图 3-65)。为了解叶尖泄漏流触发旋转不稳定性现象的作用机理而进行的模态分析结果表明,末级转子的叶尖泄漏流与上游静叶尾迹之间存在很强的相互作用,这种相互作用被认为在大间隙尺寸下促进了旋转不稳定性现象的发展。

如图 3-65 所示,在压气机的最后级(箭头指向的两个黑色区域)出现类似旋转失速的现象。在全周范围内观察到 32 个失速团,每个失速团波及 2~3 个转子通道。从图 3-65(a)中也可以明显看出,静子 S2 产生的尾迹与转子 R3 的旋转失速团发生了相互作用。转子 R2 中另一个显著的现象是,叶尖泄漏涡轨迹附近伴随着一个高熵区域,这显示了 S1 来流尾迹与 R2 叶尖泄漏流之间的周期性相互作用。转子R3 叶排也存在类似现象,且受到上游静子尾迹的影响程度更高,原因如下。

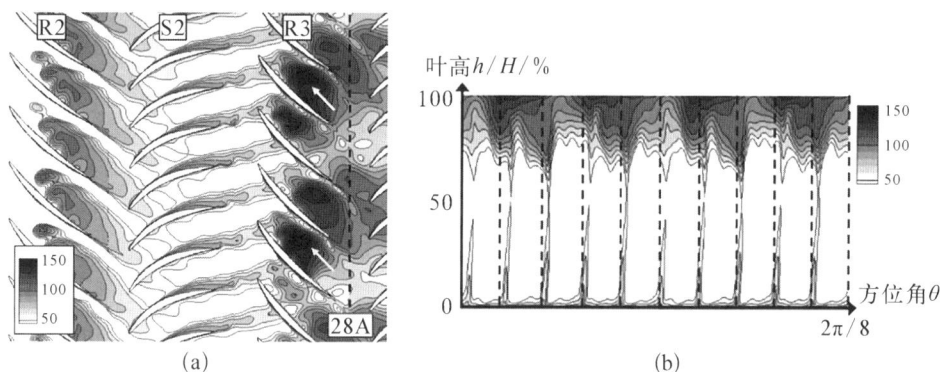

图 3-65　近失速工况全周熵云图分布[92]
(a) $b/H = 83.7\%$ 叶高截面;(b) 28A 处的轴向截面

(1) 转子 R3 的安装角比其他转子叶片排的要大(因此叶尖泄漏射流与轴向的夹角也更重要);

(2) 最后级轴向速度降低,增大了叶尖泄漏涡轨迹角;

(3) 最后级转子的相对叶尖间隙尺寸是最大的。

图 3-65(b)中展示了转子 R3 和静子 S3 中间位置的轴向截面(仅展示 10 个转子叶片通道)。结果表明,所谓的失稳或旋转不稳定性其实只是部分叶高失速(失速团只影响机匣附近的 20% 叶高范围)。研究人员从多通道数值模拟的结果中也捕捉到了类似的现象,他们观察到两个与全周模拟中失速团相同的周向和径向扩展特性的失速团。

3.4.3　叶尖泄漏流的气动不稳定性机理

由以上两小节可以看出,失速先兆或旋转不稳定性的发生总是伴随着转子叶尖泄漏流前缘溢流、尾缘回流、周期性振荡等流动现象。这些流动现象是压气机流动失稳的外在表现。研究人员需要深入了解叶尖泄漏流发展变化的非定常流动机理及其造成流动失稳的力学机制，探索失速先兆出现之前叶尖流场对应的不稳定流动现象及其流体力学原理，从而指导高性能、宽稳定工作范围的压气机气动设计。

随着 CFD 计算水平的提高和非定常实验测量技术的完善，针对叶尖泄漏流的非定常研究越来越多，目前针对压气机内部与叶尖泄漏流相关的非定常波动现象的解释仍然见仁见智，下文将对叶尖流动失稳流动现象及机理进行介绍。

3.4.3.1 涡破碎

当压气机接近失速极限时，机匣附近流场的不稳定性越来越突出。Furukawa等对低速和跨声速轴流压气机转子的非定常流场进行了数值模拟研究[51]。他们发现两类压气机中均出现了涡破碎现象，涡破碎的发生使得叶尖泄漏涡的形态迅速膨胀，集中在叶尖泄漏涡涡核处的绝对涡量发生分散。同时他们还指出，叶尖泄漏涡的破碎是导致机匣附近流场非定常的原因，涡破碎造成了较大的流动堵塞。

涡破碎现象的典型特征为，涡膨胀和尺寸突然增大，涡核高度集中的涡量区消失。峰值效率工况下发生的是泡式(bubble-type)涡破碎，其特征为滞止点后存在着一个泡状的回流区域，如图 3-66(a)所示；而在近失速工况下，泄漏涡发生螺旋型(spiral-type)涡破碎，其特征为泄漏涡随时间发生强烈的扭转及变形，如图 3-66(b)所示。在这种情况下，叶尖流场存在着面积很大的低能流体，而且振荡的泄漏涡与相邻叶片压力面相互作用产生旋转失速扰动，从而诱发失速的发生。Yamada 等认为，近失速工况下的高负荷引起泄漏涡强度增强，通道激波提供了强的逆压梯度，这两个因素共同作用导致了泄漏涡发生螺旋型破碎[93]。

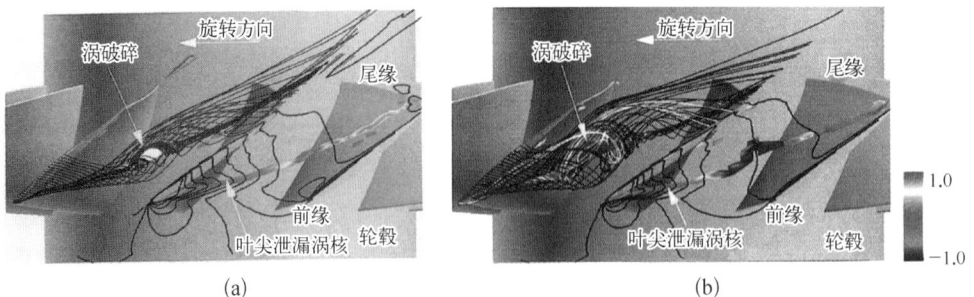

图 3-66 两种叶尖泄漏涡涡破碎类型[51]（见附页彩图）

(a) 泡式涡破碎；(b) 螺旋型涡破碎

2013 年，Yamada 等[94]进一步应用 DES 数值模拟方法和实验测量机匣瞬态流场，阐明了两种叶尖间隙情况下失速起始过程中存在的显著差异。他们认为，与小间隙情况下的突尖波型失速起始过程不同，大间隙下的失速起始受到泄漏涡破碎的支配。失速起始过程中出现的旋转扰动不是由前缘分离引起的，而是由涡破碎引起的。近失速工况机匣压力测量结果表明,在大间隙下,叶尖前缘压力面附近存在较大的压力脉动;下游速度场测量结果显示,机匣附近存在较高的湍流强度。同时,采用数值模拟,研究者观察到泄漏涡破碎现象,涡破碎引起叶尖堵塞区的扩展并由其非定常的特性诱导泄漏涡发生振荡。如图 3-67 所示,泄漏涡在前缘压力侧的振荡导致相邻叶片的攻角增大,诱发下一个叶片流道中产生涡破碎。通过对泄漏涡破碎现象的分析,研究者验证了实验测量结果的正确性。其后,他们又以跨声速转子 Rotor 37 为研究对象进行了非定常数值模拟研究,结果表明,近峰值效率工况点泄漏涡发生了周期性泡式破碎,并导致前缘附近的叶片负荷发生周期性波动;而近失速工况泄漏涡发生了螺旋式破碎,破碎的泄漏涡在叶片通道中翻转扭曲,周期性地改变了相邻叶片压力面和吸力面之间的压差,导致叶尖流场呈现出较强的非定常性。

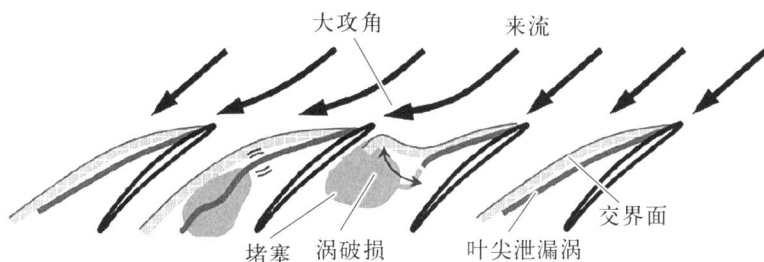

图 3-67　泄漏涡破碎的扰动机制[94]

3.4.3.2　激波干涉与振荡

在亚声速压气机中泄漏涡占据转子叶尖区域,而在超跨声速压气机中激波和泄漏涡的干涉作用则占据了主导地位。Yamada 等认为,泄漏涡经过激波后发生了明显的形态变化,进而导致泄漏涡发生泡式破碎或者螺旋式破碎,最终引起叶尖流场的振荡[94]。与 Yamada 等的研究结论不同的是,Copenhaver 等的研究表明,单纯的激波振荡也会导致叶尖区域非定常现象的出现[95]。正是由于激波的振荡,叶尖流场才会变得不稳定,随后叶尖泄漏涡也发生振荡。他们对跨声速转子叶尖区域的非定常现象和激波振荡进行了实验和数值研究,结果表明在近失速工况下,叶尖间隙区域内存在激波振荡现象,激波位置的变化范围约为叶片弦长的 1%~2%。

Hah 等以一台跨声速前掠转子为研究对象,采用非定常三维数值模拟方法,计算得到了不同工况下的流场数据,并详细分析了叶尖间隙流动及其与通道激波的相互作用对非定常现象起始机制的影响[96]。结果显示,激波与叶片表面边界层之间的相互作用导致了激波的振荡,从而引起叶尖泄漏涡的振荡。即便该前掠转子节流至失速状态,研究人员仍未观察到叶尖泄漏涡破碎的发生。图 3-68 所示为 3 个不同时刻的近失速工况下叶尖截面瞬时涡轨迹和马赫数等值线图,由于通道激波与叶片边界层的相互作用以及由此产生的涡脱落,可以看到通道激波振荡。当激波振荡时,源于激波脚的横向流动也发生振荡,叶尖泄漏涡的轨迹发生改变。然而,核心涡流并没有被破坏;该跨声速转子在失速状态附近的流动非定常性不是由叶尖间隙涡的破碎造成的,而主要是由激波与边界层相互作用以及由此产生的涡脱落所致。在此基础上,进一步的研究表明,叶尖泄漏涡引起的非定常振荡的效果远强于纯激波作用的效果[97]。同时指出,跨声速压气机中,通道激波与叶尖泄漏涡之间的相互作用具有固有的非定常性。

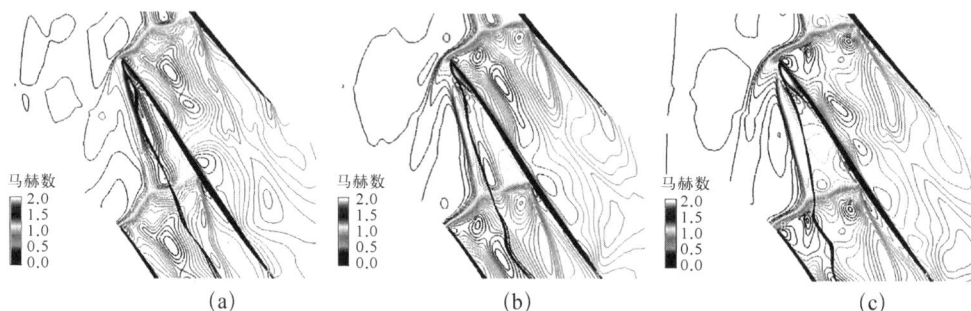

图 3-68　近失速工况下叶尖截面瞬时涡轨迹和马赫数等值线图[96](见附页彩图)
(a) 时刻 1;(b) 时刻 2;(c) 时刻 3

上海交通大学商用航空发动机叶轮机械气动传热技术联合创新中心研究团队针对一台跨声速压气机级进行了详细的非定常数值模拟研究[98],探究近失速工况下泄漏涡在激波作用下的涡破碎现象及由此引发的非定常性发展。数值模拟结果表明,当压气机运行在近失速工况时,激波面进一步向上游移动,并与泄漏涡在通道进口处发生剧烈干涉,泄漏涡不再具有致密的涡核结构,而是急剧膨胀为散乱的低能流团,堵塞压气机叶尖进口位置,如图 3-69 所示。文中采用无量纲绝对涡量 ξ_n 判别泄漏涡核结构是否发生破碎[99],并采用 Khalid 定义的堵塞系数 B[100] 衡量流道中的堵塞情况。堵塞系数 B 表征了整个通道高度范围内堵塞面积的占比。在近失速工况下,通道内堵塞系数 B 由通道进口的 0.13 增长至通道出口的 0.2,表明在转子通道出口,叶尖 20% 叶高以上的区域已完全被低能流团占据。而堵塞系数沿轴向方向的分布表明,堵塞在前缘至 40% 轴向弦长位置范围内增长较快,在 40% 轴向弦长至尾缘范围内增长较缓,但两端轴向范围内均呈现线性增长的趋势。

瞬时结果表明,由泄漏涡破碎引起的非定常振荡周期约为转子转过一个叶片通道周期 T 的 1.8~2 倍。在一个非定常振荡周期内,泄漏涡将完成"前缘处形成—激波后破碎—形成通道内堵塞—流出通道出口—前缘处再次形成"的过程,在非定常振荡周期中,流道中存在着 3 个主要的涡结构,如图 3-69 中 TLV1、TLV1′ 及 TLV2 所示。

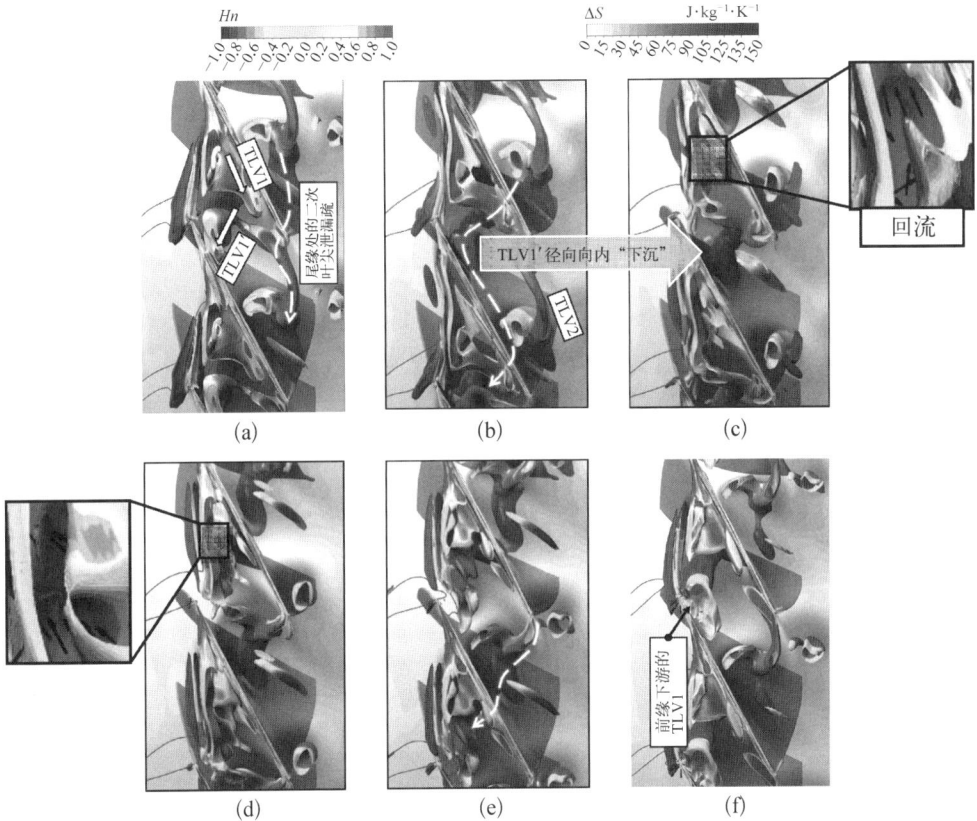

图 3-69　跨声速压气机转子中近失速工况下叶尖瞬时涡结构演化过程[98]（见附页彩图）

(a) $t_1 = 15/48T$；(b) $t_2 = 30/48T$；(c) $t_3 = 45/48T$；(d) $t_4 = 60/48T$；(e) $t_5 = 75/48T$；(f) $t_6 = 90/48T$

在 t_1 时刻，在叶尖进口下游，同时存在着 TLV1 与 TLV1' 两个泄漏涡结构，从无量纲螺旋度 Hn 的大小来看，两个涡结构在这一时刻具有相同的旋向，泄漏涡核尚未发生大规模的破碎现象；此外，在叶尖尾缘附近，存在着由尾缘附近二次泄漏流所形成的泄漏涡 TLV2，TLV2 在这一时刻已经在通道出口处形成了一定程度的堵塞。

由 t_1 至 t_2 及 t_3 时刻，TLV1 在流向方向上逐渐拉长，且螺旋度由正值转换为负值，说明涡核旋转方向发生逆转，TLV1 在叶尖激波的作用下已经发生了涡破碎，由局部放大图也能看出，涡结构中心出现了逆流现象；同时，TLV1' 由 TLV1 脱离，从叶尖进口逐渐移动至叶片通道中部，且径向向内"下沉"，在更低叶高范围内形成堵塞；而 TLV2 则逐渐移出叶片通道。

在 t_4 及 t_5 时刻，TLV1 依然在叶尖进口处形成堵塞，并逐渐向相邻叶片通道压力面伸展；TLV1' 进一步向下游移动，当其移至叶片通道尾缘附近时，如 t_5 时刻所示，在尾缘附近诱导产生了二次泄漏流（二次泄漏流流线未在图中画出）。至 t_6 时刻，TLV1 的涡结构伸展至相邻叶片通道压力面，产生新的 TLV1'；而在通道尾缘附近则经由上一周期中 TLV1′的诱导产生了新的 TLV2。

3.4.3.3　二次涡

Suder 和 Van Zante 等[55,57]先后在 Rotor 37 和 Rotor 35 的转子叶尖流场近尾缘处捕捉到了叶尖二次涡的存在。在近失速状态下,除了泄漏涡破碎或者旋转不稳定现象会导致非定常现象的发生以外,该现象还可能由叶尖二次涡引发。叶尖二次涡由尾缘附近径向迁移的低能流体和相邻叶片通道间叶尖泄漏流动的相互作用而产生,该涡的形成和运动导致了叶尖间隙流动的不稳定性。

Wu 等通过分析近失速条件下某亚声速转子叶尖区域的瞬时流动结构,发现前期非定常单通道模拟中出现的叶尖二次涡也出现在了全周模拟的叶尖流场中[101]。进一步的流场分析表明,相邻通道的低速泄漏流体与破碎的主泄漏涡之间的相互作用是促使叶尖二次涡形成的主要原因。叶尖二次涡在叶尖形成后会继续向下游发展,如图 3-70 所示,而二次涡的后移导致转子叶尖负荷发生周期性变化,叶片负荷的改变相应地又重新作用于主泄漏涡和二次涡,由此产生了一个非定常流场。

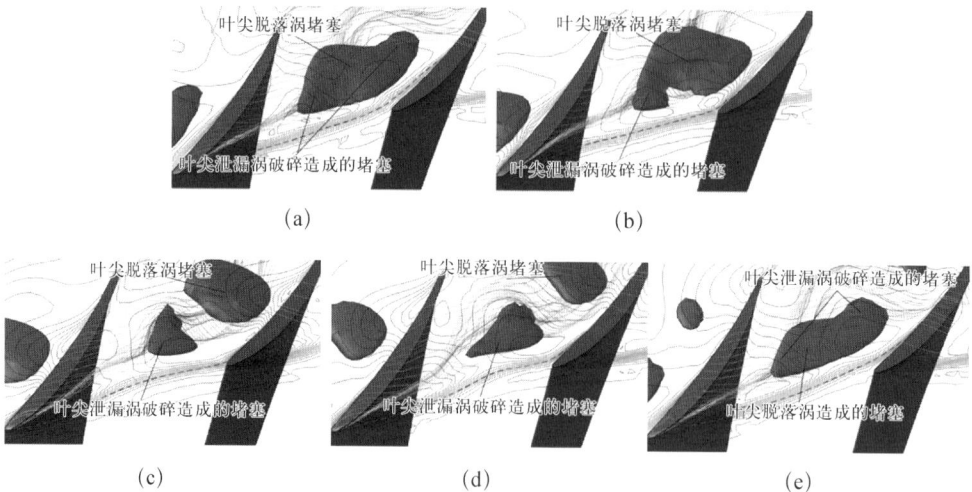

图 3-70　二次涡形成的堵塞在一个周期内的发展过程[101](见附页彩图)

(a) $t = \frac{10}{50}T$; (b) $t = \frac{20}{50}T$; (c) $t = \frac{30}{50}T$; (d) $t = \frac{40}{50}T$; (e) $t = \frac{50}{50}T$

3.4.3.4　自激非定常性

为了阐明非定常泄漏流动的产生机理,Zhang 等提出了转子叶尖泄漏流动的自激非定常性概念[102,103]。他们对某低速轴流压气机的孤立转子进行了非定常数值研究,发现泄漏流动在一定的工况范围内可以发生周期性的振荡,并指出这种周期性的振荡是一对"相互作用力"之间动态平衡而非静平衡的结果。其中一种"力"是压气机叶片的气动负荷,即主流通过压气机叶片时在压力面和吸力面之间产生的压差;与其相对应的反作用力是叶片的卸载,即源于压力侧的叶尖泄漏横流通过叶尖间隙进入吸力侧而引起的压差减小。较大的叶片负荷会加剧叶尖的泄漏流动,但伴随着叶片负荷卸载过程,叶尖泄漏流会同步削弱。加载和卸载这两种作用可以根据其相对强度形成一个振荡循环,从而导致叶尖泄漏流动出现非定常现象。此外,无量纲分析表明,不稳定性的开始是由叶尖泄漏流引起的,即不稳定性是否产生取决于泄漏流是否能在与主流混合之前到达相邻叶片。

　　Du 等以跨声速转子 Rotor 67 为研究对象,将自激非定常性的研究拓展到高速压气机中,对叶尖泄漏流动非定常现象的机制做了进一步的补充;而后他们又通过改变叶尖间隙大小,验证了所提出的非定常叶尖泄漏流动的起始机制[104, 105]。结果显示,自激非定常现象同样存在于跨声速压气机中,进口来流与叶尖泄漏流之间的动态相互作用对自激非定常性起决定性作用。自激非定常性发生与否取决于叶尖泄漏流的强度是否足以显著改变相邻叶片压力面上的压力分布。当流量系数减小时,叶尖区域的负荷增大,叶尖泄漏流增强,更容易引发自激非定常现象。采用叶尖泄漏流与来流主流在叶尖区域的动量比作为判断叶尖泄漏流自激非定常性是否发生的指标,如图 3-71 所示。

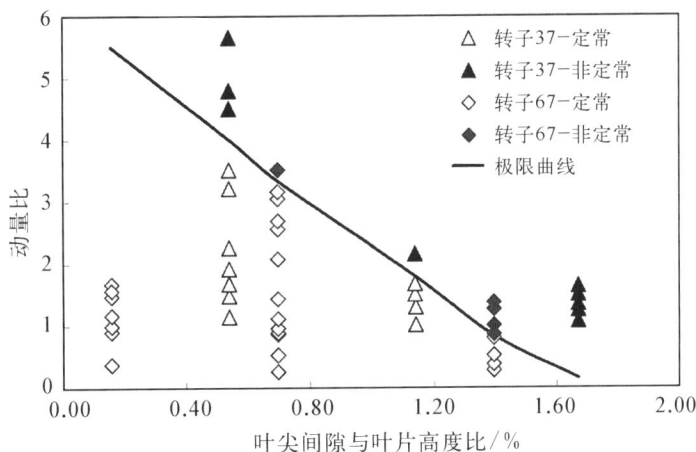

图 3-71　叶尖泄漏流非定常性的关联性[105]

　　Zhang 等针对南航四级低速大尺寸压气机在不同来流条件及间隙大小条件下进行了数值模拟[106]。结果表明,在近失速工况,泄漏流出现了自激非定常性,泄漏涡的波动频率约为转子通过频率的 43%,最强的波动位于叶尖压力面 50% 弦长附近。边界层厚度对其周期性波动影响不大。由压差和叶尖泄漏流引起的二次涡在尾缘附近产生并发展,二次涡与叶尖间隙流的相互作用将导致叶尖区域的大范围堵塞并造成相当大的流动损失,这可能直接决定转子的气动稳定性。而间隙的增加会使得叶尖泄漏流与主流的临界动量比减小,使流动更容易进入所谓的自激非定常状态,这表明非定常的发生强烈依赖于叶尖间隙大小(见图 3-72)。

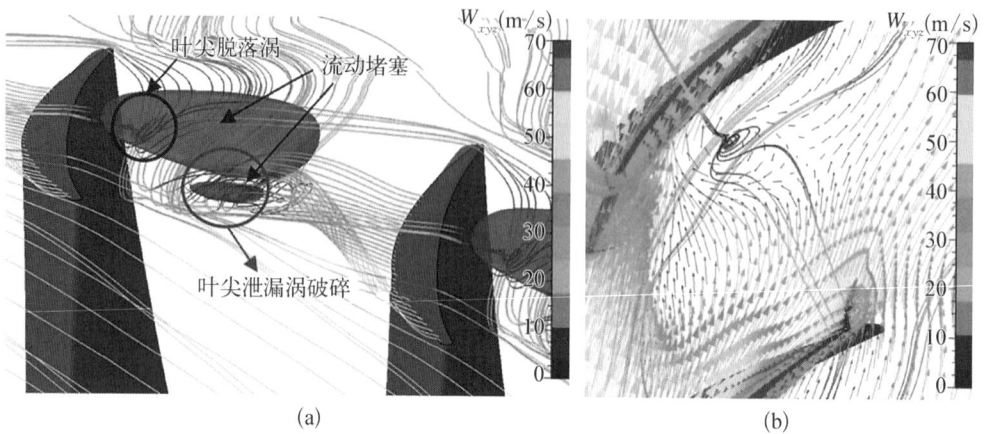

图 3-72 近失速工况下叶尖流动结构及速度场分布[106]（见附页彩图）

(a) 泄漏涡破碎与二次涡结构；(b) 二次涡流线

3.5 本章小结

本章主要介绍了航空压气机中转子叶尖径向间隙泄漏流的一些研究成果，包括转子叶尖径向间隙泄漏流对压气机气动性能的影响，转子叶尖间隙泄漏流动结构与机理，转子叶尖泄漏损失机制，以及转子叶尖泄漏流与气动稳定性的关系。首先，针对转子叶尖径向间隙泄漏流对压气机气动性能的影响，分别从对效率的影响和对气动稳定性的影响两个方面进行了论述，并给出了非轴对称间隙的影响效果。其次，针对转子叶尖间隙泄漏流动结构与机理研究，从相关实验和数值模拟两个方面进行了论述。接着，系统总结了转子叶尖泄漏损失的机制，并指出先进的数值模拟方法加深了对损失机制的理解。最后，在转子叶尖泄漏流与气动稳定性的论述中，从叶尖泄漏流与旋转失速、叶尖泄漏流与旋转不稳定性以及气动不稳定性机理 3 个方面进行了全面的总结。本章的系统性的梳理将为读者深入理解转子叶尖泄漏流及其对压气机性能和气动稳定性的影响提供全面的、有启发性的参考。

参 考 文 献

[1] Sakulkaew S, Tan C S, Donahoo E, et al. Compressor efficiency variation with rotor tip gap from vanishing to large clearance[J]. Journal of Turbomachinery, 2013, 135(3): 031030.

[2] Tiralap A, Tan C S, Donahoo E, et al. Effects of rotor tip blade loading variation on compressor stage performance[J]. Journal of Turbomachinery, 2017, 139(5): 051006.

[3] Berdanier R A, Key N L. Experimental investigation of factors influencing operating rotor tip clearance in multistage compressors[J]. International Journal of Rotating Machinery, 2015, 2015(1): 146272.

[4] Berdanier R A, Key N L. The effects of tip leakage flow on the performance of multistage compressors used in small core engine applications[J]. Journal of Engineering for Gas Turbines and Power, 2016, 138(5): 052605.

[5] Wisler D C, Johnson R W. Axial-flow compressor and fan aerodynamics[M]//Handbook of Fluid Dynamics. Boca Raton, FL: CRC Press, 1998.

[6] Wisler D C. Loss reduction in axial-flow compressors through low-speed model testing[J]. Journal of Engineering for Gas Turbines and Power, 1985, 107(2): 354 – 363.

[7] Tschirner T, Johann E, Müller R, et al. Effects of 3D aerofoil tip clearance variation on a 4-stage low speed compressor[C]//ASME Turbo Expo 2006: Power for Land, Sea, and Air. American Society of Mechanical Engineers Digital Collection, 2008: 357 – 366.

[8] Baghdadi S. Modeling tip clearance effects in multistage axial compressors[J]. Journal of Turbomachinery, 1996, 118(4): 697 – 705.

[9] Koch C C. Stalling pressure rise capability of axial flow compressor stages[J]. Journal of Engineering for Power, 1981, 103(4): 645 – 656.

[10] Smith G D J, Cumpsty N A. Flow phenomena in compressor casing treatment[J]. Journal of Engineering for Gas Turbines and Power, 1984, 106(3): 532 – 541.

[11] Young A. Tip-clearance effects in axial compressors [D]. Cambridge: University of Cambridge, 2012.

[12] Mailach R, Lehmann I, Vogeler K. Rotating instabilities in an axial compressor originating from the fluctuating blade tip vortex[J]. Journal of Turbomachinery, 2000, 123(3): 453 – 460.

[13] Day I J. Stall inception in axial flow compressors[J]. Journal of Turbomachinery, 1993, 115(1): 1 – 9.

[14] Young A, Day I, Pullan G. Stall warning by blade pressure signature analysis[J]. Journal of Turbomachinery, 2012, 135(1): 011033.

[15] Vo H D. Role of tip clearance flow on axial compressor stability [D]. Cambridge: Massachusetts Institute of Technology, 2001.

[16] Berdanier R A, Smith N R, Young A M, et al. Effects of tip clearance on stall inception in a multistage compressor[J]. Journal of Propulsion and Power, 2018, 34(2): 308 – 317.

[17] Deng H, Xia K, Teng J, et al. Performance effect of trench casing on a transonic compressor at different rotating speeds[J]. Journal of Shanghai Jiao Tong University (Science), 2022, 27(2): 1 – 10.

[18] Zhu M, Qiang X, Ju Z, et al. Experimental and numerical researches in a four-stage low speed research compressor facility [C]//ASME Turbo Expo 2020: Turbomachinery Technical Conference and Exposition. American Society of Mechanical Engineers Digital Collection, 2021.

[19] 朱铭敏,羌晓青,居振州,等.四级低速大尺寸压气机的试验与数值模拟研究[J].工程热物理学报,2021,42(5): 1150 – 1160.

[20] Zhang H, Zhuang H, Teng J, et al. Some effects of non-axisymmetric tip clearance layout on axial compressor aerodynamics [J]. Proceedings of the Institution of Mechanical Engineers, Part A: Journal of Power and Energy, 2022, 236(3): 420 – 434.

[21] 张浩浩.非轴对称叶尖间隙分布对轴流压气机气动性能的影响[D].上海:上海交通大

学, 2022.

[22] Xia K, Deng H, Zhang H, et al. Overall performance and loss analysis of a low-speed research compressor with different nonaxisymmetric tip clearance layouts[J]. Journal of Aerospace Engineering, 2023, 36(5): 04023055.

[23] Rains D A. Tip clearance flows in axial compressors and pumps[D]. California: California Institute of Technology, 1954.

[24] Lakshminarayana B, Horlock J H. Leakage and secondary flows in compressor cascades: Reports ad Memoranda. No. 3483[R]. 1965.

[25] Storer J A, Cumpsty N A. Tip leakage flow in axial compressors [J]. Journal of Turbomachinery, 1991, 113(2): 252 – 259.

[26] Kang S, Hirsch C. Experimental study on the three-dimensional flow within a compressor cascade with tip clearance: part I: velocity and pressure fields [J]. Journal of Turbomachinery, 1993, 115(3): 435 – 443.

[27] Kang S, Hirsch C. Experimental Study on the three-dimensional flow within a compressor cascade with tip clearance: part II: the tip leakage vortex[J]. Journal of Turbomachinery, 1993, 115(3): 444 – 450.

[28] Kang S, Hirsch C. Tip leakage flow in linear compressor cascade [J]. Journal of Turbomachinery, 1994, 116(4): 657 – 664.

[29] Krug A, Busse P, Vogeler K. Experimental investigation into the effects of the steady wake-tip clearance vortex interaction in a compressor cascade[J]. Journal of Turbomachinery, 2015, 137(6): 061006.

[30] Wang Y, Muthanna C, Devenport W. The design and operation of a moving end-wall system for a compressor cascade wind tunnel[C]//37th Aerospace Sciences Meeting and Exhibit. Reno, NV, U.S.A.: American Institute of Aeronautics and Astronautics, 1999.

[31] Tian Q, Simpson R. Experimental study of tip leakage flow in the linear compressor cascade: part I: stationary wall[C]//45th AIAA Aerospace Sciences Meeting and Exhibit. Reno, Nevada: American Institute of Aeronautics and Astronautics, 2007.

[32] Tian Q, Simpson R. Experimental study of tip leakage flow in the linear compressor cascade: part II: effect of moving wall[C]//45th AIAA Aerospace Sciences Meeting and Exhibit. Reno, Nevada: American Institute of Aeronautics and Astronautics, 2007.

[33] Muthanna C, Devenport W J. Wake of a compressor cascade with tip gap, part 1: mean flow and turbulence structure[J]. AIAA Journal, 2004, 42(11): 2320 – 2331.

[34] Wang Y, Devenport W J. Wake of a compressor cascade with tip gap, part 2: effects of endwall motion[J]. AIAA Journal, 2004, 42(11): 2332 – 2340.

[35] Dring R P, Joslyn H D, Hardin L W. An investigation of axial compressor rotor aerodynamics[J]. Journal of Engineering for Power, 1982, 104(1): 84 – 96.

[36] Hunter I H, Cumpsty N A. Casing wall boundary-layer development through an isolated compressor rotor[J]. Journal of Engineering for Power, 1982, 104(4): 805 – 817.

[37] Inoue M, Kuroumaru M. Three-dimensional structure and decay of vortices behind an axial flow rotating blade row[J]. Journal of Engineering for Gas Turbines and Power, 1984, 106 (3): 561 – 569.

[38] Wagner J H, Dring R P, Joslyn H D. Inlet boundary layer effects in an axial compressor

rotor: part I: blade-to-blade effects[J]. Journal of Engineering for Gas Turbines and Power, 1985, 107(2): 374 - 380.

[39] Lakshminarayana B, Davino R, Pouagare M. Three-dimensional flow field in the tip region of a compressor rotor passage: part II: turbulence properties[J]. Journal of Engineering for Power, 1982, 104(4): 772 - 781.

[40] Lakshminarayana B, Pouagare M, Davino R. Three-dimensional flow field in the tip region of a compressor rotor passage: part I: mean velocity profiles and annulus wall boundary layer[J]. Journal of Engineering for Power, 1982, 104(4): 760 - 771.

[41] Pandya A, Lakshminarayana B. Investigation of the tip clearance flow inside and at the exit of a compressor rotor passage: part I: mean velocity field[J]. Journal of Engineering for Power, 1983, 105(1): 1 - 12.

[42] Murthy K N S, Lakshminarayana B. Laser Doppler velocimeter measurement in the tip region of a compressor rotor[J]. AIAA Journal, 1986, 24(5): 807 - 814.

[43] Inoue M, Kuroumaru M. Structure of tip clearance flow in an isolated axial compressor rotor [J]. Journal of Turbomachinery, 1989, 111(3): 250 - 256.

[44] Inoue M, Kuroumaru M, Fukuhara M. Behavior of tip leakage flow behind an axial compressor rotor[J]. Journal of Engineering for Gas Turbines and Power, 1986, 108(1): 7 - 14.

[45] Lakshminarayana B, Zaccaria M, Marathe B. The structure of tip clearance flow in axial flow compressors[J]. Journal of Turbomachinery, 1995, 117(3): 336 - 347.

[46] 李成勤.低速轴流压气机平面叶栅叶尖泄漏流动的研究[D].北京：中国科学院研究生院(工程热物理研究所),2011.

[47] Saathoff H, Stark U. Tip clearance flow induced endwall boundary layer separation in a single-stage axial-flow low-speed compressor[C]//ASME Turbo Expo 2000: Power for Land, Sea, and Air. American Society of Mechanical Engineers Digital Collection, 2014.

[48] Brandt H, Fottner L, Saathoff H, et al. Effects of the inlet flow conditions on the tip clearance flow of an isolated compressor rotor[C]//ASME Turbo Expo 2002: Power for Land, Sea, and Air. American Society of Mechanical Engineers Digital Collection, 2009: 1123 - 1132.

[49] 邓向阳.压气机叶尖间隙流的数值模拟研究[D].北京：中国科学院研究生院(工程热物理研究所),2006.

[50] Inoue M, Kuroumaru M, Iwamoto T, et al. Detection of a rotating stall precursor in isolated axial flow compressor rotors[J]. Journal of Turbomachinery, 1991, 113(2): 281 - 287.

[51] Furukawa M, Inoue M, Saiki K, et al. The role of tip leakage vortex breakdown in compressor rotor aerodynamics[J]. Journal of Turbomachinery, 1999, 121(3): 469 - 480.

[52] 马宏伟,蒋浩康.近失速状态轴流压气机转子内尖区三维流动结构[J].工程热物理学报,2001 (6): 700 - 702.

[53] Berdanier R A, Key N L. Experimental characterization of tip leakage flow trajectories in a multistage compressor[J]. Journal of Propulsion and Power, 2016, 32(4): 1022 - 1032.

[54] Adamczyk J J, Celestina M L, Greitzer E M. The role of tip clearance in high-speed fan stall [J]. Journal of Turbomachinery, 1993, 115(1): 28 - 38.

[55] Suder K L, Celestina M L. Experimental and computational investigation of the tip clearance

flow in a transonic axial compressor rotor[J]. Journal of Turbomachinery, 1996, 118(2): 218 – 229.

[56] Chima R V. Calculation of tip clearance effects in a transonic compressor rotor[J]. Journal of Turbomachinery, 1998, 120(1): 131 – 140.

[57] Van Zante D E, Strazisar A J, Wood J R, et al. Recommendations for achieving accurate numerical simulation of tip clearance flows in transonic compressor rotors[J]. Journal of Turbomachinery, 2000, 122(4): 733 – 742.

[58] Kirtley K, Beach T, Adamczyk J. Numerical analysis of secondary flow in a two-stage turbine[C]//26th Joint Propulsion Conference. American Institute of Aeronautics and Astronautics, 1990.

[59] Du J, Lin F, Chen J, et al. Flow structures in the tip region for a transonic compressor rotor [J]. Journal of Turbomachinery, 2013, 135(031012).

[60] Liu Y, Yu X, Liu B. Turbulence models assessment for large-scale tip vortices in an axial compressor rotor[J]. Journal of Propulsion and Power, 2008, 24(1): 15 – 25.

[61] Lange M, Rolfes M, Mailach R, et al. Periodic unsteady tip clearance vortex development in a low-speed axial research compressor at different tip clearances[J]. Journal of Turbomachinery, 2018, 140(3): 031005.

[62] Deng H, He X, Zhu M, et al. Unsteady flow phenomenon in the TUDa-GLR-OpenStage compressor: URANS observations[C]//GPPS Hong Kong 23. Hong Kong, China: Proceedings of Global Power and Propulsion Society, 2023.

[63] Klausmann F, Franke D, Foret J, et al. Transonic compressor darmstadt — open test case introduction of the TCD open test case[J]. Journal of the Global Power and Propulsion Society, 2022, 6: 318 – 329.

[64] Wang H, Wu Y, Wang Y, et al. Evolution of the flow instabilities in an axial compressor rotor with large tip clearance: an experimental and URANS study[J]. Aerospace Science and Technology, 2020, 96: 105557.

[65] Liu Y, Zhong L, Lu L. Comparison of DDES and URANS for unsteady tip leakage flow in an axial compressor rotor[J]. Journal of Fluids Engineering, 2019, 141(12): 121405.

[66] You D, Wang M, Moin P, et al. Large-eddy simulation analysis of mechanisms for viscous losses in a turbomachinery tip-clearance flow[J]. Journal of Fluid Mechanics, 2007, 586: 177 – 204.

[67] Yamada K, Kikuta H, Iwakiri K ichiro, et al. An explanation for flow features of spike-type stall inception in an axial compressor rotor[J]. Journal of Turbomachinery, 2013, 135(2).

[68] He X, Zhao F, Vahdati M. Detached eddy simulation: recent development and application to compressor tip leakage flow[J]. Journal of Turbomachinery, 2022, 144(1): 011009.

[69] Chen X, Koppe B, Lange M, et al. Comparison of turbulence modeling for a compressor rotor at different tip clearances[J]. AIAA Journal, 2022, 60(2): 1186 – 1198.

[70] Maynard J M, Wheeler A P S, Taylor J V, et al. Unsteady structure of compressor tip leakage flows[J]. Journal of Turbomachinery, 2022, 145(051005).

[71] Denton J D. The 1993 IGTI scholar lecture: loss mechanisms in turbomachines[J]. Journal of Turbomachinery, 1993, 115(4): 621 – 656.

[72] Storer J A, Cumpsty N A. An approximate analysis and prediction method for tip clearance

loss in axial compressors[J]. Journal of Turbomachinery, 1994, 116(4): 648 - 656.

[73] 刘宝杰,于贤君,蒋浩康.用 SPIV 测量结果分析叶轮机内流动损失的方法初探[J].航空动力学报,2009,24(11): 2551 - 2557.

[74] Sirakov B T, Tan C S. Effect of unsteady stator wake: rotor double-leakage tip clearance flow interaction on time-average compressor performance[J]. Journal of Turbomachinery, 2003, 125(3): 465 - 474.

[75] McNulty G S, Decker J J, Beacher B F, et al. The impact of forward swept rotors on tip clearance flows in subsonic axial compressors[J]. Journal of Turbomachinery, 2004, 126 (4): 445 - 454.

[76] Hewkin-Smith M, Pullan G, Grimshaw S D, et al. The role of tip leakage flow in spike-type rotating stall inception[J]. Journal of Turbomachinery, 2019, 141(6): 061010.

[77] Taylor J V, Dickens A M J, Simpson H. Compressor tip leakage mechanisms[C]//ASME Turbo Expo 2023: Turbomachinery Technical Conference and Exposition. American Society of Mechanical Engineers Digital Collection, 2023.

[78] LaGraff J E, Ashpis D E, Oldfield M L G, et al. Minnowbrook V: 2006 workshop on unsteady flows in turbomachinery: NASA/CP - 2006 - 214484[R]. NASA, 2006.

[79] 桂幸民,滕金芳,刘宝杰,等.航空压气机气动热力学理论与应用[M].上海：上海交通大学出版社.

[80] Tan C S, Day I, Morris S, et al. Spike-type compressor stall inception, detection, and control[J]. Annual Review of Fluid Mechanics, 2010, 42(1): 275 - 300.

[81] Day I J. Stall, surge, and 75 years of research[J]. Journal of Turbomachinery, 2016, 138 (1): 011001.

[82] Vo H D, Tan C S, Greitzer E M. Criteria for spike initiated rotating stall[J]. Journal of Turbomachinery, 2008, 130(1): 011023.

[83] Bennington M A, Cameron J D, Morris S C, et al. Over rotor casing surface streak measurements in a high speed axial compressor[C]//ASME Turbo Expo 2007: Power for Land, Sea, and Air. American Society of Mechanical Engineers Digital Collection, 2009: 445 - 455.

[84] Bennington M A, Cameron J D, Morris S C, et al. Investigation of tip-flow based stall criteria using rotor casing visualization[C]//ASME Turbo Expo 2008: Power for Land, Sea, and Air. American Society of Mechanical Engineers Digital Collection, 2009: 641 - 651.

[85] Pullan G, Young A M, Day I J, et al. Origins and structure of spike-type rotating stall[J]. Journal of Turbomachinery, 2015, 137(5): 051007.

[86] Kim S, Pullan G, Hall C A, et al. Stall inception in low-pressure ratio fans[J]. Journal of Turbomachinery, 2019, 141(7): 071005.

[87] Inoue M, Kuroumaru M, Tanino T, et al. Comparative studies on short and long length-scale stall cell propagating in an axial compressor rotor[J]. Journal of Turbomachinery, 2001, 123(1): 24 - 30.

[88] Inoue M, Kuroumaru M, Yoshida S, et al. Short and long length-scale disturbances leading to rotating stall in an axial compressor stage with different stator/rotor gaps[J]. Journal of Turbomachinery, 2002, 124(3): 376 - 384.

[89] Xia K, Zhu M, Feng J, et al. Numerical research on near stall characteristics of a

transonic axial compressor based on wavelet analysis[J]. Aerospace Systems，2023.

[90] Mathioudakis K，Breugelmans F A E. Development of small rotating stall in a single stage axial compressor[C]//ASME 1985 International Gas Turbine Conference and Exhibit. American Society of Mechanical Engineers Digital Collection，1985.

[91] Hah C，Bergner J，Schiffer H P. Tip clearance vortex oscillation，vortex shedding and rotating instabilities in an axial transonic compressor rotor[C]//ASME Turbo Expo 2008: Power for Land，Sea，and Air. American Society of Mechanical Engineers Digital Collection，2009: 57 – 65.

[92] Gourdain N，Wlassow F，Ottavy X. Effect of tip clearance dimensions and control of unsteady flows in a multi-stage high-pressure compressor[J]. Journal of Turbomachinery，2012，134(5).

[93] Yamada K，Funazaki K，Furukawa M. The behavior of tip clearance flow at near-stall condition in a transonic axial compressor rotor[C]//ASME Turbo Expo 2007: Power for Land，Sea，and Air. American Society of Mechanical Engineers Digital Collection，2007: 295 – 306.

[94] Yamada K，Kikuta H，Furukawa M，et al. Effects of tip clearance on the stall inception process in an axial compressor rotor[C]//ASME Turbo Expo 2013: Turbine Technical Conference and Exposition. American Society of Mechanical Engineers Digital Collection，2013.

[95] Copenhaver W W，Puterbaugh S L，Hah C. Unsteady flow and shock motion in a transonic compressor rotor[J]. Journal of Propulsion and Power，2012，13(1): 17 – 23.

[96] Hah C，Rabe D C，Wadia A R. Role of tip-leakage vortices and passage shock in stall inception in a swept transonic compressor rotor[C]//ASME Turbo Expo 2004: Power for Land，Sea，and Air. American Society of Mechanical Engineers Digital Collection，2004: 545 – 555.

[97] Hah C，Bergner J，Schiffer H P. Short length-scale rotating stall inception in a transonic axial compressor: criteria and mechanisms[C]//ASME Turbo Expo 2006: Power for Land，Sea，and Air. American Society of Mechanical Engineers Digital Collection，2006: 61 – 70.

[98] Zhu M，Teng J，Qiang X. Unsteady near-stall flow mechanisms in a transonic compressor rotor at different rotating speeds[J]. Aerospace Science and Technology，2021，119: 107124.

[99] Yamada K，Furukawa M，Nakano T，et al. Unsteady three-dimensional flow phenomena due to breakdown of tip leakage vortex in a transonic axial compressor rotor[C]//ASME Turbo Expo 2004: Power for Land，Sea，and Air. American Society of Mechanical Engineers Digital Collection，2004: 515 – 526.

[100] Khalid S A，Khalsa A S，Waitz I A，et al. Endwall blockage in axial compressors[J]. Journal of Turbomachinery，1999，121(3): 499 – 509.

[101] Wu Y，Li Q，Tian J，et al. Investigation of pre-stall behavior in an axial compressor rotor: part I: unsteadiness of tip clearance flow[J]. Journal of Turbomachinery，2012，134(5).

[102] Zhang H，Deng X，Chen J，et al. Unsteady tip clearance flow in an isolated axial compressor rotor[J]. Journal of Thermal Science，2005，14(3): 211 – 219.

[103] Zhang H，Deng X，Lin F，et al. A study on the mechanism of tip leakage flow unsteadiness

in an isolated compressor rotor[C]//ASME Turbo Expo 2006：Power for Land，Sea，and Air. American Society of Mechanical Engineers Digital Collection，2006：435 - 445.

[104] Du J，Lin F，Zhang H，et al. Numerical investigation on the originating mechanism of unsteadiness in tip leakage flow for a transonic fan rotor[C]//ASME Turbo Expo 2008：Power for Land，Sea，and Air. American Society of Mechanical Engineers Digital Collection，2009：707 - 717.

[105] Du J，Lin F，Zhang H，et al. Numerical investigation on the self-induced unsteadiness in tip leakage flow for a transonic fan rotor [J]. Journal of Turbomachinery，2010，132 (2)：021017.

[106] Zhang C，Hu J，Wang Z. Investigations on the effects of inflow condition and tip clearance size to the performance of a compressor rotor[J]. Journal of Engineering for Gas Turbines and Power，2014，136(12)：122608.

第4章 带冠静子叶根径向间隙泄漏流

本章针对航空压气机中带冠静子叶根径向间隙泄漏流动现象,在第1章的基础上介绍了最新研究成果,并进行了更加全面的详述。首先介绍了带冠静子叶根径向间隙泄漏流对压气机气动性能的影响,接着从相关实验和数值模拟研究两方面讲解了带冠静叶间隙泄漏流动的结构与机理,最后提出了带冠静叶泄漏流动的两种被动控制方法。

4.1 带冠静叶泄漏流对性能的影响

本小节重点讲述带冠静子叶根径向间隙泄漏流对压气机气动性能的影响。对于带冠静叶,流经叶片通道的气流受压力梯度的影响从静叶尾缘容腔进口处流入封严容腔,然后受篦齿的节流和腔内复杂的涡结构流动影响后,从静叶前缘容腔出口处流出。静叶尾缘容腔进口处气流的抽吸作用对静叶叶根流动有一定的改善作用,但是具有较大的切向速度、一定的径向速度、较小的轴向速度的低动能流体在静叶叶根前缘汇入压气机主流通道后,与主流形成了掺混损失。由于叶根间隙形成的泄漏流与主流、静子叶片表面和轮毂端壁上的附面层及各种二次流相互掺混,流动情况非常复杂,这会对静叶叶根的气动性能带来较大损失,并对下级转子叶片的进口边界条件产生较大的影响。

4.1.1 对损失和效率的影响

Wellborn等[1,2]在早期对带冠静叶影响压气机气动性能的规律开展了较详尽的实验及数值模拟研究。他们以四级低速大尺寸压气机作为实验对象,采用实验和数值模拟方法研究了带冠静叶的封严腔对压气机气动性能的影响,采用的封严腔模型为单齿封严的结构,如图4-1(a)所示;篦齿间隙对泄漏流量的影响如图4-1(b)所示。其中,ε 为实际篦齿间隙;h 为叶高;w_l 为泄漏流量;w 为主流流量。该研究将4种不同封严篦齿的间隙模型与无封严腔无泄漏流的理想静叶模型进行对比,发现篦齿间隙每增加1%,压升系数降低3%,效率降低1%。随着篦齿泄漏流的增加,压气机性能的恶化呈现两种规律：① 增加篦齿泄漏流会直接破坏所在静叶级近轮毂的气动性能；② 由于泄漏流而改变的静叶出口流动，减少了下级转叶的输入负荷，增加了下级静叶的总压损失，从而影响了下一级的气动性能表现。这些变化趋势导致了压气机后面级性能的显著恶化。数值研究表明，当泄漏流的切向动量较低时，泄漏流将聚集在吸力面角区，造成总压损失增加；而当泄漏流的切向动量较高时，泄漏流将聚集在静叶的压力面。Wellborn 等的研究奠定了人们对带冠静叶影响压气机气动性能规律的早期基本认识。

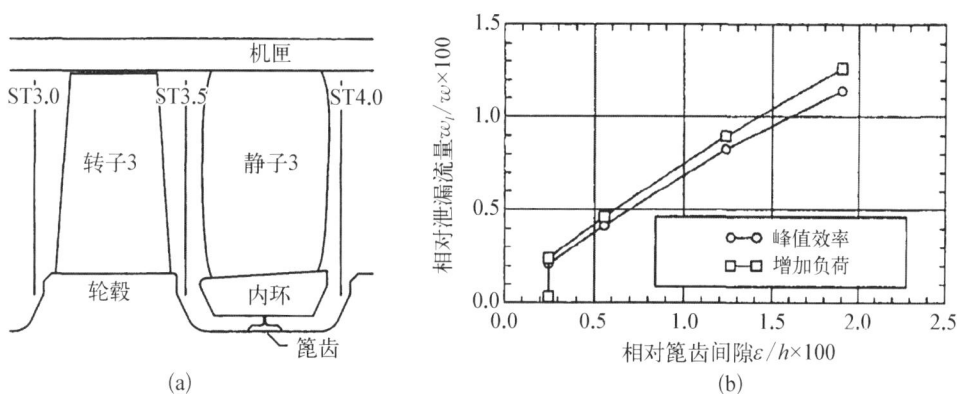

图 4-1　多级压气机中带冠静叶篦齿间隙对泄漏流量的影响[2]

(a) 单篦齿封严腔示意图；(b) 篦齿间隙对泄漏流量的影响

2022 年，上海交通大学商用航空发动机叶轮机械气动传热技术联合创新中心研究团队[3]针对带冠静子篦齿容腔复杂流动损失特性尚未被完全了解的现状，设计了一个数值模拟矩阵，研究了设计马赫数为 0.67 的工况下，5 种攻角、2 种流量系数、3 种密封间隙条件下，压气机叶栅篦齿容腔流动的损失特性。篦齿容腔的几何形状和边界条件如图 4-2 所示。为了尽可能模拟实际的压气机环境，引入了倾斜边界层并比较了其对无量纲周向速度和熵损失系数的影响（见图 4-3）。

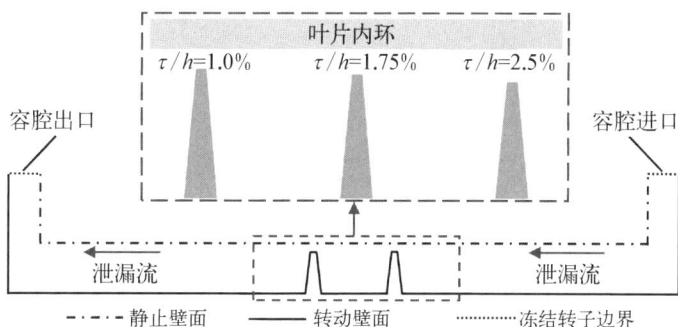

图 4-2　篦齿容腔的几何形状和边界条件[3]

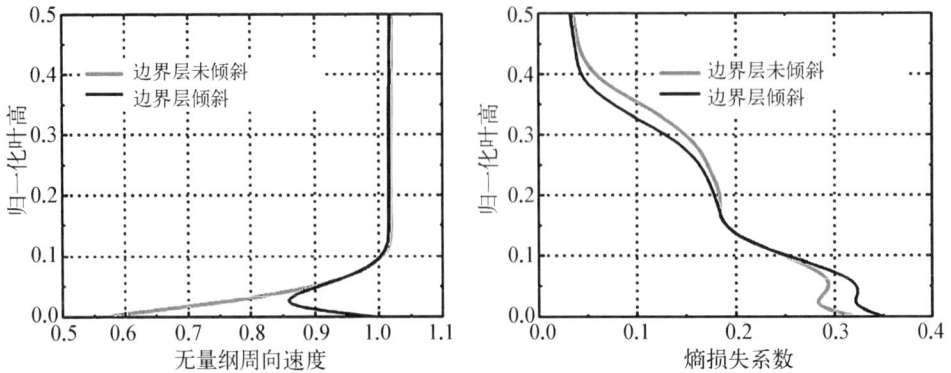

图 4-3　$s/h=1.75\%$ 时倾斜边界层对无量纲周向速度和熵损失系数的影响[3]

　　研究结果表明,由于总压损失系数忽略了温升,因此不能准确地评价篦齿容腔的泄漏损失。该研究采用了熵损失系数并考虑了倾斜边界层来准确评价叶栅的攻角特性。不同篦齿间隙和边界条件对熵损失系数以及压升系数的影响如图 4-4 和图 4-5 所示。由图可以得出:① 对于所有篦齿间隙,熵损失系数都随着流量系数的减小(即切向速度或周向速度的增大)而增加,这与以往使用总压系数得到的结果相反;② 正如预期的那样,熵损失系数随着密封间隙的增大而增大。但随着攻角由负向正增大,损失差值增大,说明不同攻角下篦齿容腔的敏感度存在差异;Wellborn 和 Okiishi 的实验结果[1]中也有同样的结论;③ 压升系数随攻角增大或流量系数减小而增大;较小的流量系数对应较大的轮毂局部攻角,从而导致压升系数较高;压升系数的差异也随着攻角的增加而增大,这也表现出敏感性差异。

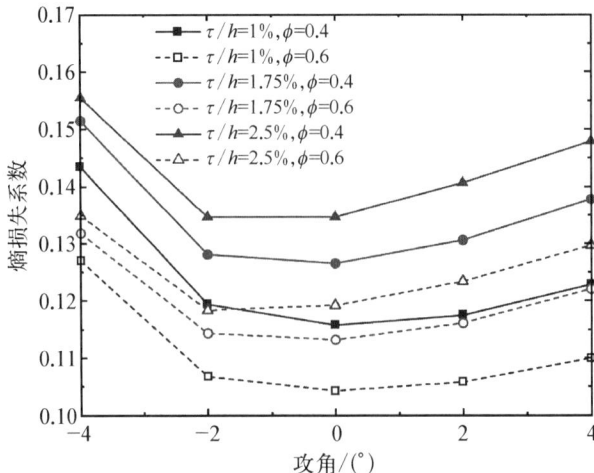

图 4-4　篦齿间隙和流量系数对熵损失系数的影响[3]

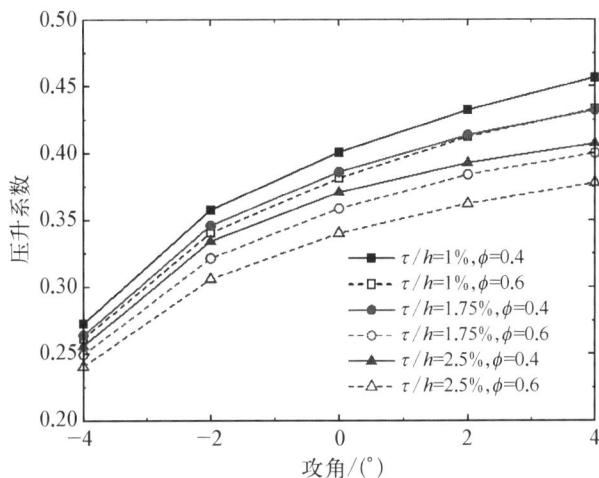

图 4-5　篦齿间隙和流量系数对压升系数的影响[3]

　　为了将泄漏流量和损失分布联系起来,对流向涡量和速度矢量进行了归一化
(见图 4-6)。如图 4-6 所示,通道涡结构在轮毂附近占主导地位,但涡结构在不同
的攻角下表现出明显的差异(Ω_x^* 代表轴向涡量)。在攻角 $i=-4°$时,由于压差较
小,通道涡结构平坦且较弱,缺乏将高损失流体从轮毂迁移到高展向区域的能力。

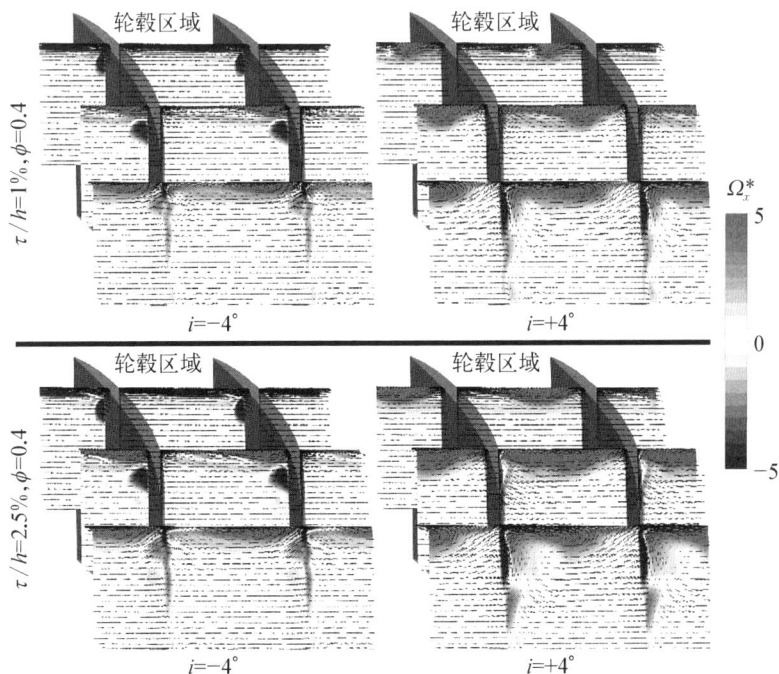

图 4-6　不同攻角下归一化的流向涡量和速度矢量[3](见附页彩图)

因此,当高损耗流体通过容腔进口时,容易被容腔吞没,从而降低了测量平面上的损失;减小程度随着密封间隙的增大而增大,因此不同篦齿间隙的损失差值在容腔进口附近减小,这导致损失对篦齿间隙的敏感性进一步降低。当攻角 $i = +4°$ 时,通道涡结构变强,使高损失流体向更高的径向迁移;容腔进口对高损失流体的摄取作用变弱,因此在不同篦齿间隙下,损失差的减小程度也较小。这就是在 $i = +4°$ 时损失对篦齿间隙的敏感性变高的原因之一。

　　该研究结果表明,随着流量系数的减小,熵损失系数和热熵产率呈现增大的趋势;而黏性熵产率的变化则取决于攻角。这是因为,在大负攻角情况下,高切向速度导致压力侧流动恶化;而随着攻角的增加,吸力侧流动明显改善。此外,在不同情况下,损失对密封间隙的敏感性也有显著差异。一个主要原因是上下游压差的变化;另一个主要原因是通道涡结构的变化引起的高损失流体的分布差异。这些重要的发现能够为减少由篦齿容腔泄漏流造成的压气机损失提供参考。

　　上述的研究给出的都是带冠静压篦齿容腔泄漏流对压气机性能的负面影响,但有些研究却发现,在一定条件下,容腔泄漏流也可能起到改善流动的作用。早在 2000 年,剑桥大学的 Demargne 与 Longley 等[4]就根据图 4-7(a)所示的容腔泄漏流简化计算模型开展了间隙泄漏流的数值模拟及实验研究。研究发现增加容腔的切向速度能够改善叶栅性能,容腔泄漏流显著改变了静叶通道出口堵塞、流动折转和损失的展向分布。但他们的模型中未考虑实际的篦齿容腔结构。麻省理工学院的 Lei 与 Spakovszky 等[5]在图 4-7(b)所示的考虑单篦齿容腔的叶栅模型中发现,容腔泄漏流能够通过提供与近端壁流动方向相反的横向流动,延缓根部流动的过偏转,从而使叶片远离角区失速的工况;并且这种效果与泄漏流量及泄漏旋流角成正比。

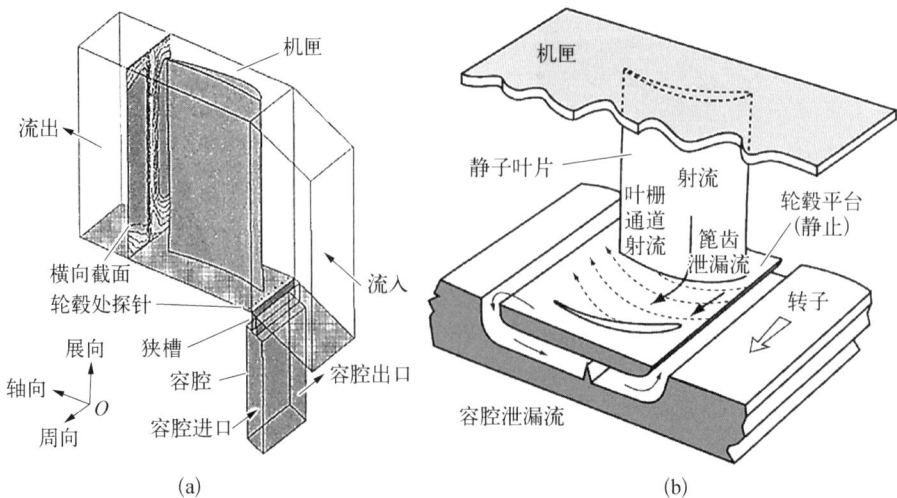

图 4-7　容腔泄漏流影响叶栅气动性能的模型

(a) 不考虑容腔具体结构的叶栅模型[4];(b) 考虑单篦齿容腔的叶栅模型[5]

首尔国立大学的研究团队[6]则设计了一台能够模拟旋转端壁对容腔流动影响的叶栅实验台,如图 4 - 8(a)所示。该实验台通过在叶栅底部增加循环流路模拟具有切向速度的容腔流动。他们的研究结果同样显示,容腔泄漏流能够抑制叶栅中的损失。容腔上游射流注入泄漏流主流,使得通道内的流动在径向更均匀,削弱了二次流,从而减小了泄漏流与通道流之间的掺混,降低了整体损失;容腔泄漏旋流角的增加(通过增加切向速度分量)可以抑制总压损失核心。进一步的研究[7]表明,来自容腔上游的高损失的气流进入下游容腔,使得静子叶片通道内损失在下游容腔处减少;泄漏流切向速度增加会导致脱落涡减弱、通道涡及吸力面角区分离,从而使总损失减少,如图 4 - 8(b)所示。

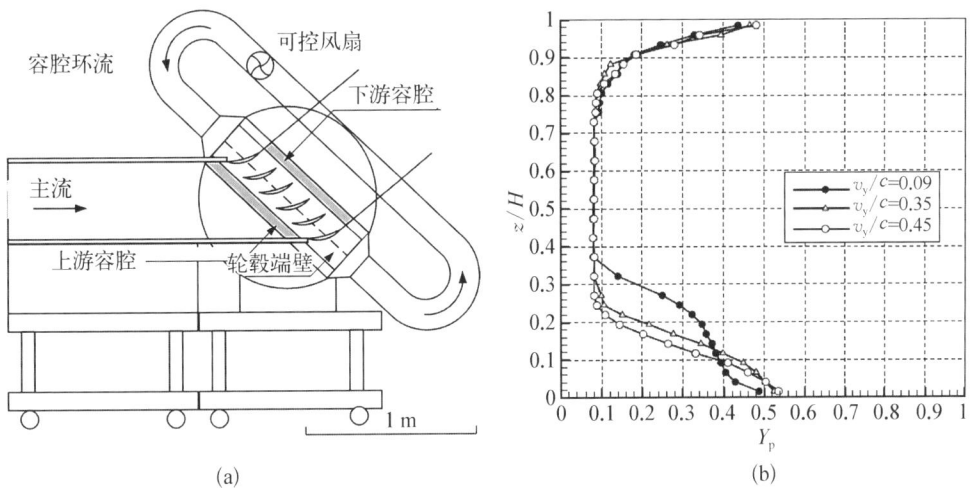

图 4 - 8　采用容腔流动循环的叶栅实验台(a)及切向速度对损失的影响(b)[6]

但在多级压气机的环境下,带冠静叶的容腔泄漏流不仅会影响当地流动,还会影响级间匹配,造成更复杂的影响。Kato 等[8]及 Kim 等[9]在多级压气机中均发现了篦齿泄漏流对总体性能的负面影响:各级真实容腔结构分别使六级压气机及三级压气机的总效率下降 1.7% 与 0.4%,但它们对具体流动的影响规律不同。在 Kato 所研究的六级压气机中,篦齿泄漏流从中间级开始显著影响叶片性能,引起流道中的堵塞,增强了二次流和角区分离。但是,Kim 在三级压气机中发现,多级篦齿容腔使第一级静叶中的堵塞区域增大,但却削弱了第三级静叶中的堵塞,如图 4 - 9 所示。而德国学者在对德累斯顿工业大学四级低速大尺寸压气机研究中则认为,静叶轮毂对下游转子的气动性能影响较大,而对下游静子和上游转子的气动性能影响较小[10]。由此可见,篦齿泄漏流会通过影响级间匹配对多级压气机的性能及流动产生多重影响,在高压压气机设计过程中有必要充分考虑篦齿容腔的设计,以降低其对压气机整体性能及级间匹配的负面影响。

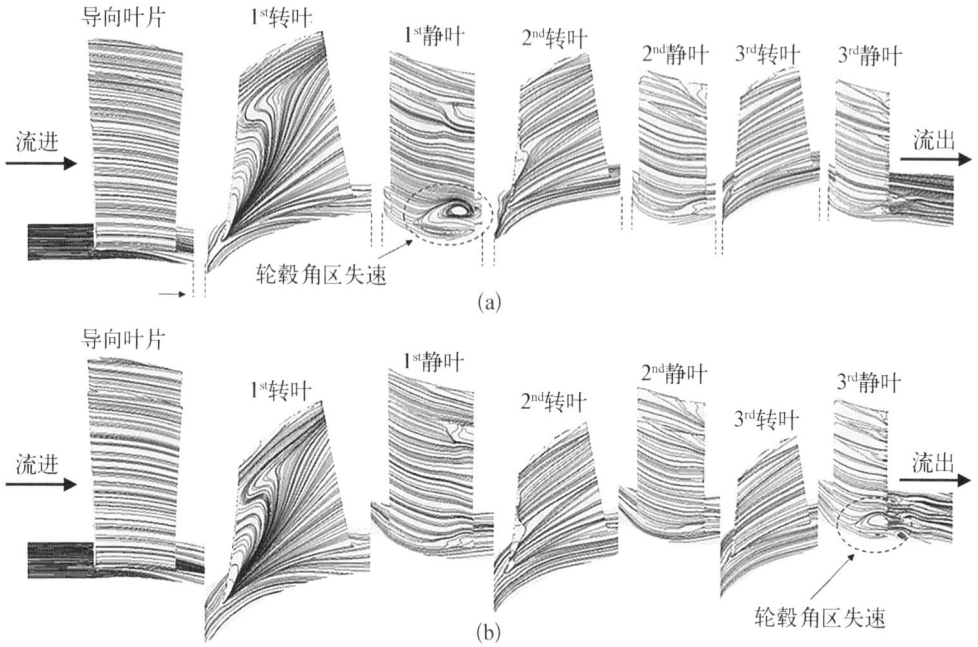

导向叶片　1st转叶　1st静叶　2nd转叶　2nd静叶　3rd转叶　3rd静叶

流进　流出

轮毂角区失速

(a)

导向叶片　1st转叶　1st静叶　2nd静叶　2nd转叶　3rd转叶　3rd静叶

流进　流出

轮毂角区失速

(b)

图 4-9　多级压气机叶片表面极限流线分布[9]

(a) 考虑容腔泄漏；(b) 不考虑容腔泄漏

　　效率下降的来源除了篦齿容腔泄漏流对带冠静叶以及下游转子所造成的损失增加外，还包括风阻温升。Kato[8]认为，在其所研究的六级压气机中，篦齿容腔引起的风阻温升效应相当于使整体效率下降约 0.5%。对于风阻温升，普渡大学针对三级轴流压气机实验台（见图 4-10）的研究[11]指出，泄漏流流道越靠近转动轮毂，它的切向速度及风阻温升就越高；切向速度的增加直接影响温升；同时，风阻温升效应随着篦齿间隙的增大而更加显著。总的风阻温升主要受容腔进口影响，占总风阻温

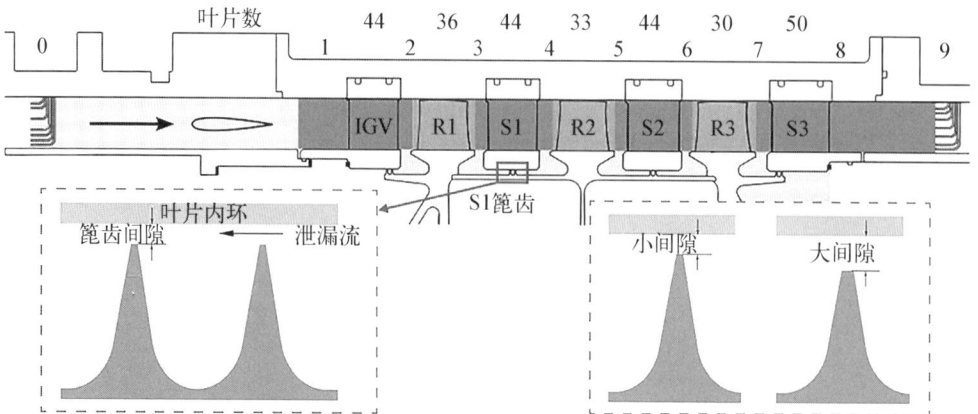

叶片数　44　36　44　33　44　30　50

0　1　2　3　4　5　6　7　8　9

IGV　R1　S1　R2　S2　R3　S3

S1篦齿

叶片内环

篦齿间隙　泄漏流

小间隙　大间隙

图 4-10　考虑带冠静叶篦齿容腔的三级中速大尺寸压气机实验台[11]

升值的近 50%，而受篦齿及容腔出口的影响则非常小，如图 4-11(a)所示。此外，风阻温升还可以通过转子鼓筒的剪切功来衡量[见图 4-11(b)]，篦齿间隙越小，容腔进口交界面处的周向速度越大，转子鼓筒边界层内的速度梯度越小，剪切功和风阻热也越小；而大间隙使得容腔交界面处的周向速度更小，转子鼓筒边界层内的速度梯度更大，导致更高的剪切功和风阻加热。

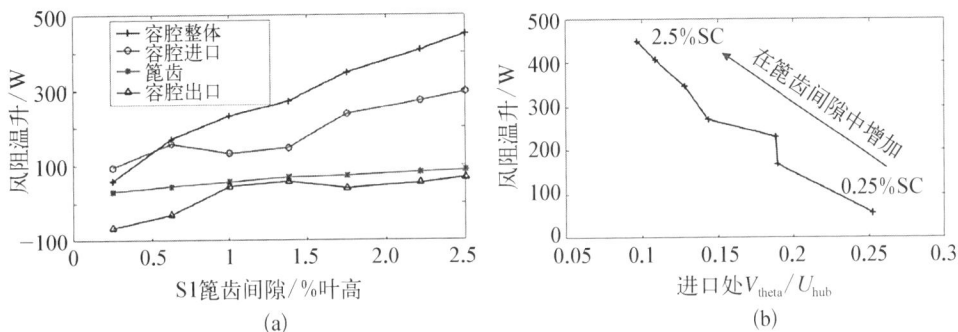

图 4-11　多级压气机中风阻温升随篦齿容腔参数的变化规律[11]
(a) 不同篦齿间隙下不同位置处的风阻温升；(b) 风阻温升与进气切线速度的关系

　　由此可见，篦齿封严结构可以导致轮毂区域流体温度的升高、不同级间匹配的差异、压气机效率和流量的降低，这说明了研究篦齿封严容腔泄漏流对压气机的性能有重要的意义。但篦齿容腔泄漏流的流量、总温与旋流角等气动参数对性能及流场的影响相互耦合，与篦齿容腔结构存在着复杂的关联关系。针对容腔泄漏流研究中存在的无法对泄漏流参数(流量、总温和旋流角)进行解耦的问题，上海交通大学商用航空发动机叶轮机械气动传热技术联合创新中心研究团队提出了一种简化的容腔模型[12]，该模型由容腔进口射流和容腔出口抽吸流组成，以代表全尺寸的复杂容腔结构，如图 4-12 所示。在根据全尺寸容腔的实验数据验证了该简化模型有效性的基础上，研究者对不同转速和工况下的泄漏流量和旋流角进行了参数化研究。研究结果表明，泄漏流量是决定压气机性能损失的主要因素。压气机等熵效率随泄漏流量的增加而线性下降，且在高转速、大攻角工况下，泄漏流量的影响权重更大。只有在高泄漏流量

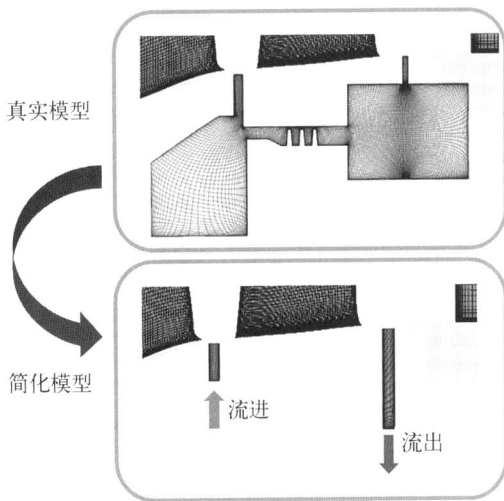

图 4-12　用进、出口段替代全尺寸
容腔的简化模型[12]

下泄漏流旋流角才对泄漏流量产生显著的影响,如图 4-13 所示。由于减少了泄漏流和主流的周向掺混以及抑制了近轮毂角区分离,效率损失随着旋流角的增大而减小;在小攻角工况下,旋流角的影响更显著。

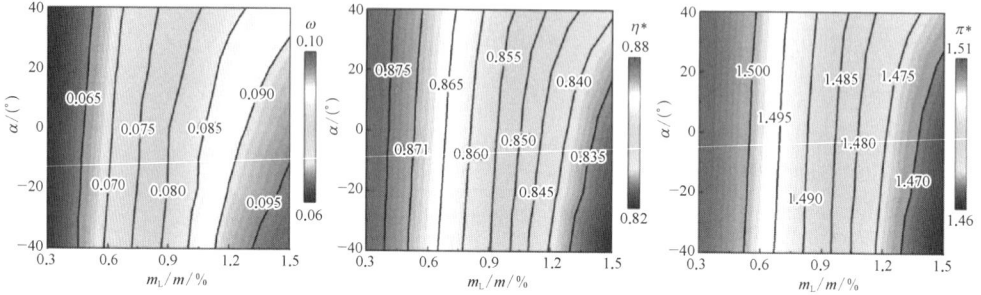

图 4-13　泄漏流量与泄漏旋流角对性能的耦合影响规律[12](见附页彩图)

4.1.2　对气动稳定性的影响

带冠静子叶根泄漏流除了对压气机的损失和效率产生影响外,同样会对压气机的气动稳定性产生影响。一些数值模拟研究[13, 14]表明,考虑箆齿封严的情况下,压气机稳定工作范围更窄,相较于不考虑箆齿封严的情况更早发生失速;流动分析表明,提前数值失速往往来源于箆齿泄漏流作用下的叶根流动恶化。

但箆齿泄漏流也可能对气动稳定性带来正面的影响。上海交通大学商用航空发动机叶轮机械气动传热技术联合创新中心研究团队对一台跨声速压气机实验台进行数值模拟研究[15]发现,不考虑容腔泄漏流的计算会严重影响数值模拟对机匣处理扩稳能力的判断。这是由于上游转子处机匣处理的使用会造成下游静叶负荷的径向重新分布,在叶根处形成角区分离,进而提前诱发数值失速,如图 4-14(a)所示;而考虑转静子之间的容腔泄漏流后,泄漏流会通过影响近端壁附面层抑制角区分离,从而延缓数值失速的发生,如图 4-14(b)所示。

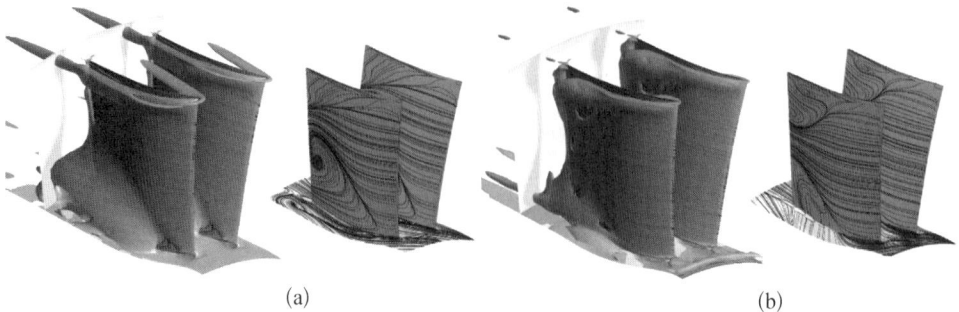

(a)　　　　　　　　　　　　　　　(b)

图 4-14　近失速工况下容腔泄漏流对静叶角区失速的影响[15](见附页彩图)

(a) 未考虑容腔泄漏流;(b) 考虑容腔泄漏流

4.2　带冠静叶泄漏流动结构与机理

4.2.1　相关实验研究

常规的实验手段较难测得复杂箆齿容腔内的流动细节。有研究人员基于压气机单级箆齿封严简化模型，建立了一个转速为 8 100 r/min、压比为 1.3 的箆齿容腔实验台，制造了不同的箆齿间隙模型，来研究封严间隙的影响[16]。实验测量了不同转速和不同箆齿间隙下容腔出口的泄漏流流量、风阻温升及涡流比。同时通过数值模拟，分析了静叶容腔井内的流动特性、总温变化及涡结构发展。研究结果表明，容腔内涡结构的存在减少了泄漏流的有效流通面积，对泄漏流在容腔进出口产生了抽吸和离心作用，这对带冠静叶容腔内的流动有重要影响，如图 4-15 所示。

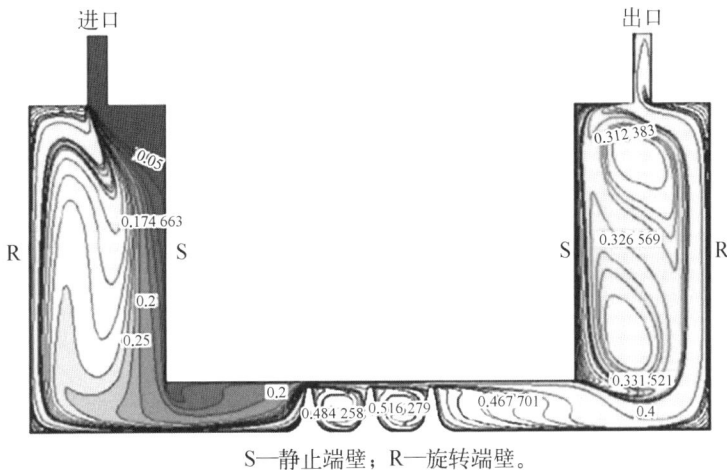

S—静止端壁；R—旋转端壁。

图 4-15　箆齿容腔内的流动结构[16]（见附页彩图）

Wellborn 等针对带冠静叶的箆齿封严容腔内部流动开展了实验研究，并辅之以理论分析和数值模拟手段[17, 18]。研究结果表明，无论在高速或低速情况下，不同结构的容腔内流动情况都比较相似。腔内的切向速度与转速和静叶出口的旋涡相关：转速越大，切向速度越大；静叶出口的旋涡越强，切向速度越小。容腔内存在着沿周向的流动，其动量低于主流流体，切向速度为轮毂速度的 40%～45%。主流与容腔流动之间的动量差在径向交界面上得到了平衡。在周向，容腔流动主要受到下游叶片对上游的势流影响：相比于通道中部，静叶前缘附近的容腔流动在径向更趋于向内流动，如图 4-16 所示。除了势流影响之外，主流中的二次流动还决定了哪些流体粒子会被下游容腔吸收。容腔内的涡结构主导了流动的轴向变化，而这些涡结构的位置与结构取决于主流流场与容腔的几何形状。

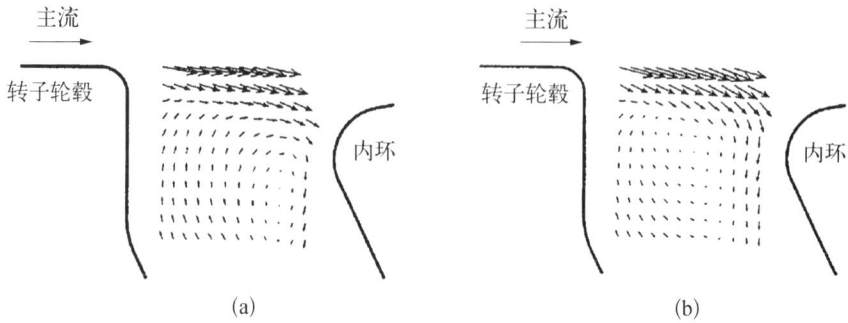

图 4 - 16　低速大尺寸压气机上游容腔内实验测得的子午速度分布[18]

(a) 栅距中间位置;(b) 静叶前缘前

　　Lee 等在首尔国立大学的四级低速大尺寸压气机上开展了实验,旨在研究主流对带冠静叶容腔非定常流动的影响[19]。实验通过使用一根 45°倾斜热线探针来获得第三级静叶上下游容腔内的三维速度矢量,对应于容腔内的流场结构测量位置及测量方案如图 4 - 17(a)所示。研究分析了带冠静叶容腔内流动的非定常性,由第二级静叶和第三级转叶尾迹叠加产生的间歇性径向运动抑制了来自第三级静叶压力面的气流吸入,并在第三级静叶的上游容腔内形成进出气流对涡。此外,第三级静叶下游轮毂侧速度的变化改变了第三级静叶下游容腔内再循环的位置。实验测得的静子下游容腔内速度及二次流分布如图 4 - 17(b)所示。

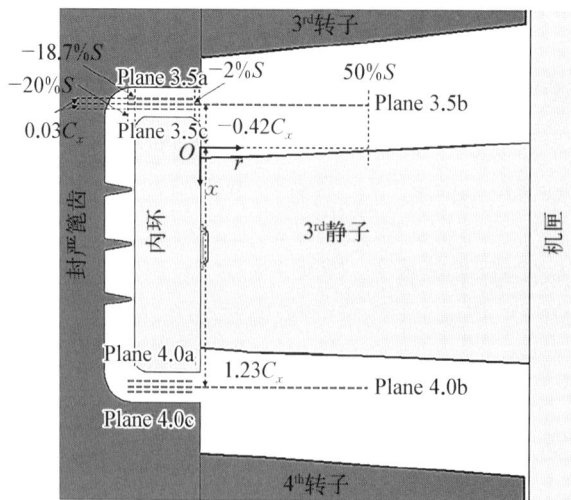

(a)

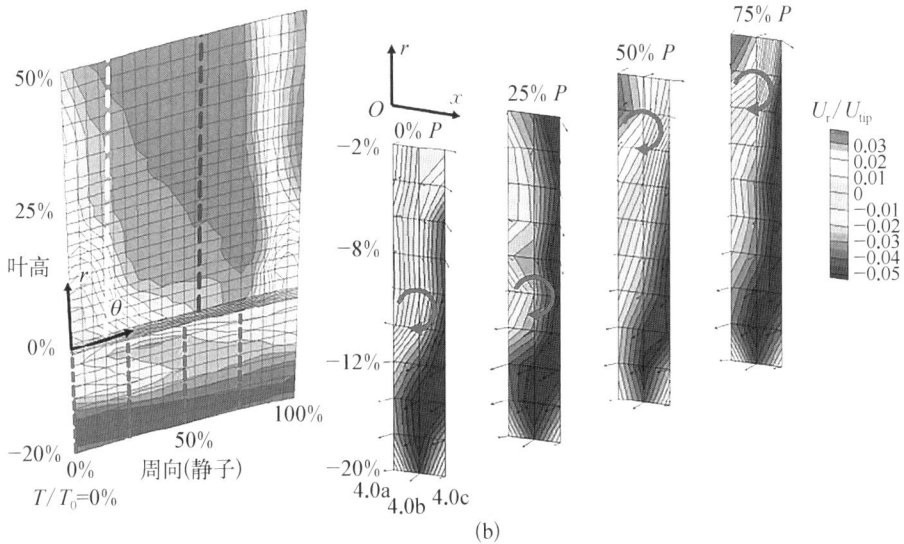

图 4-17　四级低速大尺寸压气机中对带冠静叶篦齿容腔流场的实验研究[19]（见附页彩图）

(a) 实验测量位置方案；(b) 静子下游容腔内速度及二次流分布[19]

4.2.2　相关数值模拟研究

近年来，研究人员针对带冠静叶篦齿容腔的泄漏流动结构和机理已经开展了一些相关的数值模拟研究。针对带篦齿容腔的某 1.5 级压气机中的数值模拟研究[20]表明，低动能的容腔泄漏流被来自静叶上游的主流带走，增加了静叶近轮毂的堵塞，静叶近轮毂的堵塞改变了静叶的出口流量条件，从而改变了下游转子的进口流量。容腔内与主流交界面处存在涡结构，这个涡结构随着间隙的增加而变化，决定着泄漏流从容腔内的流入和流出，如图 4-18 所示。普渡

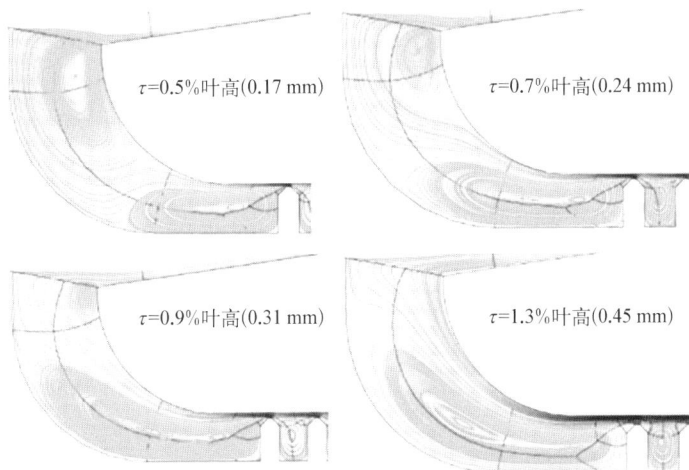

图 4-18　容腔出口涡结构随篦齿间隙变化[20]（见附页彩图）

大学三级轴流压气机中的数值模拟研究[11]也表明,在容腔进口至少存在一个对涡影响泄漏流的流道;泄漏流的总量也决定了涡结构的大小,封严间隙越大,涡的尺寸越小;在通过封严篦齿后,泄漏流先沿着静叶内环流动,之后过渡到转动轮毂。

　　上海交通大学商用航空发动机叶轮机械气动传热技术联合创新中心研究团队对某高压压气机后面级转、静叶进行了定常和非定常的数值模拟计算[21],计算域如图 4-19 所示。流动分析结果表明,封严腔外壁转动给泄漏流引入了周向分速度,静叶前缘根部的周向气流角增大,导致攻角变大,从而影响了根部流动。封严结构内流场非常复杂,非定常特性中以泄漏流、尾迹和角区分离为主,三种不同涡系结构的展向涡量场中,以泄漏流为主的涡系结构随时间的变化最明显,非定常性最强。Sohn 等[6]和 Kim 等[7]通过实验和数值模拟发现,部分上游容腔的高损失气流进入下游容腔,导致下游容腔处静子叶片通道内的损失减少。对简化的带冠静叶压气机静子级的实验和数值模拟指出,增加泄漏流的切向速度会削弱脱落涡、通道涡及吸力面角区分离,从而降低总损失。图 4-20 中展示了设计点工况下叶片通道上游容腔注入高损失流体的模拟流线。

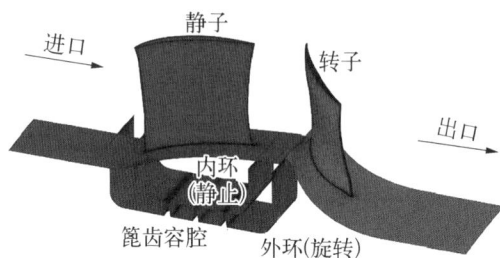

图 4-19　带冠静叶计算域[21](见附页彩图)　　　图 4-20　上游容腔高损失流体模拟流线[7]

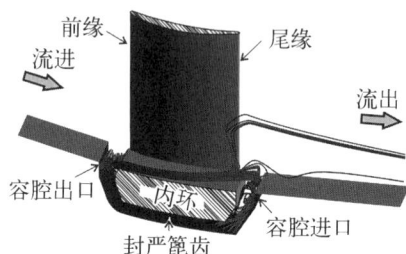

　　在针对带冠静叶篦齿容腔泄漏流动的数值模拟计算中,对篦齿封严腔进出口与主流交界面的选择没有定论,而这些边界条件的选取对计算结果影响较大。为此,上海交通大学商用航空发动机叶轮机械气动传热技术联合创新中心研究团队[22]构建了多种篦齿封严腔进出口交界面边界条件的计算模型,并考虑篦齿计算域不同转速对气动性能的影响,采用 NUMECA 软件,在四级低速大尺寸压气机的前 1.5 级中进行了定常数值模拟计算,并用实验测量数据对计算结果进行了验证。计算域的进口轴向位置与实验中 IGV 的进口位置相同,出口轴向位置在测量截面Ⅳ—Ⅳ后延长 1.5 倍弦长处,主流通道子午面结构如图 4-21(a)所示。主流通道内网格由 NUMECA AUTOGRID 制作,B2B 网格为 O4H 拓扑结构。篦齿封严腔内网格由 IGG 制作,采用 H 型拓扑结构。由于边界条件的要求不同,采用了两种计算域结构,如图 4-20(b)所示。各交界面边界条件的设置如表 4-1所示。

(a)

交接面A　　　　　　　　　　　　　　　　　　　　　　　交接面B

(b)

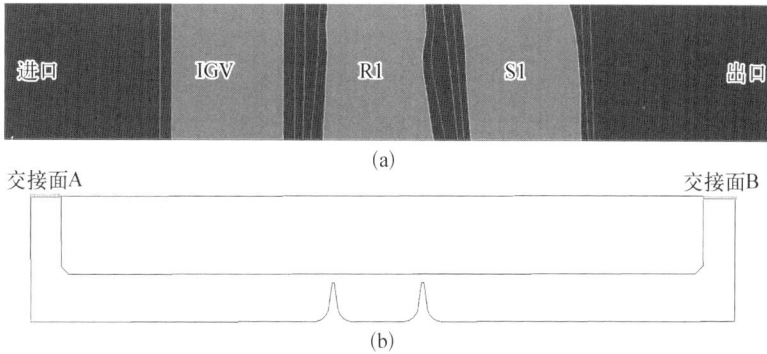

图 4 - 21　计算域子午面图[22]

(a) 主流通道子午面;(b) 封严结构子午面

表 4 - 1　不同计算模型的设置说明[22]

计 算 模 型	连 接 方 式	封严腔计算域旋转速度/(r/min)
Id(理想型)	/	/
CON	完全匹配	0
R/S	冻结转子/混合平面	900
FNM - S	完全非匹配	0
FNM - R	完全非匹配	900
R100 - R900	完全非匹配	100~900

图 4 - 22 中展示了 4 种交界面模型 CON、R/S、FNM - S 和 FNM - R 在轮毂表面和 S1 吸力面叶根表面的极限流线,以及低于 1.016 无量纲化总压的低压区。从图中可以看到,对于 CON、R/S 和 FNM - S 模型而言,从 S1 叶根吸力面和压力面来的流动分离线在 S1 通道内交汇,随后流出 S1 出口,并未在通道内形成较大堵塞,相对应的低压区面积较小;而对于 FNM - R 模型而言,来自压力面的流线在通道内被压到吸力面,在 S1 通道内形成了较大的堵塞区域,使得低压区在 S1 吸力面迅速增大。这个现象在近失速点尤为明显,在 S1 叶根吸力面可以清楚地看到流动分离涡结构。通过与实验数据的对比验证发现,FNM - R 模型较好地预测了 S1 近轮毂处的流动分离,而 CON、R/S 和 FNM - S 低估了由篦齿封严腔泄漏流带来的损失,其气动性能表现得更接近 Id 理想型。

上述的 FNM - S 和 FNM - R 的唯一区别,仅在于篦齿封严腔计算域是否旋转。因此,接下来讨论篦齿封严腔计算域的旋转速度对 CFD 计算结果的影响。图 4 - 23 和图 4 - 24 中分别展示了设计点和近失速点工况下无量纲化总压和出口气流角分布随篦齿封严腔计算域转速的变化情况。由两图可见,转速增高,低压区不断扩大,意味着总压的损失增大,同时切向倒流的尾迹也不断增大,这个规律在近失速点比在设计点更加明显。

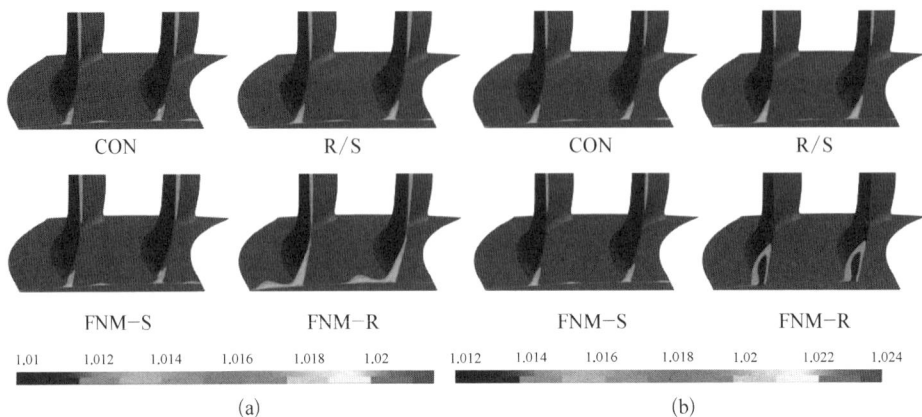

图 4 - 22　设计点和近失速点极限流线分布[22]（见附页彩图）
（a）设计点；（b）近失速点

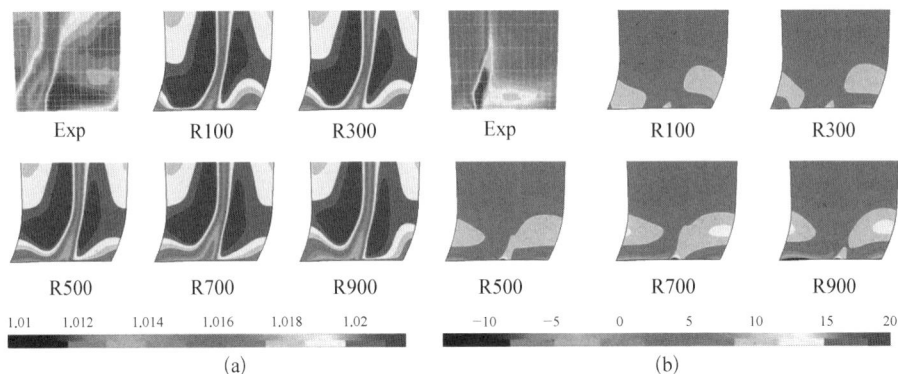

图 4 - 23　设计点工况下无量纲化总压和出口气流角的二维分布[22]（见附页彩图）
（a）无量纲化总压；（b）绝对气流角

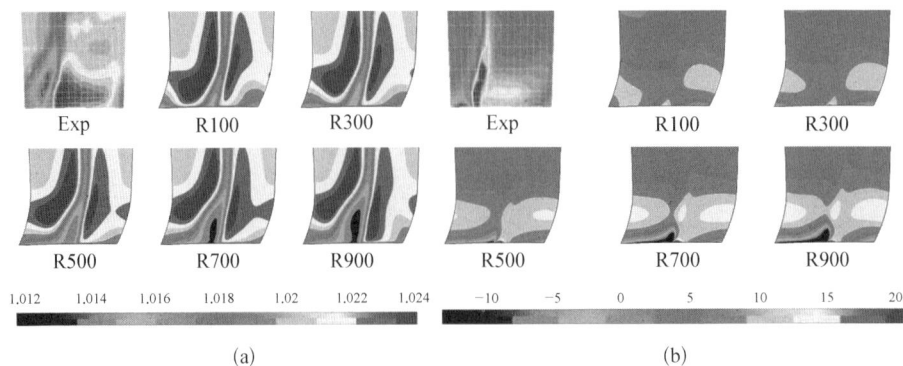

图 4 - 24　近失速点工况下无量纲化总压和出口气流角的二维分布[22]（见附页彩图）
（a）无量纲化总压；（b）绝对气流角

4.3　带冠静叶泄漏流动被动控制

带冠静子叶根径向间隙泄漏流在叶栅及多级环境下对压气机的损失和效率以及气动稳定性均存在不同的影响,容腔泄漏流与主流之间也存在着复杂的流动干涉,但对容腔结构的合理设计仍然具有降低对性能的影响甚至改善流动的潜力。为了进一步提高带冠静叶的气动性能,需要对带冠静叶的泄漏流进行流动控制。总的来看,相关被动控制研究主要集中在两个方面:① 对篦齿容腔的进出口几何结构进行改进;② 对篦齿容腔的形状进行优化。两者的目的都是削弱泄漏流的负面影响,进而减小泄漏流与主流的掺混损失,改善流场。下面将对这两种方法分别进行论述。

4.3.1　篦齿容腔进出口几何结构改进

一些研究通过改进篦齿封严容腔进出口处的几何结构来对流动进行控制。禄埜在某多级轴流压气机中发现,考虑静叶容腔会使得压气机的整体效率下降 0.28%,相对流量减少 0.29%[23]。为此,针对容腔泄漏流的流动特性,禄埜提出了一种容腔出口切削角的处理方法,并优化了切削角,最终得到最佳切削角度为 25°,使压气机效率提高 0.45%,流量增加 0.21%,优化结构如图 4-25 所示。陈雷通过对某三级压气机数值模拟,采用与禄埜类似的容腔出口结构优化方案,对容腔出口进行倒圆处理,如图 4-26 所示,结果发现该处理方式并未改善泄漏流的影响,反而加重了压气机性能的恶化[24]。分析表明,由于倒圆处理的导流作用,低能的泄漏流体可以更加顺利地流入叶片通道的后半段,从而使出口参数恶化严重,影响下级叶片性能。从改善出口气流切向速度的角度出发,他提出在出口增加导流叶片的方案,使出口气流角更沿着切线方向,该方案使压气机效率有了较大的提升。张衍[25]也对上游容腔出口进行了倒圆的处理(见图 4-26),他发现倒圆开口方向与流向一致将加剧流动分离,开口方向与流向相反则能在一定程度上改善流动性能,印证了陈雷[24]的结论,并在此基础上提出了一种上游出口肋板的处理方案,同样具有显著降低总压损失的作用。

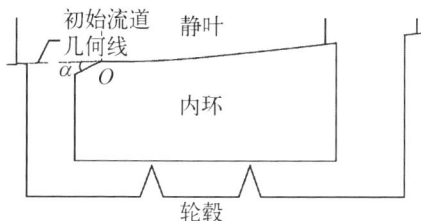

图 4-25　容腔出口切削角优化结构[23]　　　图 4-26　容腔出口不同的倒圆与肋板方案[24]

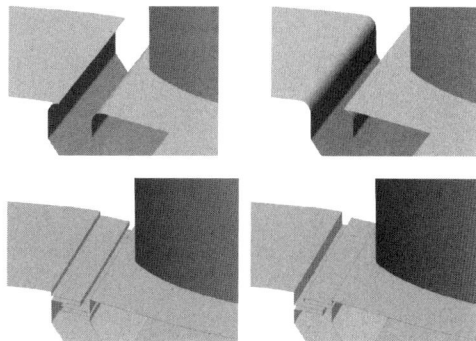

王广[26]则依据 Coanda 效应,提出一种容腔进出口结构,如图 4-27 所示。这种结构减小了泄漏流与主流掺混的角度,增大了气流的轴向速度和径向速度,削弱了泄漏流对主流的干扰,数值模拟计算结果显示,在 5°、10°、20°三种级间出口气流角结构下,压气机的效率最大提升分别达到了 0.68%、0.63%、0.62%,证明了这种结构的有效性。

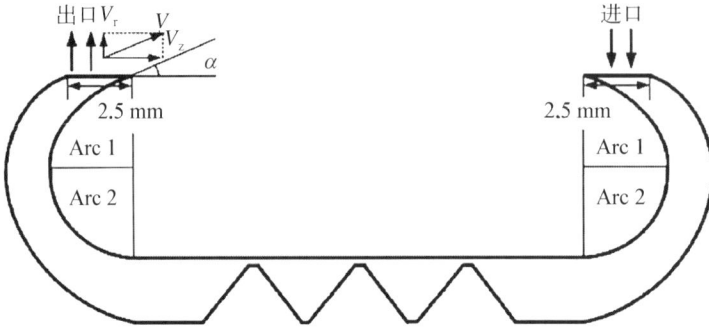

图 4-27 Coanda 效应容腔结构[26]

此外,Schrapp 等[27]提出了一种新型容腔结构设想,这种新结构的设想是略微提高容腔上方静叶的轮毂,从而使带冠静叶上游容腔出口因台阶降速,最终提高局部静压,如图 4-28 中 S1 中轮毂“突起冠(bump shroud)”所示。容腔下游由于气动台阶的存在改变了流线结构,进而降低了局部静压。因此,带冠静叶前后压差降低,泄漏流量减少。研究表明,虽然随着篦齿间隙的增加,压气机的效率和压比不可避免地降低,但是使用“突起冠”的结构,会有效地降低两者随间隙变化的敏感性。在小篦齿间隙下,“突起冠”的性能表现与普通带冠静叶的接近;但是在设计间隙下,“突起冠”的性能表现更好。因此,如果压气机使用提高轮毂线的设计,效率和压比随篦齿间隙变化的敏感性更低,这将是一种稳健性更好的设计。相同的规律在近失速点下也能观察到,分析五孔探针的实验测量结果可知效率提高的原因是,“突起冠”的使用显著降低了第 1 排静叶的损失,如图 4-29 所示。这主要

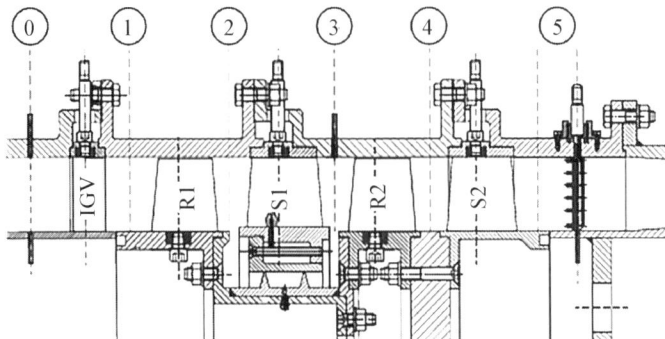

图 4-28 2.5 级压气机结构及 S1 中轮毂“突起冠”几何结构[27]

是由于容腔泄漏流流量的减少,以及静叶通道内轮毂泄漏流的减少引起的。通过对有无提高轮毂的损失比较可以看到,由于近轮毂边界层流体向静叶吸力面的迁移减少,近轮毂的损失及静叶吸力面附近的损失都有所减少。

4.3.2　篦齿容腔形状优化

目前,对将篦齿容腔的几何形状参数化然后再进行优化以削弱泄漏流负面影响的研究较少。上海交通大学商用航空发动机叶轮机械气动传热技术联合创新中心研究团队以合理组织容腔内部流动为目的,对容腔的不同位置的几何形状都进行了参数化优化的尝试,并开展了数值模拟的机理分析以及部分优化结果的实验研究。其中,对容腔上端壁几何形状进行多目标设计优化后完成了四级低速大尺寸压气机的实验验证,测试结果表明容腔优化型能够提高设计点的效率,且在近失速点工况依然具有较好的流动控制效果。优化前后的容腔造型、总压分布及内部流动情况如图 4-30 所示。

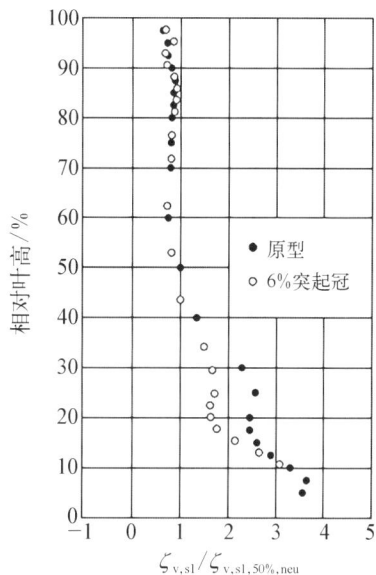

图 4-29　"突起冠"及原型损失分布对比[27]

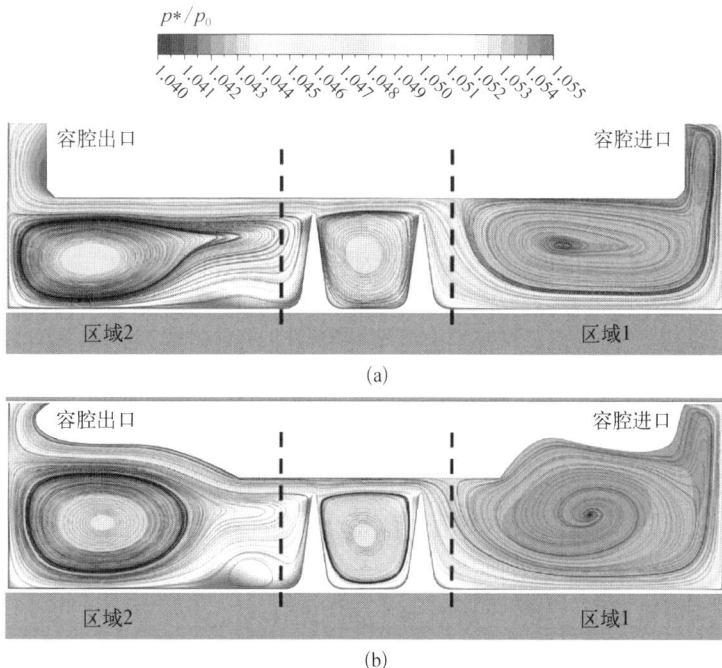

(a)

(b)

图 4-30　原型与优化型容腔造型、总压分布及内部流动情况(见附页彩图)
(a)原型篦齿容腔几何;(b)优化型篦齿容腔几何

图 4-31 展示了 1.93 mm 篦齿间隙下原型与优化型的容腔出口处产生的泄漏流轨迹与不同轴向截面处的总压损失云图。图中的轴向截面分别位于 10%、20%、30%、50%、70% 和 90% 轴向弦长处。如图所示,对于原型,泄漏流在叶片后通道向吸力侧流动,形成角区分离,存在高总压损失区;对于优化型,泄漏流在叶片通道内均匀流动,角区分离减弱,轴向切割面上的总压损失减小,低能流体的量也相应减少。从以上结果可以总结出一条工程设计准则,即容腔的设计应使泄漏流的速度分量与静叶的主流适当匹配,使泄漏流在叶片通道内均匀流动,而不是向吸力侧聚集;这样可以达到减少低能流体、避免角区分离最终降低损失的目的。

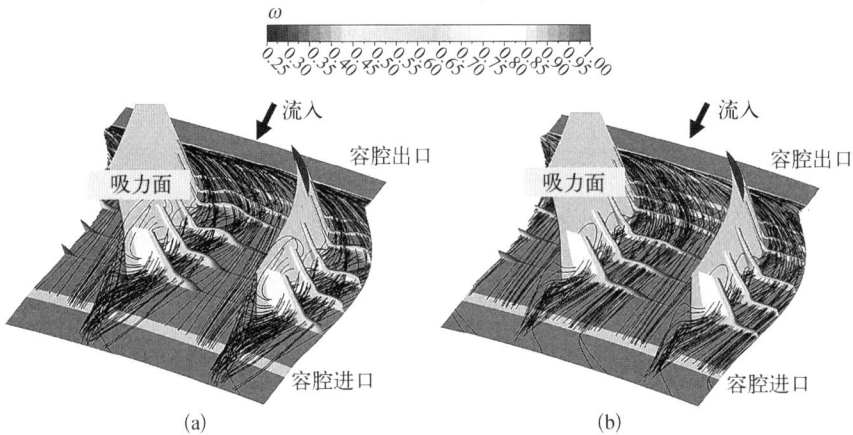

图 4-31　泄漏流轨迹与轴向截面上的总压损失云图(见附页彩图)
(a) 原型;(b) 优化型

该研究团队采用相似的研究方法对带冠静叶封严容腔的篦齿几何也进行了多目标优化设计研究[28]。研究对象还是该四级低速大尺寸压气机 LSRC 中的第三级带冠静叶,篦齿的最优几何形状与原型的对比如图 4-32 所示。

图中有两种优化结果(OPT1 和 OPT2),数值模拟的结果表明这两种不同的篦齿几何形状均能满足优化需求。其存在共同的特征,即篦齿倾角均在 77° 左右,且两个篦齿间距较大,均分布在容腔进出口附近,但两种优化结果的篦齿高度有显著差别。两种优化型在 20% 叶高以下总压损失系数都降低了 9.18%,出口压力系数提高了 1.76%。对于两种最优结果,泄漏流都更靠近静子的压力侧,泄漏流在叶片通道后部沿径向爬升;泄漏流轨迹与轴向截面上的总压损失云图详见图 4-33。

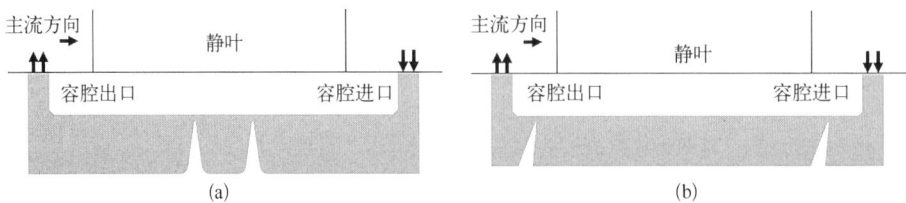

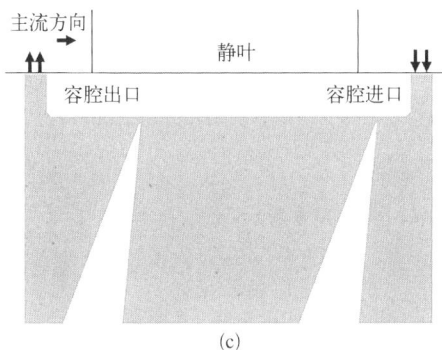

图 4 - 32　原型与优化型篦齿容腔几何形状对比[28]
(a) 原型;(b) OPT1;(c) OPT2

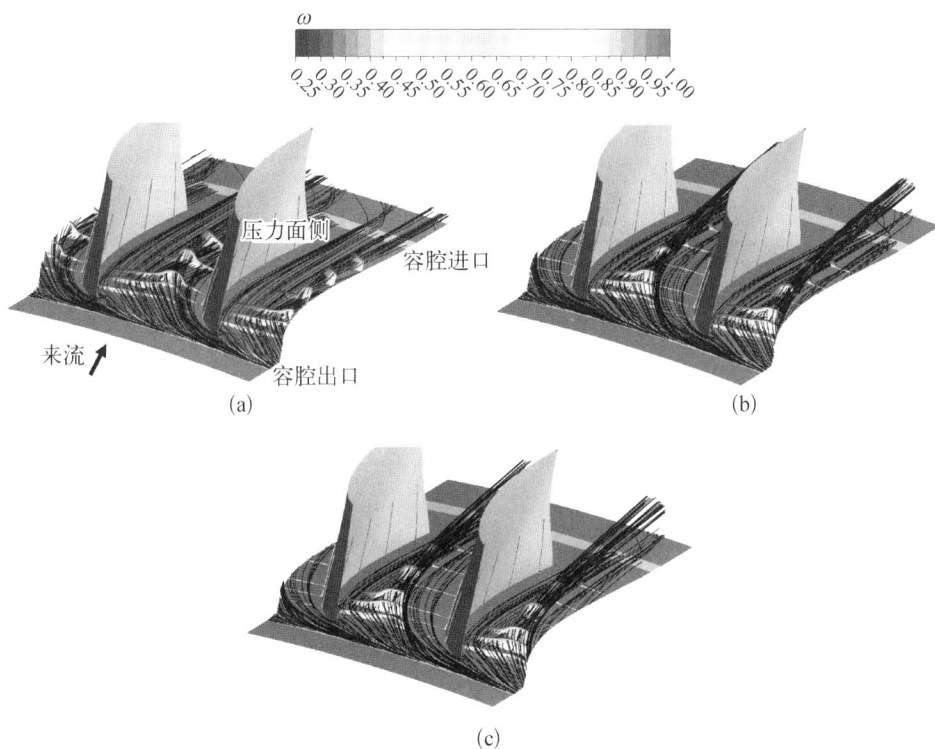

图 4 - 33　泄漏流轨迹与轴向截面上的总压损失云图[28]（见附页彩图）
(a) 原型;(b) OPT1;(c) OPT2

4.4　本章小结

　　本章主要介绍了航空压气机中带冠静子叶根径向间隙泄漏流的一些研究成果,包括带冠静子叶根径向间隙泄漏流对压气机气动性能的影响,带冠静叶间隙泄漏流动的结构与机理,以及带冠静叶泄漏流动的两种被动控制方法。首先,针对带冠静子叶根径向间隙泄漏流对压气机气动性能的影响,分别从对损失和效率以及对气动稳定性影响这两个方面进行了论述;由于叶根泄漏流与主流、静子叶片表面和轮毂端壁上的附面层等各种二次流相互掺混,所以流动情况非常复杂,对不同的压气机级的气动性能、稳定性以及多级匹配影响是不同的。其次,针对带冠静叶间隙泄漏流动结构与机理研究,从相关实验和数值模拟两个方面来进行论述;可以看出由于难度大所以实验测试研究相对较少,而利用数值模拟研究可以获得更多的流场细节,但是边界条件等参数的选取会对结果影响较大。最后,介绍了带冠静叶泄漏流动的两种被动控制方法的相关研究,包括篦齿容腔进出口几何结构改进和形状优化;同样,篦齿容腔进出口几何形状改进并没有统一的规律可循,因为这强烈依赖于所研究对象的主流流场情况,而篦齿容腔形状优化由于是一种参数化的多目标优化方法,可以针对具体的主流流场获得最佳性能的最优几何解,本章也提出了该优化研究得出的一个工程设计准则。

参 考 文 献

[1] Wellborn S R, Okiishi T H. Effects of shrouded stator cavity flows on multistage axial compressor aerodynamic performance: NASA - CR - 198536[R]. NASA, 1996.

[2] Wellborn S R, Okiishi T H. The influence of shrouded stator cavity flows on multistage compressor performance[J]. Journal of Turbomachinery, 1999, 121(3): 486 - 497.

[3] Deng H, Xia K, Teng J, et al. Loss analysis of cavity leakage flow in a compressor cascade [J]. Journal of Turbomachinery, 2022, 144(12): 121008.

[4] Demargne A a. J, Longley J P. The aerodynamic interaction of stator shroud leakage and mainstream flows in compressors[C]//ASME Turbo Expo 2000: Power for Land, Sea, and Air. American Society of Mechanical Engineers Digital Collection, 2000.

[5] Lei V M, Spakovszky Z S, Greitzer E M. A criterion for axial compressor hub-corner stall [J]. Journal of Turbomachinery, 2008, 130(3): 031006.

[6] Sohn D W, Kim T, Song S J. Influence of the leakage flow tangential velocity on the loss generation and leakage flow kinematics in shrouded axial compressor cascades[C]//ASME Turbo Expo 2006: Power for Land, Sea, and Air. American Society of Mechanical Engineers Digital Collection, 2006: 389 - 397.

[7] Kim J W, Song S J, Kim T. Streamwise evolution of loss in a shrouded axial compressor cascade passage[J]. Journal of Propulsion and Power, 2011, 27(4): 884 - 889.

[8] Kato D, Yamagami M, Tsuchiya N, et al. The influence of shrouded stator cavity flows on the aerodynamic performance of a high-speed multistage axial-flow compressor[C]//ASME 2011 Turbo Expo: Turbine Technical Conference and Exposition. American Society of Mechanical Engineers Digital Collection, 2011: 297 - 307.

[9] Kim S, Kim K, Son C. Three-dimensional unsteady simulation of a multistage axial compressor with labyrinth seals and its effects on overall performance and flow

characteristics[J]. Aerospace Science and Technology，2019，86(2019)：683 - 693.

[10] De Dominicis I，Robens S，Wolfrum N，et al. Interacting effects in a multistage axial compressor using shrouded and cantilevered stators[J]. Journal of Propulsion and Power，2021，37(4)：615 - 624.

[11] Kamdar N，Lou F，Key N L. Details of shrouded stator hub cavity flow in a multistage axial compressor part 2：leakage flow characteristics in stator wells[J]. Journal of Engineering for Gas Turbines and Power，2021，144(1)：011027.

[12] Shao R，He X，Zhu M，et al. Characterizing shrouded stator cavity flow on the performance of a single-stage axial transonic compressor[J]. Journal of Turbomachinery，2023，145 (11)：111004.

[13] 夏天，程荣辉，陈仰军.轴流压气机静子容腔对性能影响的全三维数值模拟[J].燃气涡轮试验与研究，2011，24(3)：16 - 19.

[14] 陈美宁，谢伟亮，王红涛.静子容腔泄漏对某压气机性能影响的数值研究[J].航空动力学报，2014，29(11)：2543 - 2549.

[15] Zhu M，Teng J，Qiang X，et al. Impact of hub gap leakage on stator endwall flow in an axial compressor stage with casing treatment[J]. Aerospace Science and Technology，2019，94 (2019)：105399.

[16] Kong X，Liu G，Liu Y，et al. Experimental testing for the influences of rotation and tip clearance on the labyrinth seal in a compressor stator well[J]. Aerospace Science and Technology，2017，71(2017)：556 - 567.

[17] Wellborn S R，Tolchinsky I，Okiishi T H. Modeling shrouded stator cavity flows in axial-flow compressors[C]//ASME 1999 International Gas Turbine and Aeroengine Congress and Exhibition. American Society of Mechanical Engineers Digital Collection，1999.

[18] Wellborn S R. Details of axial-compressor shrouded stator cavity flows[C]//ASME Turbo Expo 2001：Power for Land，Sea，and Air. American Society of Mechanical Engineers Digital Collection，2001.

[19] Lee J，Lim S，Shin H W，et al. Unsteady kinematics of multistage axial compressor shrouded cavity flow[C]//Proceedings of Global Power and Propulsion Society. Chania，Greek：Proceedings of Global Power and Propulsion Society，2020.

[20] Mahmood S M H，Turner M G. Modeling capability for cavity flows in an axial compressor [C]//ASME Turbo Expo 2017：Turbomachinery Technical Conference and Exposition. American Society of Mechanical Engineers Digital Collection，2017.

[21] Si X，Teng J，Qiang X，et al. Different effects of cantilevered and shrouded stators on axial compressor performance [C]//ASME Turbo Expo 2017：Turbomachinery Technical Conference and Exposition. American Society of Mechanical Engineers Digital Collection，2017.

[22] Shao R，Zhu M，Teng J，et al. The influence of shrouded stator cavity boundary conditions on performance of a 1. 5-stage low-speed research compressor[C]//ASME Turbo Expo 2022：Turbomachinery Technical Conference and Exposition. American Society of Mechanical Engineers Digital Collection，2022.

[23] 禄塑.轴流压气机静叶气封间隙流的研究和流道优化[D].北京：清华大学，2008.

[24] 陈雷.压气机静子叶根间隙泄漏特性研究[D].南京：南京航空航天大学，2010.

[25] 张衍.平面扩压叶栅叶根容腔泄漏特性研究[D].南京：南京航空航天大学,2019.

[26] 王广,楚武利.级间进出口几何角度对压气机气动性能和封严效果的影响[J].推进技术,2020,41(5)：1063－1071.

[27] Schrapp H，Dodegge A，Gümmer V，et al. Reducing compressor shroud leakage flows by raising the stator hub line：low speed tests[C]//ASME Turbo Expo 2019：Turbomachinery Technical Conference and Exposition. American Society of Mechanical Engineers Digital Collection，2019.

[28] Zheng B，Shao R，Yan Z，et al. Multi-objective optimization design of labyrinth seal of shrouded stator cavity in a low-speed research compressor[J]. Aerospace System，2024.

第 5 章　悬臂静子叶根径向
间隙泄漏流

　　本章针对航空压气机中悬臂静子叶根径向间隙泄漏流动现象,在第 1 章的基础上介绍了最新研究成果,并进行了更加全面以及最新研究成果的详述。首先介绍了悬臂静叶泄漏流对压气机气动性能的影响,接着从相关实验和端壁运动效应的影响两方面讲解了悬臂静叶间隙泄漏流动的结构与机理,最后提出了悬臂静叶泄漏流动的 4 种被动控制方法。

5.1　悬臂静叶泄漏流对性能的影响

5.1.1　相关实验研究

　　1987 年,剑桥大学惠特尔实验室的 Dong 等首先在一台低速高反力度单级轴流压气机上针对静叶有无间隙情况进行了实验研究[1]。在最大效率点附近,当采用无间隙静叶时,静叶叶尖和轮毂两端的吸力侧都存在角区分离,并且轮毂处的角区分离更加严重;吸力侧的角区分离和二次流是造成下游高损失的主要原因。当在静叶根部引入间隙后,轮毂处的角区分离和损失显著减小。这种效应被认为是由轮毂泄漏流造成的:压力侧向吸力侧运动的泄漏流增加了吸力侧角区低能流体的能量,从而延迟了叶片分离流动,提高了压气机效率。随后,McDougall 在该压气机中测量了不同转叶和静叶间隙情况下的近失速特性,发现两者的性能在小间隙均有所提升,静叶间隙虽然显著改变了通道内流动,但与转子间隙相比,其对压升和失速流量的影响却并不明显(见图 5 - 1)[2]。

　　研究人员在叶栅环境以及多级环境下针对悬臂静叶泄漏流对气动性能及流场的影响开展了大量研究。在叶栅环境中,便于对工况及间隙大小进行调整,从而研究不同条件下悬臂静叶泄漏流的作用机制。在一台以高压压气机后面级静叶叶型为基础的平面叶栅中,研究人员详细测量了不同工况和不同间隙下的泄漏流特性[3]。在设计工况下,小间隙(0.2%叶高)会加剧无间隙叶栅原有的角区分离结构,当间隙进一步增大时,角区分离消失并形成泄漏涡结构[见图 5 - 2(a)]。叶栅总损

图 5-1 静叶表面油流[2]
(a) 无间隙;(b) 有间隙

失随间隙增大呈现先增大后减小再增大的趋势,角区分离的消除有助于提高间隙侧气流折转能力。在角区失速工况下,间隙的引入可以削弱并移除间隙侧角区失速结构,从而使叶栅总损失下降,并在 0.5% 叶高间隙时达到最小值,同时间隙侧气流折转能力得到增强。在间隙变化过程中,两侧端区流动结构产生相互影响[见图 5-2 (b)]。而在大负攻角工况下,不同间隙叶栅都存在前缘分离涡结构,间隙增大可以使叶栅总损失近似线性减小,并使间隙侧气流折转能力略微提升[见图 5-2(c)]。

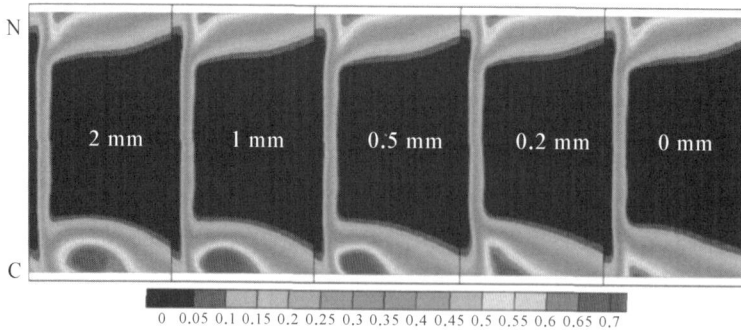

(a)

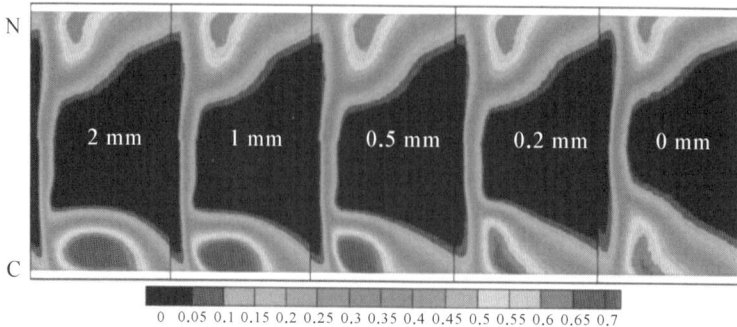

(b)

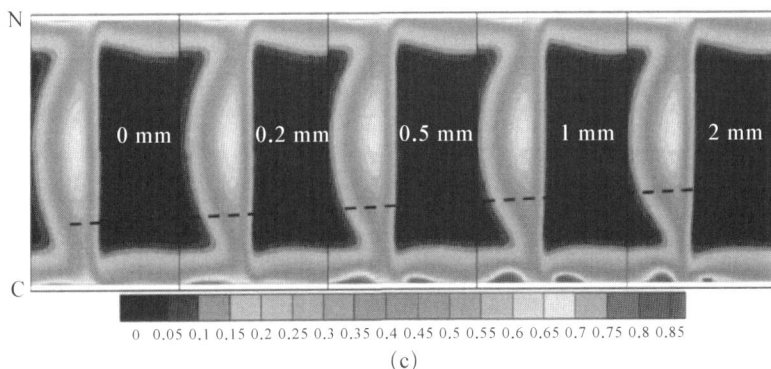

N—无间隙侧端壁(no clearance);C—间隙侧端壁(clearance)。

图 5-2　不同工况及悬臂叶根间隙下平面叶栅出口总压损失云图[3]（见附页彩图）

(a) 设计工况;(b) 角区失速工况;(c) 大负攻角工况

　　环形叶栅实验结果[4]同样表明,在不同工况下,悬臂静叶必然呈现出不同的泄漏流动及损失分布。图 5-3 所示为出口总压损失分布,在所有攻角下,都能观察到叶片尾迹和轮毂处泄漏流的高总压损失区域。在负荷较低时(叶片中部位置处的攻角 $i_M=0°$ 和 $i_M=4°$),由于存在泄漏涡,高损失区域近似呈椭圆形;随着负荷增加($i_M=7.9°$ 和 $i_M=9.8°$),高损失区域增大,几乎扩展到整个下半通道,并且由于泄漏涡破碎,没有清晰的旋涡结构,高损失区更加复杂,存在多个峰值。

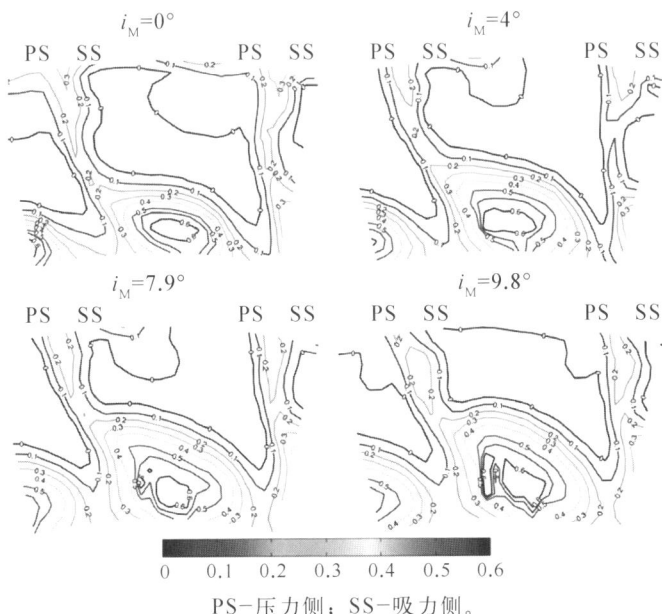

PS-压力侧;SS-吸力侧。

图 5-3　不同工况下环形悬臂叶栅出口总压损失分布[4]（见附页彩图）

在轴流压气机中,由于转、静坐标系的变化,不可避免地会产生倾斜边界层,这会对近端壁的流动产生显著影响,并同样影响着悬臂静叶的作用。2021 年,德累斯顿工业大学的 Koppe 等[5]采用实验和数值模拟相结合的方法,研究了轮毂倾斜边界层对压气机静叶的影响。在没有间隙的情况下,倾斜边界层能够抑制轮毂附近的横向流动,从而显著减小静叶吸力面的分离流动,进而降低损失。对于悬臂静叶,倾斜边界层将会使得泄漏涡的轨迹远离叶片吸力面,并且随着间隙增加,泄漏涡距离吸力面更远(见图 5-4)。这一方面是因为倾斜边界层增加了叶尖附近的负荷,另一方面是因为削弱了与泄漏涡相反的通道涡的强度。此外,由于倾斜边界层的影响主要局限在轮毂附近,因此其减小的损失随着间隙增加而减小。

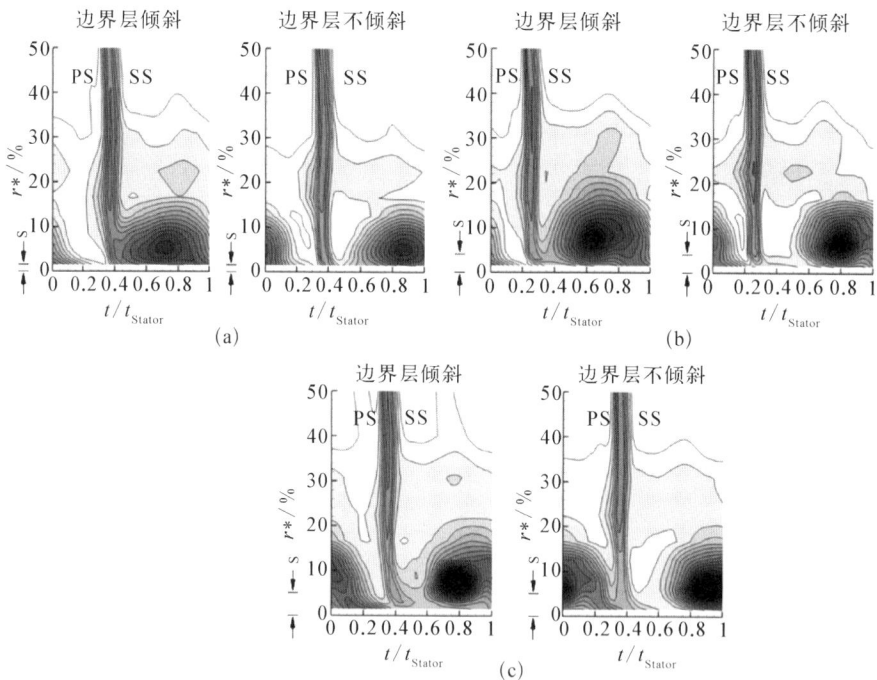

图 5-4 不同间隙条件下有无边界层倾斜的总压损失分布[5]

(a) 轮毂间隙/弦长＝2.0％;(b) 轮毂间隙/弦长＝5.4％;(c) 轮毂间隙/弦长＝6.7％

5.1.2 相关数值模拟研究

研究人员也采用数值模拟的手段在不同工作环境及工况条件下对悬臂静叶的性能及流动影响开展了大量研究。

2010 年 Lee 等对一台工业用的 10 级轴流压气机进行了数值模拟[6]。结果表明,当压气机静叶按照实际结构在轮毂处带有间隙(10 级静叶的间隙与弦长比为 0.4％～1.17％)时,带有间隙的静叶能够消除没有间隙时出现的轮毂角区失速,根部损失更小,压气机的效率有所提高,与不带间隙的计算结果相比,与实验曲线更加吻合。

2013 年 Sakulkaew 等[7]研究指出,悬臂静叶的轮毂间隙与转子叶尖间隙类似,在间隙增大的过程中,存在着效率最高的最优间隙值,这由增加的泄漏流损失与减少的端区掺混损失平衡而得到;压气机性能随间隙变化的敏感性与叶片的加载方式有关。

上海交通大学商用航空发动机叶轮机械气动传热技术联合创新中心研究团队[8]通过数值模拟方法探究了大范围间隙变化下多级压气机后面级悬臂静叶的性能变化。图 5 - 5 所示为悬臂静叶间隙中间截面处的流线,以对比不同间隙的悬臂静叶模型的泄漏流结构;图中还展示了该截面的熵分布;图中的虚线表示主流和泄漏流的相交。由图可见,在前半部分,虚线将主流和流线 I 分隔开。而大间隙情况下的流线 II 于靠后位置与流线 I 掺混,使虚线出现明显的拐点,如图 5 - 5(c)、(d)所示。同时,在流线 I、流线 II 和主流相互掺混的地方观察到了高熵区的存在。泄漏涡的发展轨迹与流线 I 一致。当轮毂间隙增大时,泄漏涡的发展趋势更加靠近吸力面,特别是在通道的前半段,其与吸力面的夹角更小。这意味着当轮毂间隙增加时,泄漏涡更快地向下游方向发展。相比之下,流线 II 的发展趋势与吸力面的夹角变化相反。随着间隙增大,二次泄漏流或多次泄漏流具有更强的二次流动特性,速度方向相对于轴向的夹角更大。点 A 是虚线和叶片压力面的相交点。当静叶的间隙为

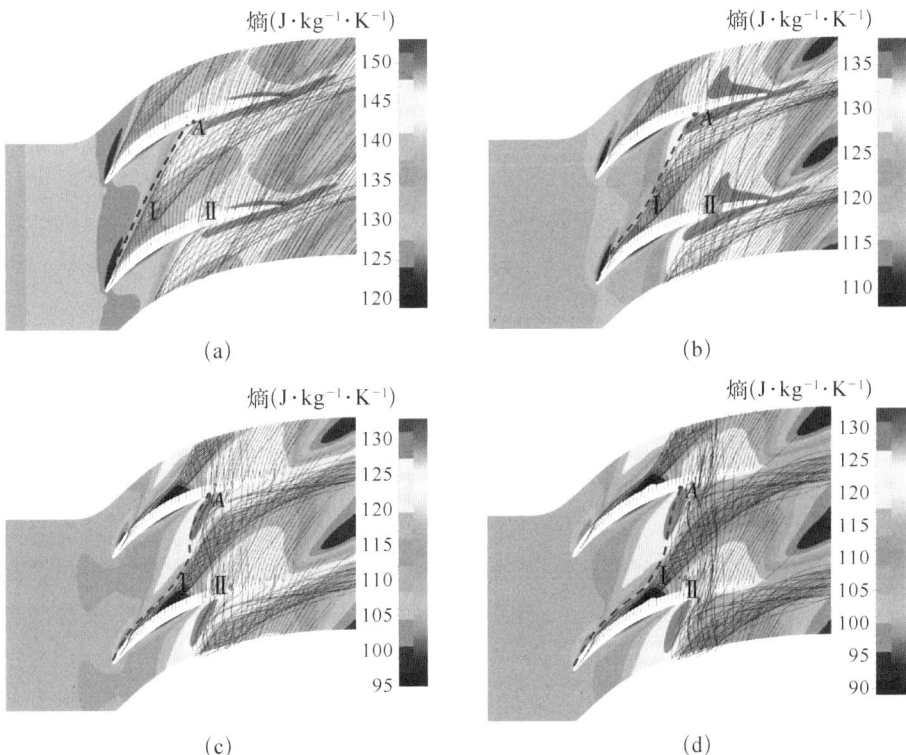

图 5 - 5　悬臂静叶间隙中间截面的熵分布以及泄漏流三维流线[8](见附页彩图)

(a) 1%CS;(b) 2.5%CS;(c) 4%CS;(d) 5%CS

叶高的 1%、2.5%、4% 和 5% 时,点 A 的位置分别为轴向弦的 51.27%、55.63%、56.84% 和 57.74% 处。因此,当轮毂间隙增大时,双重泄漏流或多次泄漏流的起始位置后移,这是因为间隙增大后泄漏涡更快地向下游发展。

图 5-6 所示为悬臂静叶根部的三维流线的总压分布。根部的总压在中间弦长附近位置急剧下降,这也是主流、流线 I 和 II 相互掺混的位置。在叶片通道的前部,由于泄漏涡产生更靠近吸力面,随着轮毂间隙增大,由泄漏流引起的低压区变小。在叶片通道的后半段,二次流更强,产生了更多的掺混损失,所以总压有明显的下降。

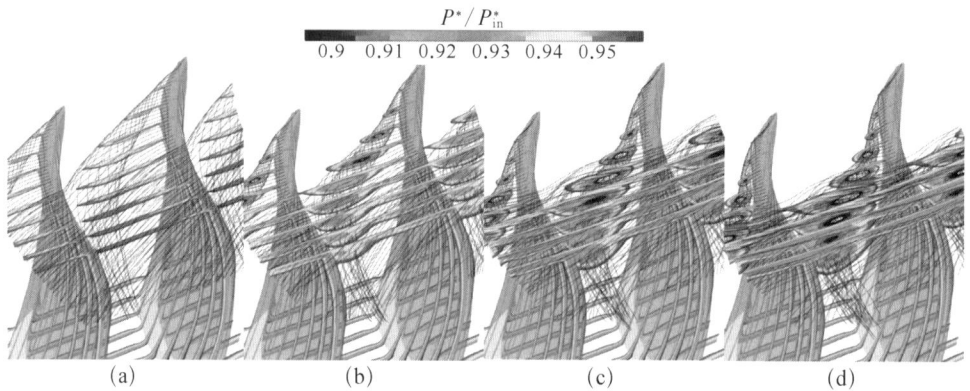

图 5-6　不同间隙条件下静叶通道内总压损失及流线分布[8](见附页彩图)
(a) 1%CS;(b) 2.5%CS;(c) 4%CS;(d) 5%CS(CS 为叶高)

此外,上述的研究还发现,悬臂静叶叶根间隙变化主要影响 25% 叶高以下的静叶性能,使该区域的损失显著增加,且出口气流角偏差最大值为 2.3°,这表明需要根据叶根间隙大小重新对静叶后的转子进行设计,以匹配相应的来流条件。

北京航空航天大学的安广丰等[9]则详细研究了轮毂旋转及间隙大小对低速轴流压气机悬臂静叶的性能影响。结果表明,随着端壁移动速度的增加或者在端壁移动情况下叶根间隙的减小,静子近轮毂区域的流动堵塞/流动损失减小;叶尖角区分离增大,静子通道内沿展向的流量分配发生变化,但近叶尖区域的损失增加不明显;因此,静子总损失降低,静压升增大。端壁移动改变了端壁表面附面层内低能流体的迁移方向,即由指向吸力面改为指向压力面,因此角区分离/失速消失;相同叶根间隙情况下,端壁移动会增加泄漏流的流量,但由于二次流的消失以及端壁的刮削作用,泄漏流更早地到达相邻叶片压力面并发生二次泄漏,这部分流体没有参加与主流的掺混,因此不会引起额外的流动损失。

为了探究间隙形态对悬臂静叶的影响,北京航空航天大学的鹿哈男等[10]利用数值模拟研究了非均匀悬臂静叶间隙对轮毂泄漏流的影响,考虑的间隙形状包括叶片均匀、渐扩和渐缩的间隙。结果表明,与均匀间隙相比,渐扩间隙对减弱前缘附近泄漏流的作用更强,对泄漏涡的抑制效果也更好,从而实现了轮毂区域的气动效益的增加。但渐缩间隙对泄漏流的影响与之相反,导致其比均匀间隙产生更多的损失。图 5-7 表明,随着间隙扩张比的增加,静叶的整体气动损失减少。此外,他们对五级轴流压气机的悬臂静叶进行了优化设计[11],结果表明,具有弯掠特性的悬臂静叶在改善多级轴流压气机性能方面具有显著的潜力。随后,西北工业大学的张博涛等[12]利用数值模拟研究了非均匀间隙悬臂静叶的非定常特征,非定常分析表明,扩张间隙和收缩间隙并没有改变轮毂泄漏流的非定常波动特征频率,但扩张间隙弱化了流场的波动程度,而收缩间隙反而强化了流场的波动程度(见图 5-8)。

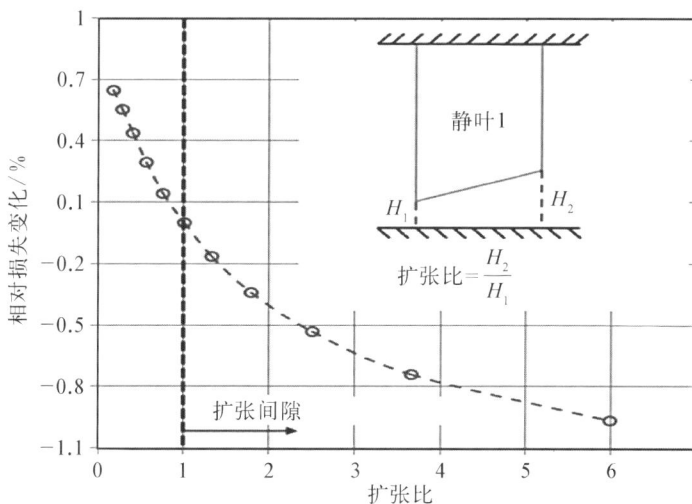

图 5-7　损失随轮毂间隙扩张比的变化趋势[10]

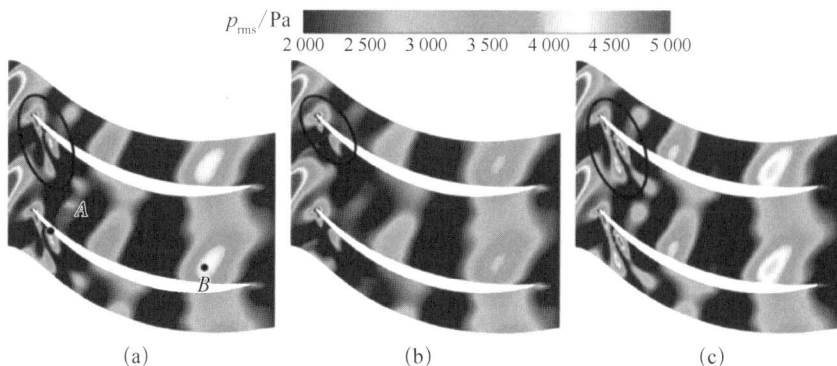

图 5-8　不同间隙结构下的静压均方根分布[12](见附页彩图)
(a) 均匀间隙;(b) 扩张间隙;(c) 收缩间隙

　　由以上研究可见,悬臂静叶间隙泄漏流对性能的影响规律与运行工况、间隙大小、来流条件、上下游环境等均有复杂的关联性。叶根泄漏流动在一定情况下具有吹除角区分离、降低该处损失的作用,但也会引起下游流动条件的显著变化;因此在分析悬臂静叶泄漏流对压气机气动性能的影响时,需考虑悬臂静叶自身的气动损失及其与下游转子叶片的气动匹配问题。

5.2　悬臂静叶泄漏流动结构与机理

5.2.1　相关实验研究

由于在静叶角区往往会出现角区分离甚至角区失速的流动现象,此时悬臂静叶泄漏流的流动结构会变得更加复杂。研究人员通过综合运用五孔探针、热线、压力传感器和油流等测试手段对静叶角区与叶根泄漏的复杂流动干涉结构进行解析。

2014年,Beselt等[4]在环形叶栅实验台上针对单排高负荷压气机CDA静叶细致地测量了悬臂静叶通道内的二次流结构,结果如图5-9所示。在小攻角(攻角为0°和攻角为4°)时,可以观察到马蹄涡和泄漏涡以及泄漏涡与通道涡的相互作用。随着负荷的增大(攻角为7.9°和攻角为9.8°),泄漏涡发生破碎,堵塞通道,导致气流与轮毂分离并且在通道内形成回流,并在下游产生新的旋涡。

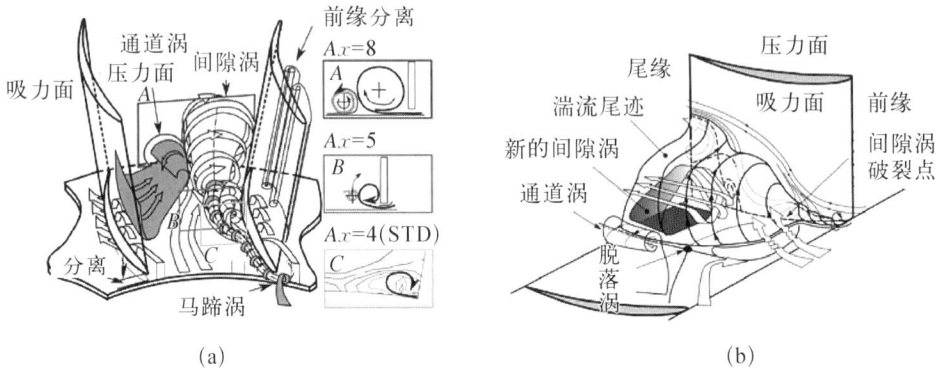

图5-9　环形悬臂叶栅通道内的二次流动结构示意图[4]

(a) 0°攻角;(b) 9.8°攻角

2019年,刘宝杰等[13]则在1.5级压气机中通过实验研究了变工况悬臂静叶内三维流动结构的演化。首先,无静叶轮毂间隙时,在小质量条件下轮毂发生角区失速。其次,当引入非常小的间隙时,泄漏流在大流量工况时趋向于加强轮毂角区分离,并且随着流量减小,促进了角区失速的发生,这主要是因为间隙内黏性效应导致泄漏流能量较低,间隙流与横向二次流相遇并混合产生了较大的流动损失。最后,当静叶轮毂间隙增大时,黏性效应的影响变得非常微弱,可以忽略,因此,增强的泄漏流可以抑制轮毂附近低能流体的横向迁移,大流量条件下的轮毂角区分离减弱,小流量条件下的轮毂角区失速消除或延迟。随着静叶轮毂间隙的变化,静叶通道内的流动结构可以归纳为5种典型的流动结构(见图5-10),这与压气机的性能密切相关。

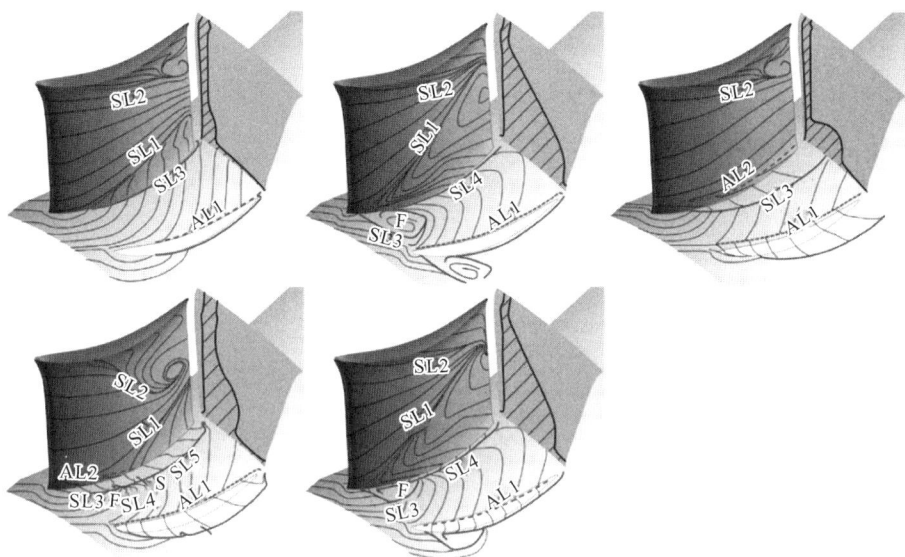

SL—分离线；AL—再附线；F—焦点；S—鞍点。

图 5-10　不同悬臂间隙下静叶通道流动拓扑结构[13]

(a) A 型；(b) B 型；(c) C 型；(d) D 型；(e) E 型

上述关于悬臂静叶的实验研究都采用了稳态测量的方式，有关悬臂静叶的非稳态测量还相对较少。Suryavamshi 等[14]通过实验测量了三级悬臂压气机的非定常流场，结果表明，静叶压力侧具有更厚的尾迹和更高的非定常性，轮毂区域的流场以静叶轮毂泄漏流为主，其与上游转子出口流动的相互作用导致该区域具有高度的非定常性，这表明轮毂泄漏涡是非定常的，并且同时具有周期性非定常性和随机非定常性。当转子通过静子通道时，静子机匣的角区分离流动以及静叶轮毂泄漏流都会发生显著的变化。

考虑到多级环境中悬臂泄漏流与上游尾迹相互作用的非定常现象，2013 年，Montomoli 等[15]对带有 CDA 叶型的悬臂静叶四级重复级压气机的实验结果进行了非定常数值模拟。研究发现，非定常模拟能够很好地再现实验中观测到的轮毂附近的总压损失，如图 5-11 所示。一方面，由于轮毂泄漏流能够改变转子尾迹方向，使其与主流更为接近，另一方面，转子尾迹对轮毂泄漏流的切割作用减小了多重泄漏效应，这两种非定常机制共同作用从而降低了静叶通道内的损失，如图 5-12 所示。同时，定常与非定常多通道的数值模拟分析对比表明，非定常计算能够重现定常计算中所没有的而实验却观测到的悬臂静叶轮毂附近出口的总压损失，实验研究时认为损失是由上游 IGV 的尾迹传播造成的，但非定常计算发现这是由来流转叶尾迹诱导的轮毂泄漏流的迁移造成的；已发现非定常计算在叶片计算中表现出更高的性能，且与转叶的尾迹恢复有关。

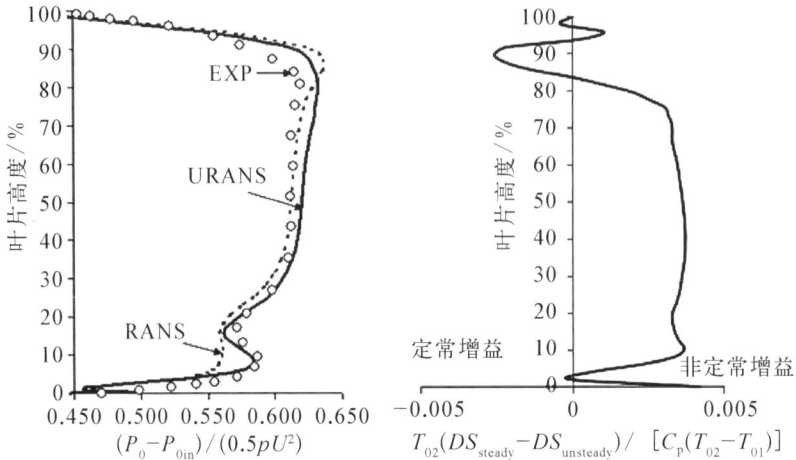

图 5-11   静叶出口总压损失系数对比[15]

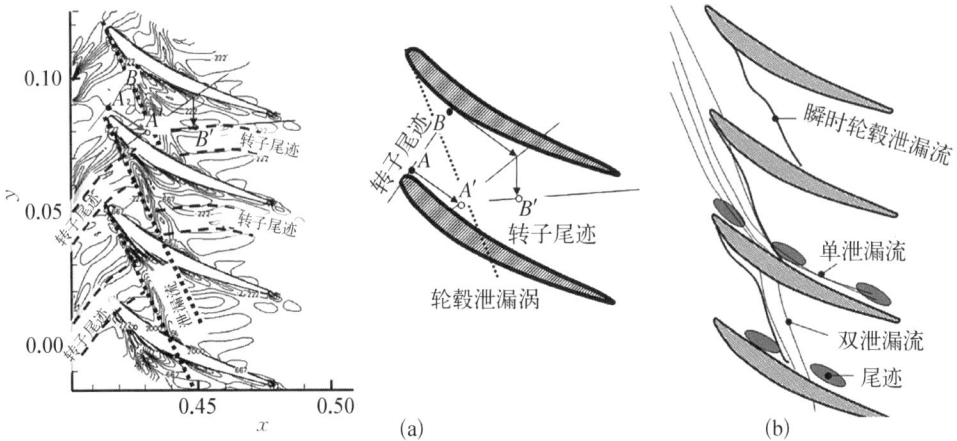

图 5-12   轮毂泄漏流与上游尾迹相互作用[15]

(a) 转子尾迹重新定向;(b) 轮毂泄漏流被切割

5.2.2   端壁运动效应的影响

值得注意的是,悬臂静子的间隙较小且位于流道内侧,轮毂高速旋转,这导致测量仪器难以获得旋转端壁附近的流场细节。然而端壁/叶片的相对运动会对泄漏损失、泄漏流结构产生显著的影响,有必要对端壁运动作用下的静子叶根泄漏流进行深入探讨。

雅典国家技术大学的研究团队早期[16,17]建立了环形压气机叶栅实验台以研究高速旋转端壁效应,其中端壁旋转的马赫数为 0.504。研究表明,与静止端壁相比,旋转端壁的泄漏损失对间隙的大小更加敏感;在间隙相等时,端壁旋转使得最小静压的位置移向上游。弗吉尼亚理工大学的研究人员[18,19]设计建造了一种平面叶栅实验台,通过电机驱动传送带提供最高速度为 25 m/s 的叶栅端壁平动速度,模拟端壁与叶片的相对运动,如图 5-13 所示。实验结果表明,端壁运动使泄漏涡结构发生畸变和位移;移动端壁剪切层引入了较低的速度梯度,导致雷诺应力和湍动能的降低[20];但间隙大小(最大为 3.3%叶高)几乎未影响泄漏涡内部速度的亏损和湍动能的水平[21]。他们的实验数据也被广泛用于端壁相对运动下泄漏流结构及湍流特征的数值验证与机理研究[22-24]。

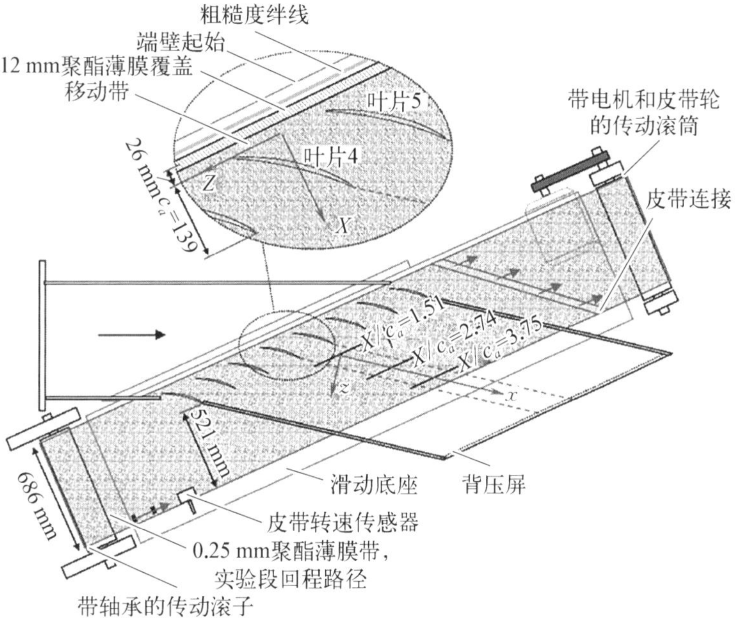

图 5-13　弗吉尼亚理工大学端壁平动叶栅实验台示意图[19]

日本的研究机构[25, 26]同样采用皮带轮驱动的低速运动端壁开展了压气机平面叶栅中运动与静止端壁对泄漏流影响的研究。由于皮带轮的移动速度低,实验的雷诺数为 10^5,没有达到自模化区。研究结果表明端壁运动使得泄漏流场存在显著的不同,泄漏涡由于端壁剪切运动被拉向相邻叶片的压力面,泄漏损失有所下降;研究团队同时指出对泄漏流与端壁相对运动相干涉的研究比较少,后期要定量评估端壁运动速度对损失的影响并希望开发相应的泄漏流损失模型。

南京航空航天大学的周正贵[27]通过平面叶栅实验,得出了低速运动的端壁对叶尖间隙流有重要的影响的结论。余春华等[28, 29]在进行处理轮毂转速的实验研究时指出,轮毂处理消除端壁分离的能力与处理轮毂的相对转速密切相关,轮毂壁面旋转引起的叶栅根部间隙泄漏增强是叶栅角区流动结构变化的根本原因。这也从侧面说明了高、低速旋转轮毂对静叶根部流场带来的影响不同。研究团队[30, 31]通过对比分析端壁静止和移动情况下压气机内部三维流场的实验和数值结果发现,端壁移动时,间隙区域的主要二次流动特征是刮削泄漏涡的形成和发展,间隙区域的通道二次涡是否出现与间隙的大小有关;端壁移动使得泄漏涡沿主测量通道的栅距方向向相邻叶片的压力面刮削,同时其涡核发生扩散;涡核的扩散率与间隙的大小有关。

上述以实验为主的端壁运动效应影响间隙泄漏流动结构的研究中,最典型和系列化的研究是弗吉尼亚理工大学的移动端壁实验,其为悬臂静叶叶根泄漏流研究提供了良好的参考。但该实验仍存在局限性,具体包括:① 端壁移动速度较慢(小于 25 m/s),远低于叶片与端壁的真实相对运动速度;② 叶型及流动条件不能代表现代高压压气机后面级特征;③ 未进行进一步的高精度实验研究,缺乏间隙内部及紧邻端壁区域的流动信息及湍流数据。

为了克服上述问题,上海交通大学商用航空发动机叶轮机械气动传热技术联合创新中心研究团队提出了一种用于模拟高速旋转轮毂的悬臂静子平面叶栅实验方法[32, 33],其原理如图 5 - 14 所示。他们利用高速旋转的圆盘来代替低速皮带的平动,当圆盘直径足够大时,旋转运动可近似为平动。

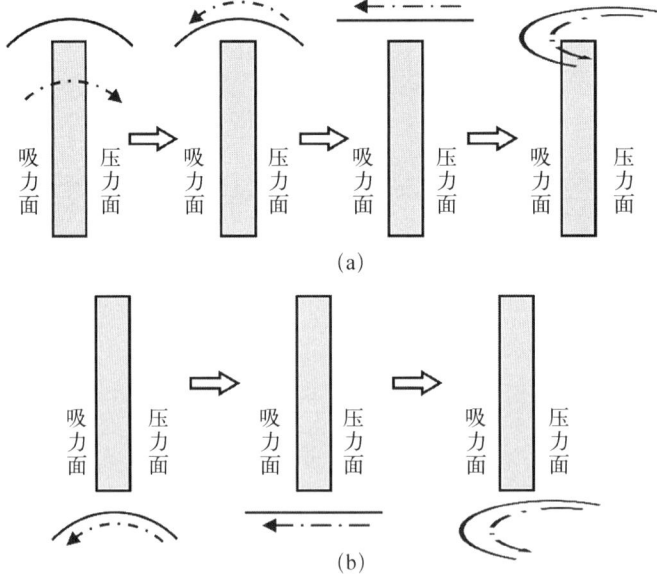

图 5 - 14　高速旋转圆盘模拟端壁/叶片高速相对运动的原理[32, 33]

(a) 转子;(b) 悬臂静叶

研究表明,直径为 2 m 的圆盘就可以满足绝大多数泄漏流的研究[32, 33]。该团队研究人员针对间隙高度为 2.86%叶高及 5%叶高的压气机平面叶栅,进行了端壁静止与运动条件下的流场测量,发现了端壁运动对叶片表面压力分布及栅后泄漏涡结构的影响机制[32]。这种实验台有两个优点:① 可以很大程度上还原真实压气机的高速旋转轮毂效应,且成本较低;② 圆盘上配备光学观察窗(见图 5 - 15),可以用于间隙细节流场的非接触光学测量,以克服高速环境下的测量难题。图 5 - 16 中展示了采用该实验设备的高速旋转圆盘模拟端壁高速相对运动工况下五孔探针测量悬臂叶栅出口总压的实验结果以及与数值模拟结果的对比。

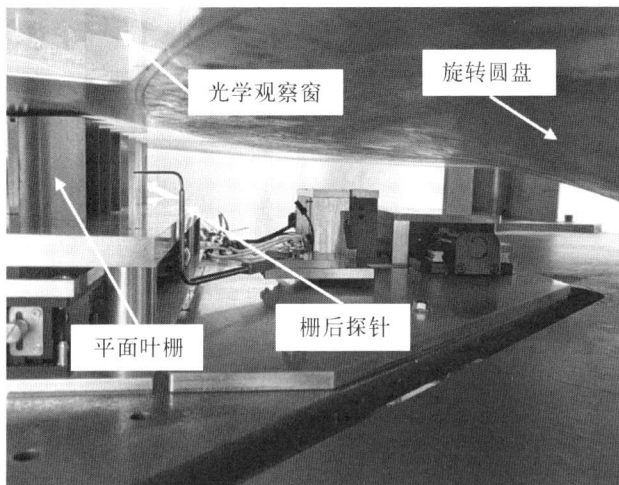

图 5 - 15　高速旋转圆盘模拟端壁高速相对运动的实验台实物图

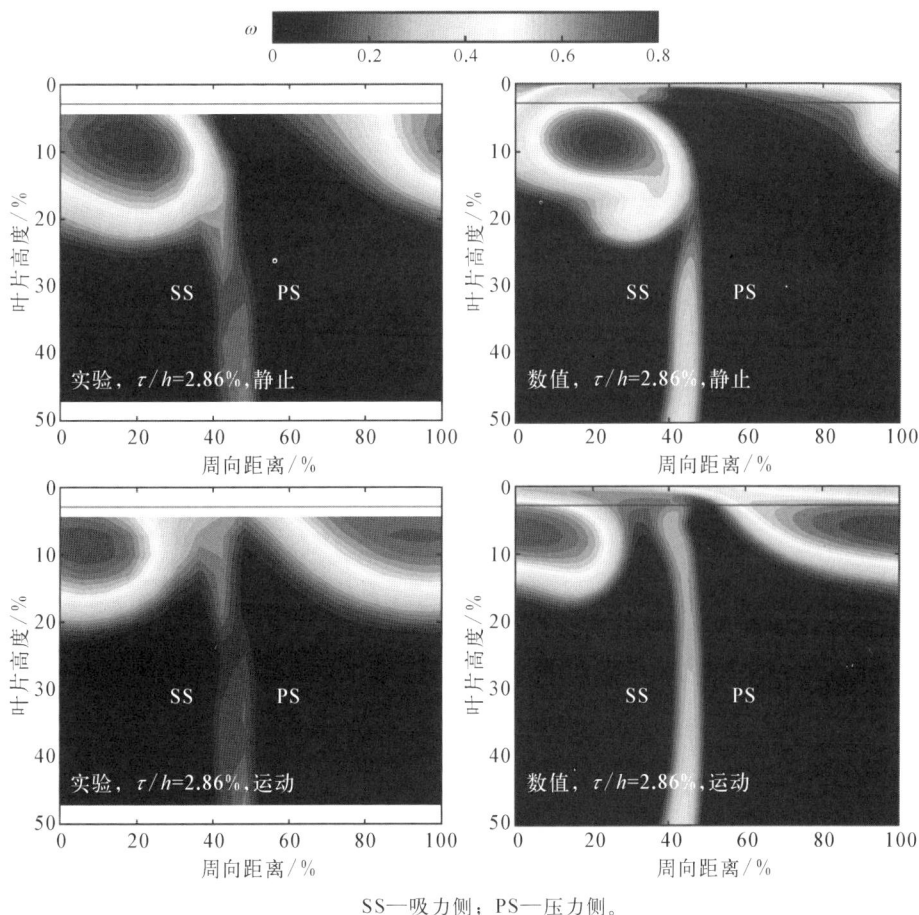

SS—吸力侧；PS—压力侧。

图 5 - 16　高速旋转圆盘模拟端壁高速相对运动的实验与数值模拟结果对比[34]（见附页彩图）

　　综上所述,端壁运动效应将影响不同悬臂静子叶片表面与气流的作用力,轮毂泄漏流会发生较大改变;在多级环境中,轮毂泄漏流还会对上、下游流场产生干涉作用,进而影响压气机整机的效率。尤其在近失速状态下,实际的压气机内部流动呈现更强的非定常和非线性特性,端壁运动作用下,更加复杂的流动现象将直接影响压气机的气动稳定工作范围。

5.3　悬臂静叶泄漏流动被动控制

　　为了进一步提高悬臂静叶的气动性能,需要对悬臂静叶的泄漏流进行流动控制。该方面的被动控制研究主要集中在 4 个方面:① 采用弯叶片造型技术,目的是通过载荷分配来减小轮毂泄漏流损失和降低对间隙的敏感性;② 采用全三维复合弯掠叶片造型技术,目的与①相同;③ 采用可变间隙控制技术,以对前缘附近的泄漏流起到较强的削弱作用,从而在轮毂区域获得气动收益;④ 悬臂静叶采用串列叶片设计技术来进行泄漏流动控制。下面将分别论述。

5.3.1　弯叶片造型技术

　　2013 年,Lange 等[35]对德累斯顿工业大学的 LSRC 压气机进行了重新设计,在悬臂静叶根部引入了一种非常规的弯叶片设计(由 MTU 公司提供),第 3 级、第 4 级轮毂间隙从 1.5%叶高增大到 6.0%叶高。该研究团队也在文章中展示了总性能以及两次研究结果的实验和数值模拟对比。为了确定压气机的效率和压升,该研究在压气机进口和出口处引入了更精细的测量(精度为±4 Pa),同时用精度为±1 N·m 的扭矩仪测量扭矩。效率、流量、压比的误差分别是±0.2%、±0.04%、±0.02%。对于每个工况点,采用 57 个测点对两个静叶栅距的流场进行测量。在第 3 级静叶和第 3、第 4 级转叶的轴向间隙上、下游都进行了五孔探针(球状头部的直径是 2 mm)测量,测量的最小端壁距离是 1.5%叶高;探针尺寸远小于叶片尺寸,因此在流场测量时可以忽略探针的影响。这些测量均采用与探针对准的局部流场流动固定的参照系。测量的不确定性和针对任何速度分量的数据处理误差小于中径处轴向速度的 0.5%,也小于中径处静叶尾迹外的五孔探针测量得到的流动角度的 0.25°。

　　该研究结果表明,新设计的叶片在轮毂处的流动堵塞明显减小,且通道内的总压分布也更加均匀,这表明弯叶片设计能够有效减弱轮毂泄漏流的负面影响。对比静叶出口损失的径向分布可以发现,对于设计工况,弯叶片设计在叶中的损失与原型在叶中的损失几乎相同,但其在靠近轮毂处的损失更低;间隙越大,泄漏涡越强,损失减小区域的径向范围也越大,这进一步减小了随间隙增加的损失;实验结果表明了采用弯静叶减小了轮毂间隙损失以及对间隙的敏感性。而下游转子出口相对总压损失的径向分布表明,在 10%叶高～60%叶高范围内,相对总压损失显著减小,说明弯静叶设计的效益很大一部分归功于转子叶片,这可能是因为静叶的轮毂泄漏涡堵塞减小,为下游转子提供了更加均匀的进口条件(见图 5-17)。

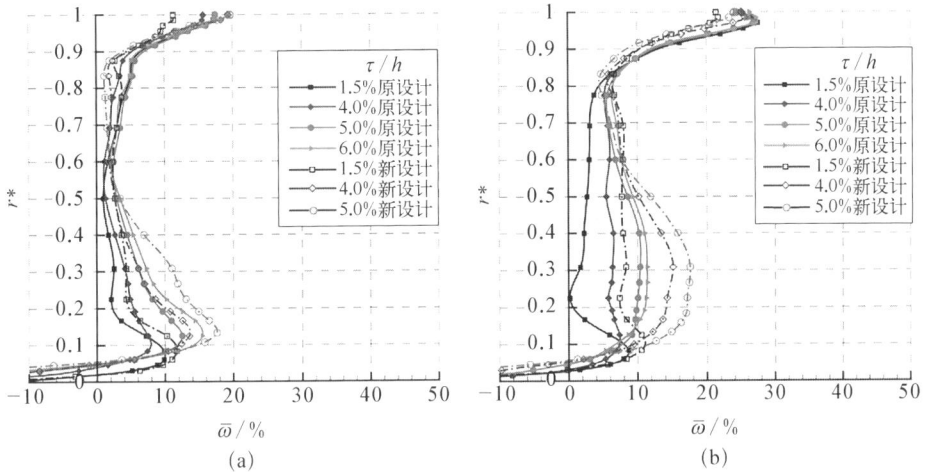

图 5‐17　第 4 级转子出口相对总压损失系数径向分布[35]（见附页彩图）

(a) 设计点($\phi=100$)；(b) 近失速点($\phi=0.85$)

　　王松涛等针对两级低速压气机的端弯悬臂静叶进行了数值模拟研究，结果表明，与原型相比，端弯悬臂静叶在近设计点的压比和效率都有所增加，但在近失速和堵点的情况却相反[36]。

　　两端都采用正弯的静叶（也叫弓形静叶），该设计已经被大量研究证明可以提高压气机性能。2008 年，陆华伟等在两级低速压气机实验台上对采用 NACA65 叶型的悬臂弓形静叶进行了近失速工况的实验研究，结果表明，在近失速工况下悬臂弓形静叶较原型减小了吸力面上、下角区和端区的流动分离[37]。2014 年，罗钜等在两级悬臂压气机中利用实验研究了弓形静叶对轮毂泄漏流的影响[38]。原型静叶和弓形静叶的轮毂间隙均为 1.1%叶高，实验测量了最大流量及近失速工况下的 4 个不同轴向位置的弓形静叶通道截面的流场。当采用弓形的悬臂静叶设计后，静叶通道内的分离涡、轮毂泄漏涡和下通道涡的尺度大幅度变小，如图 5‐18 所示。与直叶

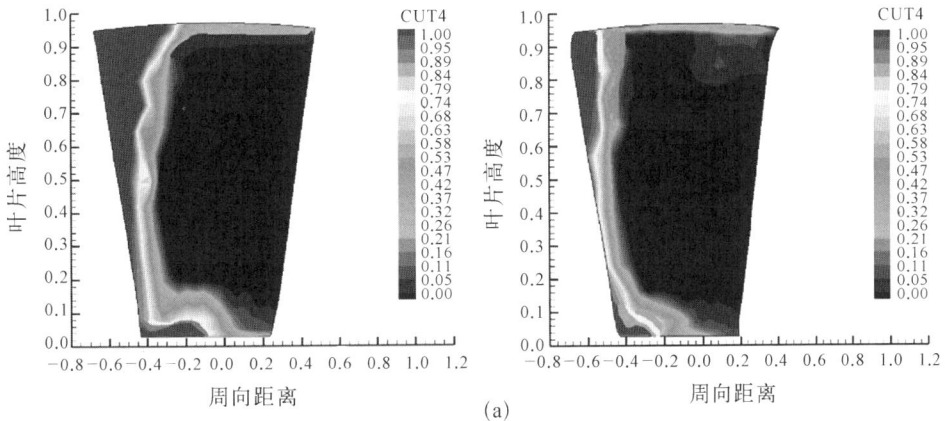

(a)

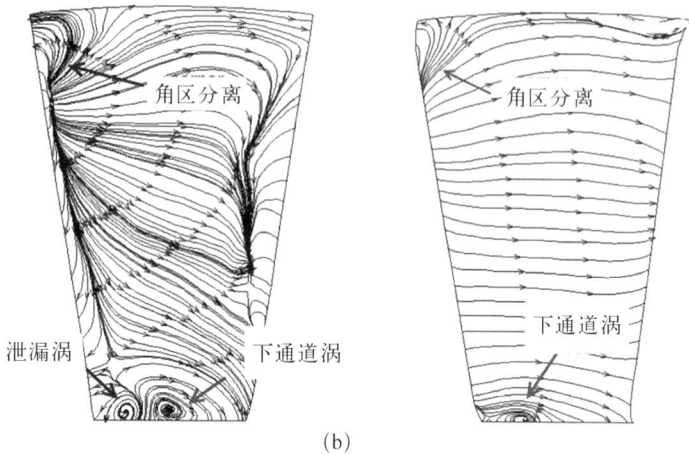

(b)

图 5-18 原型与弓形悬臂静叶在近失速工况下的流动对比[38]（见附页彩图）

(a) 总压损失分布(左：原型；右：弓形)；(b) 表面极限流线分布(左：原型；右：弓形)

片相比,弓形静叶在小流量时效率显著提高,这是因为在失速点附近,轮毂泄漏涡更靠近吸力侧,泄漏流和角区分离的起始位置将更靠近通道进口,导致叶片通道中的混合损失更小。

5.3.2 全三维复合弯掠叶片造型技术

2005 年,Woollatt 等在三级高速压气机实验台上对采用 CDA 叶型以及改进 3D 叶型的悬臂静叶进行了实验研究[39]。结果表明,悬臂静叶的间隙射流可以抑制角区失速,进而改善由高扩散因子引发的喘振;改进 3D 叶型不仅改变了给定端区的损失分布,而且对相邻叶片排和远离端区的损失分布都造成了影响,因此,基于流场分析的压气机设计优化必须考虑多级环境。

2021 年,上海交通大学商用航空发动机叶轮机械气动传热技术联合创新中心研究团队[40, 41]针对多级环境的四级低速大尺寸压气机实验台,提出了一种全三维的叶根前加载、正弯和前掠复合造型的设计策略,其目的是抑制叶根泄漏流动,设计策略如图 5-19 所示。由图可见,叶尖和叶根的弯角(与径向方向夹角)分别达到 16°和 18°,并且在两端区域,积叠线呈现明显的前掠趋势。悬臂静叶根部采用正弯设计可以降低悬臂静叶根部负荷,降低泄漏涡的强度及减小影响范围,并能够改善根部区域叶片的气流折转能力;前掠叶片设计方案可以改善气动参数的径向分布并进行再分配,降低间隙附近的负荷。叶片根部叶型负荷的大小及分布直接决定了根部泄漏涡的起始强度和发展情况,也直接决定了根部损失的情况。这样的叶根前加载、正弯和前掠复合造型设计可以达到降低压气机损失和提高失速裕度的目的,并且可以降低叶根间隙的敏感性,达到了良好的流动控制效果。

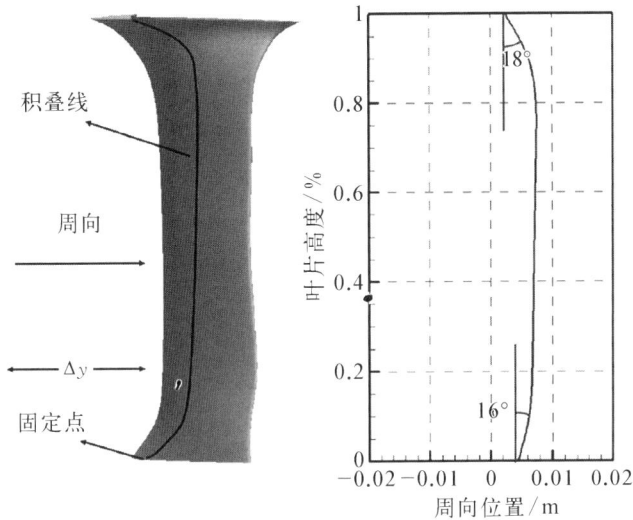

图 5-19　一种全三维叶根前加载、正弯和前掠复合造型的设计策略[41]

下面将针对该设计策略下的悬臂静叶叶根泄漏流动控制效果进行详细介绍。图 5-20 所示为设计工况点和近失速工况点间隙中间位置处 3D 流线、轴向速度 V_z 云图以及进口轴向速度径向分布,两图的色带范围一致。如图所示,当从设计工况点变为近失速工况点时,附面层厚度从 8% 叶高减小到 6.5% 叶高,进口轴向速度与 U_{mid} 的比值从 0.55 减小为 0.52。两个工况点的根部三维流动结构比较接近,根部流线可以被图中虚线划分为 3 个部分:① 位于虚线Ⅰ和虚线Ⅱ之间的泄漏流部分,泄漏流向上卷起并且发展为泄漏涡;② 虚线Ⅱ和虚线Ⅲ之间的泄漏流流过相邻叶片,形成二次泄漏流;③ 虚线Ⅲ后的泄漏流部分流出整个叶片通道。由 0.5% 叶高处的轴向速度云图可知,与设计点相比,受泄漏涡的影响,近失速点的低轴向速度区

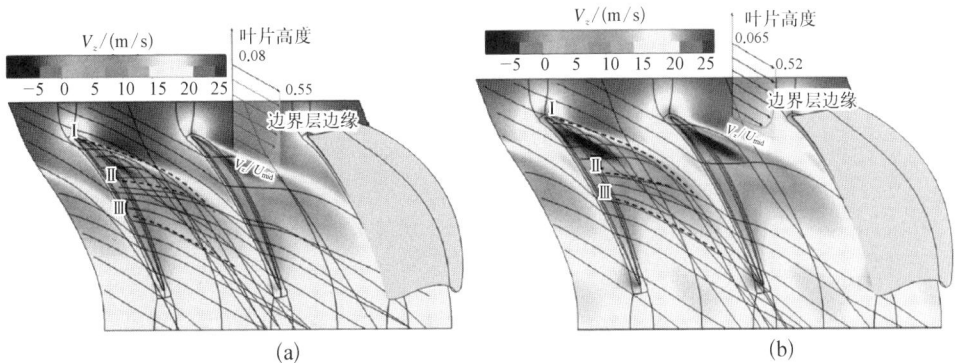

图 5-20　间隙中部三维流线、轴向速度 V_z 云图及进口轴向速度径向分布[41](见附页彩图)
(a)设计工况点;(b)近失速工况点

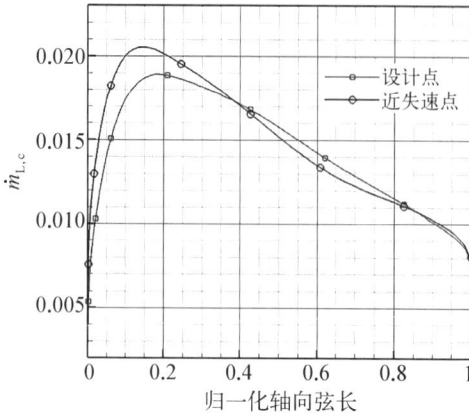

图 5-21　根部单位轴向弦长泄漏流量
沿轴向弦长分布[41]

域的范围有所扩大。图中的进口轴向速度的径向分布表明,采用的全三维叶根前加载、正弯和前掠复合造型设计策略可以有效控制来流附面层的径向迁移,减少了近失速工况点的来流附面层厚度,改善了悬臂静叶根部进口来流剖面,优化了根部通道流场。

图 5-21 所示为根部单位轴向弦长的泄漏流量 $\dot{m}_{\text{L,c}}$ 沿着轴向弦长分布,其定义如下:

$$\dot{m}_{\text{L, C}} = \int_{r_{\text{casing}}}^{r_{\text{hub}}} \frac{\rho \times V_{\text{n}} \times c}{\dot{m}_{\text{in}}} \mathrm{d}r$$

(5-1)

式中,所有的计算参数均来自中弧线位置。下标 casing 代表下端壁;下标 hub 代表悬臂静叶叶片根部;下标 n 表示垂直于中弧线方向;ρ 为当地密度;c 为叶片弦长。

如图 5-21 所示,近失速工况点单位长度泄漏流量 $\dot{m}_{\text{L, c}}$ 在前 38% 轴向弦长范围内高于设计工况点,在 38%～85% 轴向弦长范围内低于设计工况点,而在 85% 弦长后,两者近似一致。近失速工况点的泄漏流量峰值从设计工况点的 15% 轴向弦长位置移动到 12% 轴向弦长位置。沿着轴向弦长分布的泄漏流量与该设计策略的叶片负荷存在对应关系,并且与总的泄漏流量对应。这表明工况点变化的主要作用位置为峰值负荷附近,工况点位置对泄漏涡的影响较大而对尾缘附近的泄漏流量影响较小。

图 5-22 所示为根部单位弦长的轴向泄漏动量 μ_{z} 和周向泄漏动量 μ_{t} 的弦向分布,其定义如下:

$$\mu_{\text{z}} = \int_{r_{\text{casing}}}^{r_{\text{hub}}} \frac{\rho V_{\text{n}} V_{\text{z}} c}{\dot{m}_{\text{in}} V_{\text{z, in}}} \mathrm{d}r$$

(5-2)

$$\mu_{\text{t}} = \int_{r_{\text{casing}}}^{r_{\text{hub}}} \frac{\rho V_{\text{n}} V_{\text{t}} c}{\dot{m}_{\text{in}} V_{\text{t, in}}} \mathrm{d}r$$

(5-3)

式中,所有的计算参数均与前述的单位长度泄漏流量的计算网格点相同,下标 z、t 和 n 分别代表轴向、周向和垂直中弧线方向。

如图 5-22(a)所示,近失速工况点 μ_{z} 的最小值从设计点的 15% 轴向弦长移动到 12% 轴向弦长,且其数值大于设计工况点的最小值。这表明随着流量的降低,泄漏涡涡核向前移动并且泄漏涡强度增加。在部分区间内近失速工况点的最小值小于 0,这表明在此区域范围存在与主流方向相反的逆流,并且流动急剧恶

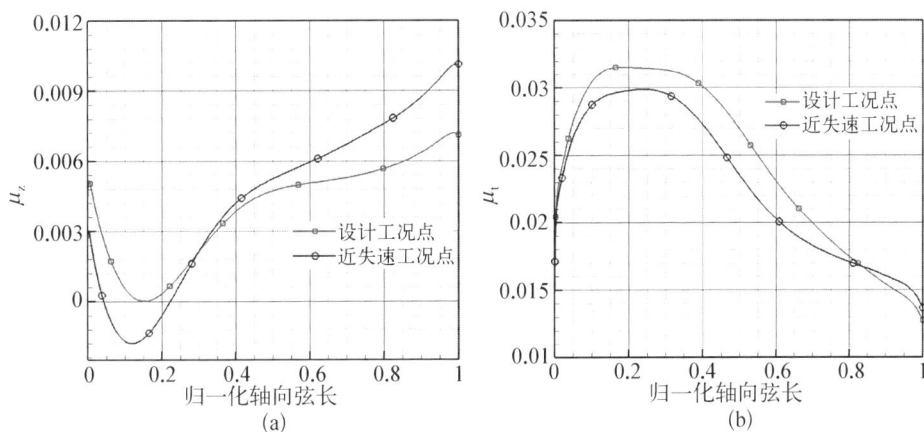

图 5-22 沿着弦向分布的单位长度泄漏动量[41]

(a) 轴向泄漏动量;(b) 周向泄漏动量

化。弦向分布的轴向动量对失速起源有决定性作用,通过控制根部泄漏动量的大小及分布可以提高压气机的气动稳定性。如图 5-22(b)所示,周向泄漏动量 μ_t 在前 85% 轴向弦长范围内近失速工况点的值小于设计点的值,因此近失速点靠近端壁的总压损失也是低于设计点的。通常情况下,近失速点的总压损失应是高于设计点的,但更高的周向泄漏动量则意味着更高的损失,并且周向泄漏动量的绝对值远高于轴向泄漏动量,这就导致周向泄漏动量对根部泄漏损失起了决定性的作用,因此该悬臂静叶出现了近失速工况点在 5% 叶高范围内的损失低于设计工况点的情况。在悬臂静叶的设计过程中,有必要减小根部周向泄漏的动量以减小损失,根部区域可以采用正弯和前掠的三维设计方案,弯掠三维叶片设计是一个有效的设计策略,利用该方法可以有效地控制叶片根部负荷分布,降低泄漏损失。

图 5-23 所示为 10% 叶高范围内周向泄漏动量与总压损失的关系。采用不同轴向位置相应叶高内的质量平均值对总压损失进行计算。如图所示,近失速工况点的周向泄漏动量以及总压损失分布与设计工况点类似,但是 2% 叶高范围内近失速工况点的最高总压损失从设计点的 60% 轴向弦长位置移动到 50% 轴向弦长位置,并且其值小于设计工况点的值。在两种工况下,周向泄漏动量均在 15% 轴向弦长附近达到峰值,分别在 40% 轴向弦长(设计点工况)和 30% 轴向弦长(近失速点工况)后显著下降。在 2% 叶高范围内,总压损失系数 ω 在前 50% 弦长快速增加,分别在设计工况点的 60% 轴向弦长和近失速工况点的 50% 轴向弦长位置达到峰值损失。在达到峰值损失后,总压损失开始降低直至尾缘处。这是由于在 2% 叶高范围内,泄漏流损失起主导作用,而轮毂旋转引入能量,泄漏涡强度在峰值损失位置后逐渐衰减,因而损失降低。在 5% 叶高范围内,总压损失在前 60% 弦长范围内快速增加,随

后缓慢增加,从 70%轴向弦长至尾缘保持不变。在 10%叶高,总压损失逐渐增加,两种工况下的总压损失基本相同。可以推测,周向泄漏动量对 10%叶高范围内的质量平均总压损失的影响可以忽略;但在 5%叶高范围内,周向泄漏动量对总压损失起决定性作用,周向泄漏动量的增加将会导致总压损失的增加。

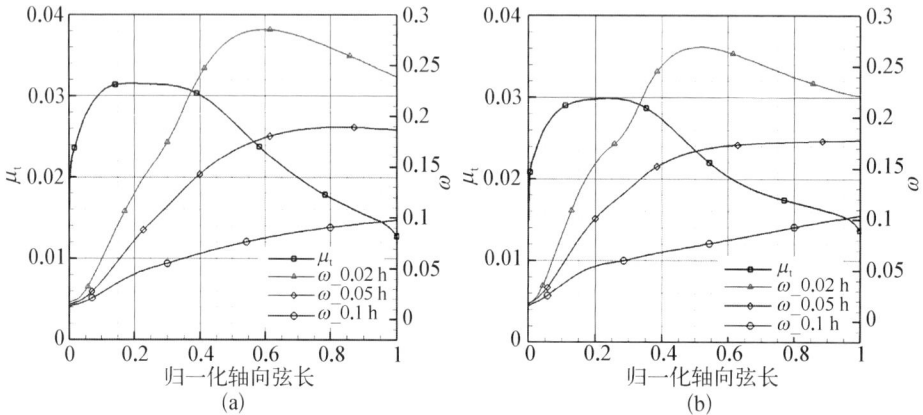

图 5-23　10%叶高范围内周向泄漏动量与总压损失的关系[41]

(a) 设计工况点;(b) 近失速工况点

将上述泄漏流量 $\dot{m}_{\text{L,C}}$、轴向泄漏动量 μ_z 以及周向泄漏动量 μ_t 沿着轴向弦长方向进行积分,结果如表 5-1 所示。具体计算公式如下:

$$C_{\dot{m}_{\text{L,C}}} = \int_{z_{\text{LE}}}^{z_{\text{TE}}} \dot{m}_{\text{L,C}} \, \mathrm{d}\left(\frac{z}{c_z}\right) \tag{5-4}$$

$$C_{\mu_z} = \int_{z_{\text{LE}}}^{z_{\text{TE}}} \mu_z \, \mathrm{d}\left(\frac{z}{c_z}\right) \tag{5-5}$$

$$C_{\mu_t} = \int_{z_{\text{LE}}}^{z_{\text{TE}}} \mu_t \, \mathrm{d}\left(\frac{z}{c_z}\right) \tag{5-6}$$

式中,c_z 为轴向弦长;积分上、下限分别为叶片尾缘和前缘的 z 坐标。

表 5-1　单位长度无量纲泄漏流量、轴向和周向泄漏动量积分值

	$C_{\dot{m}_{\text{L,C}}}$	C_{μ_z}	C_{μ_t}
设计工况 DP	0.014 54	0.003 966	0.024 50
近失速工况 NS	0.014 95	0.004 415	0.022 95
相对变化量/%	2.8	11.3	−6.3

由表 5 - 1 可得,从设计工况点变为近失速工况点,总的泄漏流量增加了2.8%,总的轴向泄漏动量增加了 11.3%,而周向泄漏动量减少了 6.3%。由于周向泄漏动量的值远高于轴向动量,因而根部 2% 叶高范围内的总压亏损取决于周向泄漏动量。

图 5 - 24 所示为设计工况点和近失速工况点堵塞系数沿着轴向弦长的分布,两点之间间隔为 5% 轴向弦长。泄漏流量与泄漏动量不仅仅对根部的损失起主导作用,而且对根部的堵塞也起关键作用,堵塞系数 B 计算公式如下:

$$A_b = \iint \left(1 - \frac{\rho \cdot V_m}{\rho_e \cdot V_e}\right) \mathrm{d}x \mathrm{d}y \qquad (5 - 7)$$

$$B = \frac{A_b}{A_{\mathrm{mid\_chord}}} \qquad (5 - 8)$$

式中,A_b 为堵塞面积;ρ 为当地的密度;V_m 为子午速度;ρ_e 和 V_e 分别为 80% 叶高处的密度和子午速度,$A_{\mathrm{mid\_chord}}$ 为 50% 轴向弦长位置处的通道面积。

由图 5 - 24 可见,在设计工况点和近失速工况点,堵塞系数从前缘到尾缘的趋势基本一致,并且近失速工况点的堵塞系数明显高于设计工况点的。在设计工况点,堵塞系数从前缘到 5% 轴向弦长逐渐降低,随后缓慢增加直到 70% 轴向弦长位置;在 75% 轴向弦长直到尾缘范围内,其值迅速增加。而在近失速工况点的迅速增加范

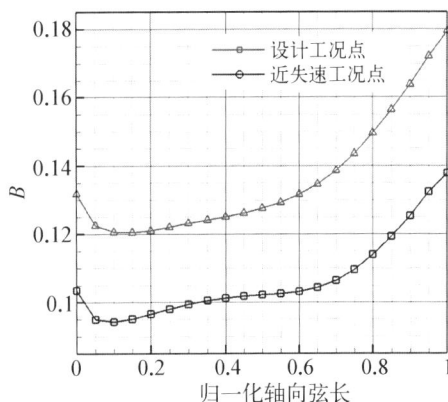

图 5 - 24　堵塞系数沿着轴向弦长分布[41]

围提前到 65% 轴向弦长位置,说明在靠近尾缘区域,叶片表面存在较大的分离区,阻塞流动,造成堵塞系数的快速增加。

针对上述设计策略以及对悬臂静叶泄漏流动的控制效果,该联合创新中心研究团队还探讨了提高负荷(采用低稠度)设计带来的影响[40]。低稠度悬臂静叶设计可以有效降低压气机的重量和摩擦损失,这对航空发动机的压气机至关重要,然而低稠度静叶设计也会使得静叶载荷增大。研究团队采用数值模拟方法研究发现,低稠度设计在失速裕度不变的情况下为压气机提供了更高的效率。在第三级静叶中,低稠度设计的总压损失低于设计工况点工作条件的原型静子,但在近失速工况点是相反的。在近失速点的低稠度设计中,阻塞区域增大,占据了前叶片通道的下半部分,因为低稠度的静子不能提供足够的气流折转能力,同时轮毂泄漏涡的核心向前移动,强度得到了提升,如图 5 - 25 所示。

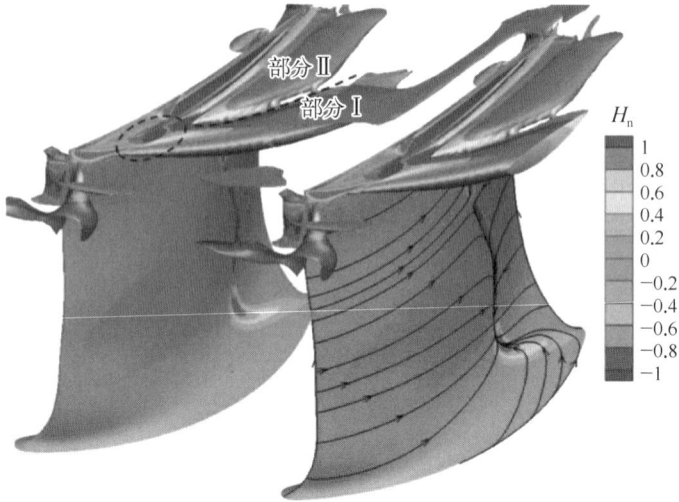

图 5-25　低稠度悬臂静叶设计在近失速点的轮毂泄漏涡结构[40]（见附页彩图）

5.3.3　可变间隙控制技术

　　为了对悬臂静叶泄漏流进行流动控制，还可以采用变间隙的设计技术，下面举例说明。Lu 等利用数值研究了非均匀间隙对 1.5 级轴流压气机静子气动性能的影响[10]，其主要目的是寻找一种空气动力学中较好的间隙形状来控制泄漏流和相关的气动损失。如图 5-26 所示，考虑的间隙形状包括从叶片前缘到后缘均匀、扩张和收缩三种间隙。计算结果表明，与均匀间隙相比，扩张间隙对前缘附近的泄漏流有较强的减弱作用，对泄漏涡有较好的抑制作用，从而使静子在轮毂区域获得气动效益。而收缩间隙对泄漏流动的影响相反，造成的损失大于均匀间隙。此外，随着间隙膨胀比的增大，静子整体气动损失减小。

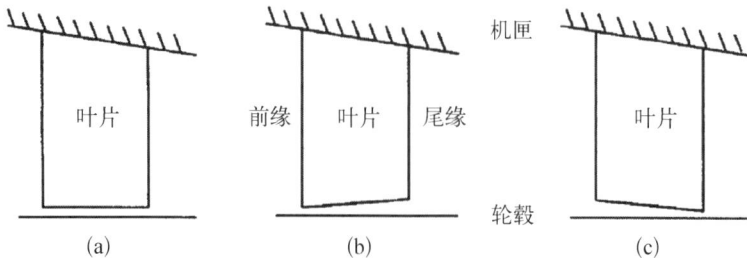

图 5-26　均匀和非均匀轮毂间隙形状示意图[10]
(a) 均匀轮毂间隙；(b) 扩张轮毂间隙；(c) 收缩轮毂间隙

5.3.4　串列叶片设计技术

　　串列叶片是高负荷压气机中常见的设计方法，具有损失小、折转角大等优点，其主要作用机理是分别在前后两排叶片上实现气流的减速扩压，且缝隙中的流体经过加速后对后排叶片具有吹吸的作用。

　　2022 年,柏林工业大学的 Konrath 等在平面叶栅实验台上,利用五孔探针和油流可视化分析了间隙对串列静叶流动特性的影响[42]。引入间隙后,串列静叶下游损失和气流角的变化趋势与常规静叶相似。与常规静叶相比,串列静叶相对栅距值的增加可以抵消局部高损失的增加。在细节流动方面,串列静叶与常规静叶显示出完全不同的流动拓扑结构,串列静叶每个叶片都会形成泄漏涡,并且两个泄漏涡之间的相互作用还可能会形成方向相反的第 3 个旋涡,如图 5-27 所示。而他们在高

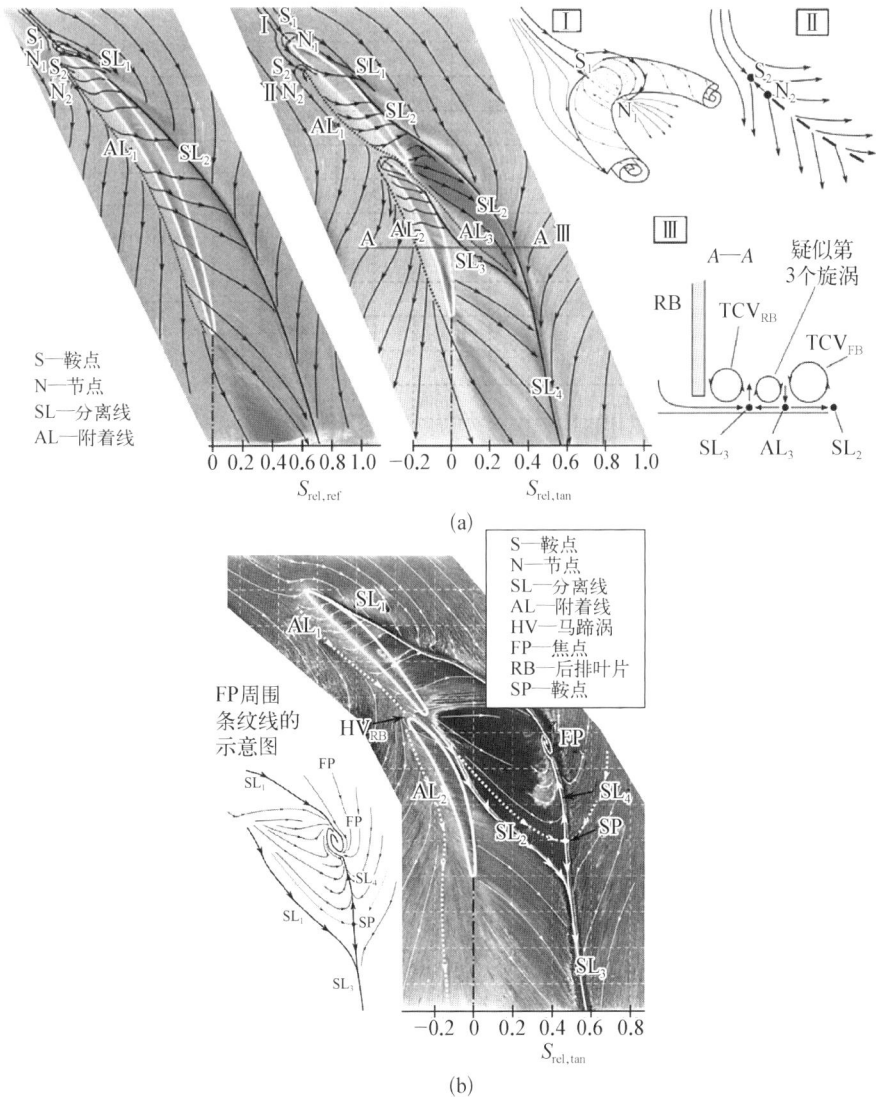

(a)

(b)

图 5-27　串列叶栅在悬臂间隙泄漏流作用下的流动结构[40](见附页彩图)

(a) 0°攻角流动结构;(b) 5°攻角流动结构

速环形实验台上的实验结果[43]表明,总体而言,串列静叶能产生更高的气流折转,同时总压损失也低于常规静叶。然而,改变间隙大小时,串列静叶的性能变化更加敏感。当气动负荷减小时,增加轮毂间隙,串列静叶的有效流通面积减小的幅度更大。

2019年,西北工业大学的茅晓晨等[44]对小型轴流压气机串列悬臂静叶轮毂间隙变化开展了数值研究。结果表明,串列静叶前排叶片的间隙变化对压气机峰值效率和失速裕度的影响更加显著,随着后排叶片间隙的增加,压气机性能并没有显著变化,这与柏林工业大学研究团队的实验结果[40]类似。流动分析表明,增加前排叶片的轮毂间隙对该叶片的流场有显著影响,而对后排叶片的流场影响较小。由于泄漏流的增大,轮毂附近的损失增大,而失速裕度的提高则是由于质量流量沿展向的重新分布,改善了上叶高的进口流动情况,减小了流动堵塞。而增加后排叶片的间隙主要的影响范围在该叶片的前缘,对整体流场影响不大。

5.4 本章小结

本章主要介绍了航空压气机中悬臂静子叶根径向间隙泄漏流的一些研究成果,包括悬臂静叶径向间隙泄漏流对压气机气动性能的影响,悬臂静叶间隙泄漏流动的结构与机理,以及悬臂静叶泄漏流动的4种被动控制方法。首先,针对悬臂静子叶根径向间隙泄漏流对压气机气动性能的影响,分别从对相关实验和数值模拟研究两个方面进行了论述;可以看出悬臂静叶间隙泄漏流对性能的影响规律与运行工况、间隙大小、来流条件、上下游环境等有复杂的关联性。其次,针对悬臂静叶间隙泄漏流动的结构与机理,从相关实验研究和端壁运动效应的影响两个方面进行了论述。最后,提出了悬臂静叶泄漏流动的4种被动控制方法的相关研究,包括弯叶片造型技术、全三维复合弯掠叶片造型技术、可变间隙控制技术、串列叶片设计技术;其中,重点介绍了一种全三维的叶根前加载、正弯和前掠复合造型的悬臂静叶设计策略。

参 考 文 献

[1] Dong Y, Gallimore S J, Hodson H P. Three-dimensional flows and loss reduction in axial compressors[J]. Journal of Turbomachinery, 1987, 109(3): 354 - 361.

[2] McDougall N M. A comparison between the design point and near-stall performance of an axial compressor[J]. Journal of Turbomachinery, 1990, 112(1): 109 - 115.

[3] 王子楠.轴流压气机悬臂式静叶端部流动实验及数值模拟研究[D].北京:中国科学院研究生院(工程热物理研究所),2016.

[4] Beselt C, Eck M, Peitsch D. Three-dimensional flow field in highly loaded compressor cascade[J]. Journal of Turbomachinery, 2014, 136(10): 101007.

[5] Koppe B, Lange M, Mailach R. Influence of boundary layer skew on the tip leakage vortex of an axial compressor stator[J]. Journal of Turbomachinery, 2021, 143(9): 091016.

［ 6 ］ Lee C，Song J，Lee S，et al. Effect of a gap between inner casing and stator blade on axial compressor performance［C］//ASME Turbo Expo 2010：Power for Land，Sea，and Air. American Society of Mechanical Engineers Digital Collection，2010：203 – 210.

［ 7 ］ Sakulkaew S，Tan C S，Donahoo E，et al. Compressor efficiency variation with rotor tip gap from vanishing to large clearance［J］. Journal of Turbomachinery，2013，135(3)：031030.

［ 8 ］ Si X，Teng J，Qiang X，et al. Different effects of cantilevered and shrouded stators on axial compressor performance［C］//ASME Turbo Expo 2017：Turbomachinery Technical Conference and Exposition. American Society of Mechanical Engineers Digital Collection，2017.

［ 9 ］ 安广丰,范竹,于贤君,等.端壁移动对悬臂静子性能的影响[J].航空动力学报,2023：1 – 13.

［10］ Lu H，Li Q. Cantilevered stator hub leakage flow control and loss reduction using non-uniform clearances［J］. Aerospace Science and Technology，2016，51(2016)：1 – 10.

［11］ Lu H N，Li Q S，Pan T Y. Optimization of cantilevered stators in an industrial multistage compressor to improve efficiency［J］. Energy，2016，106(2016)：590 – 601.

［12］ Zhang B，Liu B，Mao X，et al. Effect of hub clearance size and shape of a cantilevered stator on the performance of a small-scale transonic axial compressor［J］. Proceedings of the Institution of Mechanical Engineers，Part A：Journal of Power and Energy，2021，236(4)：609 – 620.

［13］ Liu B J，Qiu Y，An G F，et al. Experimental investigation of the flow mechanisms and the performance change of a highly loaded axial compressor stage with/without stator hub clearance［J］. Applied Sciences，2019，9(23)：5134.

［14］ Suryavamshi N，Lakshminarayana B，Prato J，et al. Unsteady total pressure field downstream of an embedded stator in a multistage axial flow compressor［J］. Journal of Fluids Engineering，1997，119(4)：985 – 994.

［15］ Montomoli F，Naylor E，Hodson H P，et al. Unsteady effects in axial compressors：a multistage simulation［J］. Journal of Propulsion and Power，2013，29(5)：1001 – 1008.

［16］ Doukelis A，Mathioudakis K，Papailiou K. The effect of tip clearance gap size and wall rotation on the performance of a high-speed annular compressor cascade［C］//ASME 1998 International Gas Turbine and Aeroengine Congress and Exhibition. American Society of Mechanical Engineers Digital Collection，2014.

［17］ Doukelis A，Mathioudakis K，Papailiou K. Investigation of the 3-D flow structure in a high-speed annular compressor cascade for tip clearance effects［C］//ASME 1998 International Gas Turbine and Aeroengine Congress and Exhibition. American Society of Mechanical Engineers Digital Collection，1998.

［18］ Wang Y，Muthanna C，Devenport W. The design and operation of a moving end-wall system for a compressor cascade wind tunnel［C］//37th Aerospace Sciences Meeting and Exhibit. Reno，NV，U.S.A.：American Institute of Aeronautics and Astronautics，1999.

［19］ Wang Y，Devenport W J. Wake of a compressor cascade with tip gap，part 2：effects of endwall motion［J］. AIAA Journal，2004，42(11)：2332 – 2340.

［20］ Tian Q，Simpson R. Experimental study of tip leakage flow in the linear compressor cascade：part I：stationary wall［C］//45th AIAA Aerospace Sciences Meeting and Exhibit. Reno，Nevada：American Institute of Aeronautics and Astronautics，2007.

[21] Muthanna C，Devenport W J. Wake of a compressor cascade with tip gap，part 1：mean flow and turbulence structure[J]. AIAA Journal，2004，42(11)：2320 - 2331.

[22] You D，Wang M，Moin P，et al. Large-eddy simulation analysis of mechanisms for viscous losses in a turbomachinery tip-clearance flow[J]. Journal of Fluid Mechanics，2007，586：177 - 204.

[23] Régis K，Marlène S，Stéphane M. Aerodynamic investigation of a linear cascade with tip gap using large-eddy simulation[J]. Journal of the Global Power and Propulsion Society，2021，5：39 - 49.

[24] Hou J，Liu Y，Zhong L，et al. Effect of vorticity transport on flow structure in the tip region of axial compressors[J]. Physics of Fluids，2022，34(5)：055102.

[25] Pallot G，Kato D，Kodama H，et al. The effect of the casing movement relative to the blades on the tip leakage loss in axial flow compressors[C]//Volume 7：Turbomachinery，Parts A，B，and C. Vancouver，British Columbia，Canada：American Society of Mechanical Engineers Digital Collection，2011：275 - 284.

[26] Kato H，Taniguchi H，Matsuda K，et al. Experimental and numerical investigation on compressor cascade flows with tip clearance at a low Reynolds number condition[J]. Journal of Thermal Science，2011，20(6)：481 - 485.

[27] 周正贵,吴国钏,阮立群.采用平面叶栅模拟压气机动叶叶尖间隙流[J].航空学报,2002,23(1)：69 - 71.

[28] 余春华,陆亚钧,李秋实,等.处理轮毂转速的实验研究[J].实验流体力学,2009,23(2)：20 - 25.

[29] 余春华,蒋洪德,袁巍,等.轮毂旋转对环形叶栅角区流场的影响[J].航空动力学报,2012,27(12)：2792 - 2798.

[30] Wu Y，Chu W. Influence of moving end-wall on tip clearance flow in axial compressor cascades[M]//44th AIAA Aerospace Sciences Meeting and Exhibit. American Institute of Aeronautics and Astronautics，2006.

[31] 吴艳辉,楚武利,刘志伟.移动壁对压气机叶栅间隙流动的影响[J].航空动力学报,2006,21(1)：112 - 118.

[32] Lu S，Zhang Q，He L. A high-speed disk rotor rig design for tip aerothermal research[J]. Journal of Turbomachinery，2022，144(5)：051002.

[33] 滕金芳,卢少鹏,张强,等.模拟轴流压气机高速旋转轮毂的悬臂静子平面叶栅实验方法：ZL202010078013.6[P].2020 - 06 - 09.

[34] Deng H，Xia K，Teng J，et al. An experimental facility with the high-speed moving endwall for axial compressor leakage flow research[J]. Aerospace，2023，10(3)：226.

[35] Lange M，Vogeler K，Mailach R，et al. An experimental verification of a new design for cantilevered stators with large hub clearances[J]. Journal of Turbomachinery，2013，135(4)：041022.

[36] Wang S T，Du X，Wang Z Q. Study on the effects of end-bend cantilevered stator in a 2-stage axial compressor[J]. Journal of Thermal Science，2009，18(2)：119 - 125.

[37] Lu H W，Chen F，Wan J L，et al. Flow field improvement by bowed stator stages in a compressor with different axial gaps under near stall condition[J]. Chinese Journal of Aeronautics，2008，21(3)：215 - 222.

[38] Luo J, Hu J, Wang Z, et al. Experimental study of effects of bowed blade on the flow field in a cantilevered stator passage [C]//ASME Turbo Expo 2014: Turbine Technical Conference and Exposition. American Society of Mechanical Engineers Digital Collection, 2014.

[39] Woollatt G, Lippett D, Ivey P C, et al. The design, development and evaluation of 3D aerofoils for high speed axial compressors: part 2: simulation and comparison with experiment[C]//ASME Turbo Expo 2005: Power for Land, Sea, and Air. American Society of Mechanical Engineers Digital Collection, 2005: 303 - 316.

[40] Ju Z, Teng J, Zhu M, et al. Flow characteristics of a low-solidity cantilevered stator embedded in a 4-stage low-speed research compressor[J]. Proceedings of the Institution of Mechanical Engineers. Part A, Journal of Power and Energy, 2021, 236(2): 179 - 193.

[41] 居振州.轴流压气机悬臂静叶流场特征及设计策略[D].上海：上海交通大学,2021.

[42] Konrath L, Peitsch D, Heinrich A. an analysis of the secondary flow around a tandem blade under the presence of a tip gap in a high-speed linear compressor cascade[J]. Journal of Turbomachinery, 2022, 144(10): 101003.

[43] Rückert R, Peitsch D. Cantilevered tandem stator in annular high speed test rig[J]. International Journal of Turbomachinery, Propulsion and Power, 2022, 7(3): 24.

[44] Mao X, Liu B, Zhang B. Hub clearance effects of a cantilevered tandem stator on the performance and flow behaviors in a small-scale axial flow compressor[J]. Aerospace Science and Technology, 2019, 91(2019): 219 - 330.

符 号 表

符　号		释　义
几何量	A	面积
	AR	展弦比
	c，C	叶片弦长
	d	距离
	g	法向栅距
	h，H	叶片高度
	i	攻角
	L	长度
	p，s	栅距
	r	半径
	s	流向,栅距
	t^*	无量纲流向距离
	X	轴向坐标
	y_c^*，z_c^*	叶尖涡核无量纲坐标
	y_c，z_c	叶尖涡核坐标
	y_v，z_v	脱落涡质心坐标
	Z	叶片数,篦齿齿数

符　　号	释　　义
B	堵塞系数
C	绝对速度，弦长
C_C	流动收缩系数
C_D	扩散系数，阻力系数
C_h	等焓静压升系数
C_L	升力系数
C_m	流量修正系数
C_p	压力系数
$c_p,\ c_v$	定压比热容，定容比热容
E	能量，动能
f	频率
h	焓
F_D	流动阻力
H_n	无量纲螺旋度
k	绝热指数
K_E	不同叶形的载荷分布修正系数
m	流量
$\mathbf{M}$	扭矩
Ma	马赫数
p	压力
Re	雷诺数
s	熵
T	温度
T_u	湍流度

物
理
量

（续表）

符　号		释　义
物理量	U	流速
	$u，U$	转速，牵连速度
	$v，V$	绝对速度
	$w，W$	相对速度
缩写	BPF	叶片通过频率
	BPP	叶片通过周期
	CON	连通交界面
	CV	角涡
	DDES	延迟脱落涡模拟
	DES	脱落涡模拟
	DNS	直接数值模拟
	DP，NS	设计工况，近失速工况
	EARSM	显式代数雷诺应力模型
	FNM	完全非匹配交界面
	HV	马蹄涡
	IGV	进口导流叶片
	LE，TE	前缘，尾缘
	LES	大涡模拟
	LSRC	低速大尺寸压气机实验台
	NLH	非线性谐波
	PIV	粒子图像测速
	PSD	功率谱密度
	RANS	雷诺平均方程

（续表）

符　号		释　义
缩写	SBES	应力混合涡模拟
	SGS	亚格子应力
	SPIV	立体粒子图像测速
	TCV，TLV	叶尖间隙涡/叶尖泄漏涡
	TKE	湍动能
	N，S	节点，鞍点
几何量（希腊字母）	γ	安装角
	τ	径向间隙
	θ	周向
	κ	叶片几何角
	σ	稠度
	Φ	周向角
	χ	叶型弯角
物理量（希腊字母）	α	绝对气流角
	β	相对气流角
	δ_η	效率间隙导数
	η	效率
	Λ	反力度
	μ	叶尖泄漏流轴向动量
	μ_t	涡黏度
	ξ	损失系数，涡量
	π	压比

（续表）

符　号	释　义
ρ	密度
ϕ, Φ	流量系数
Φ_v	黏性耗散
Ψ	负荷系数
ω, Ω	旋转方向
$\bar{\omega}$	总压损失系数
0	总参数,远前方来流的,大气的;叶片尾缘位置的
1	叶片排进口,转子进口
2	叶片排出口,转子出口
3	下游静子出口
a, ax, x, z	轴向
av	平均值
C	弦长
in	进口处
l, L	泄漏
m	子午面,平均值,主流
mid	中间位置处
n	法向,无量纲的
ps, ss/p, s	叶片压力面, 叶片吸力面
r	径向
ref	参考状态
rms	均方根
s	静参数,失速

物理量(希腊字母)／下标

符 号		释 义
下 标	sl	篦齿泄漏
	t	周向
	tip	叶尖
	tl	叶尖泄漏
上标	*	滞止的，参考工况的

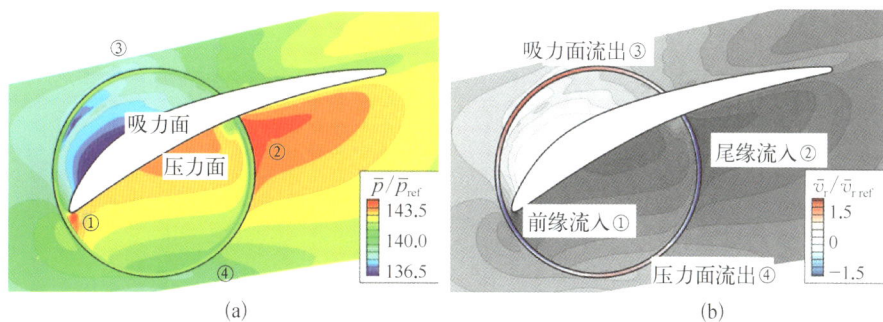

图 1 - 25　便士腔作用下的近端壁流动

（a）轮毂静压分布；（b）便士腔流入流出速度分布

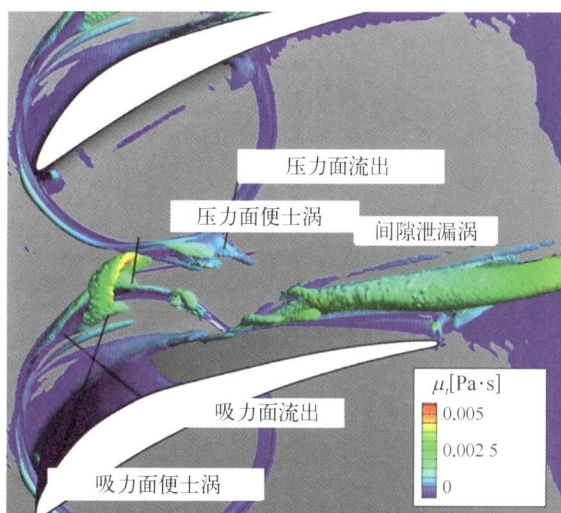

图 1 - 26　带有便士腔的时均涡系结构

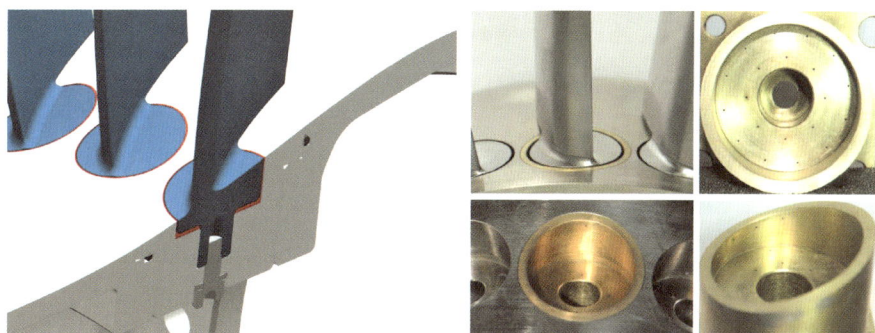

图 1 - 27　环形叶栅实验台中可调静叶实验件示意图及实物图

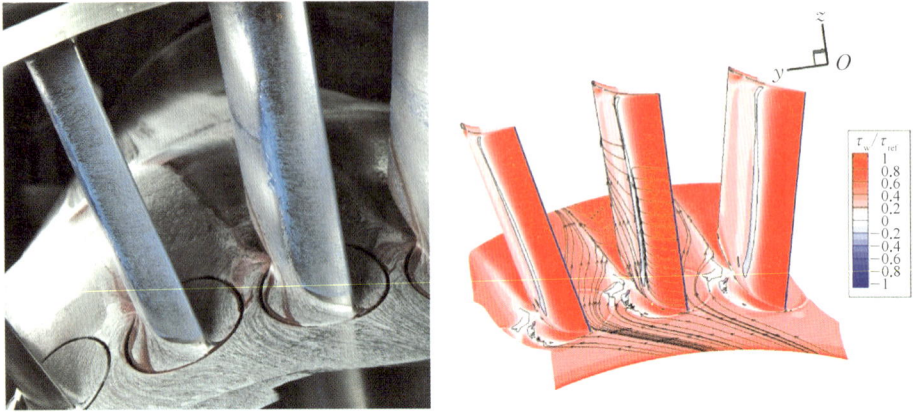

图 1 - 28　实验和数值表面流线对比

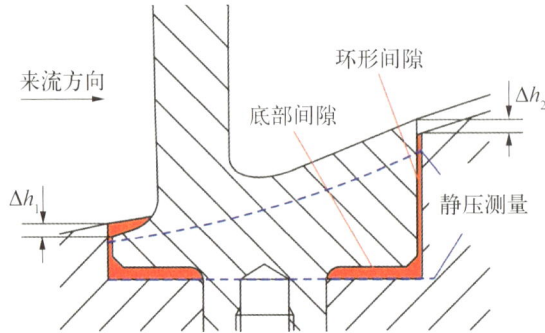

图 1 - 29　可调静叶便士腔轴向
倾斜的结构示意图

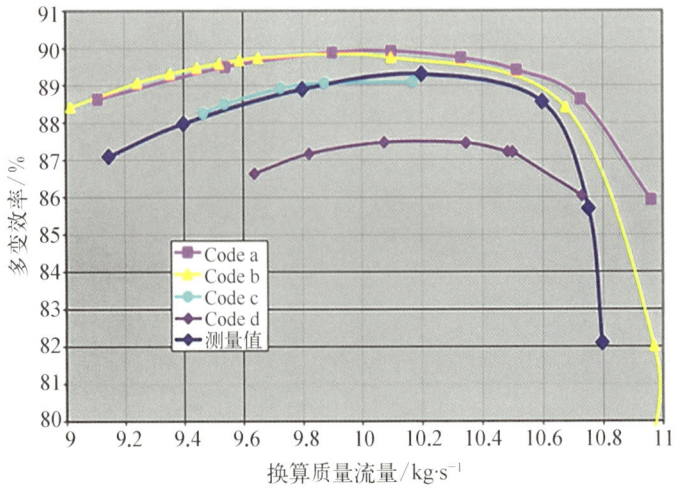

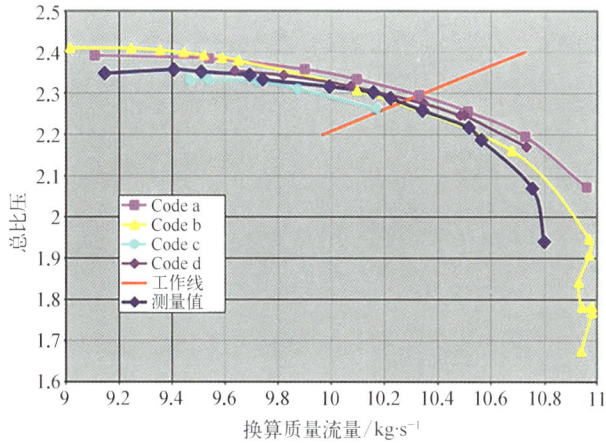

图 1 - 30　某三级压气机性能的试验与数值模拟结果对比

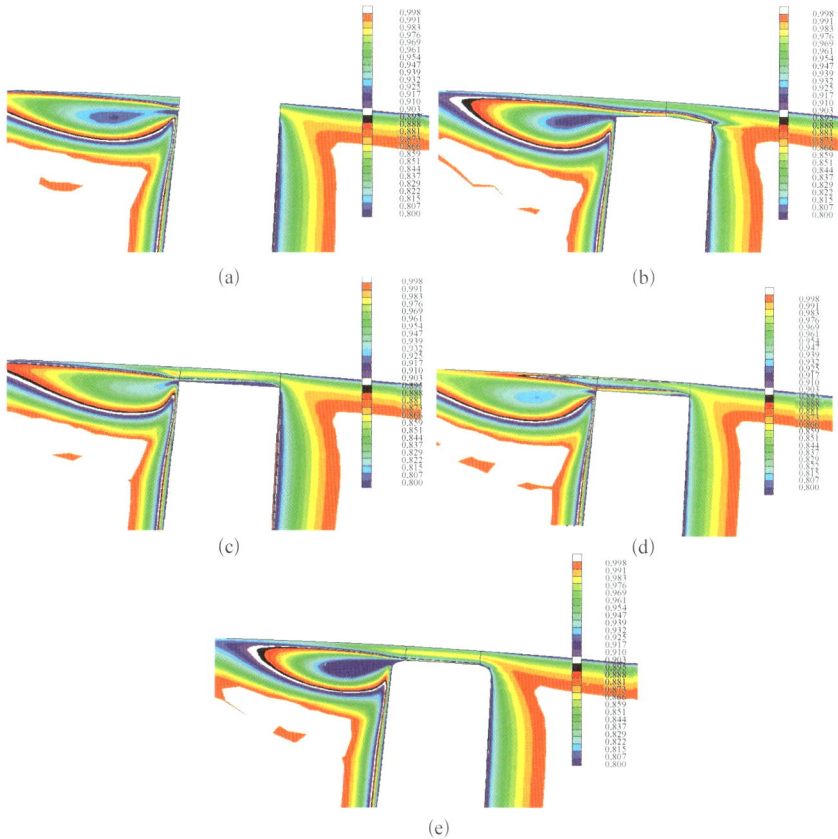

图 1 - 31　不同叶尖网格模型的压气机转子熵分布

（a）周期性叶尖；（b）收缩叶尖；（c）构造网络模拟叶尖，全湍流流动；（d）构造网格模拟叶尖，全层流流动；（e）构造网格模拟腐蚀后的叶尖

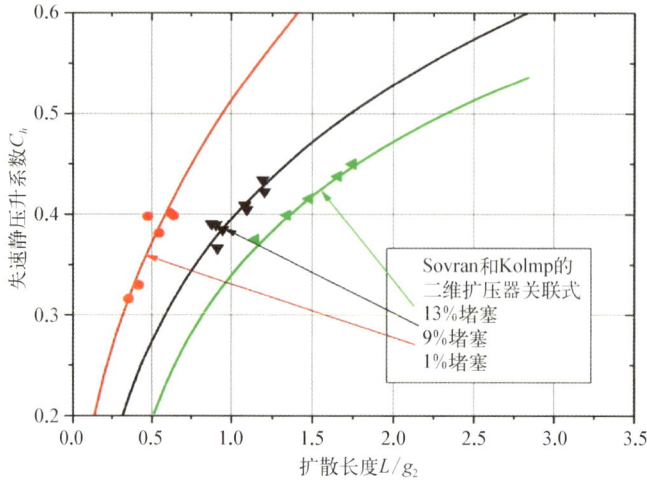

图 2-22 在不同堵塞下的静压升系数修正

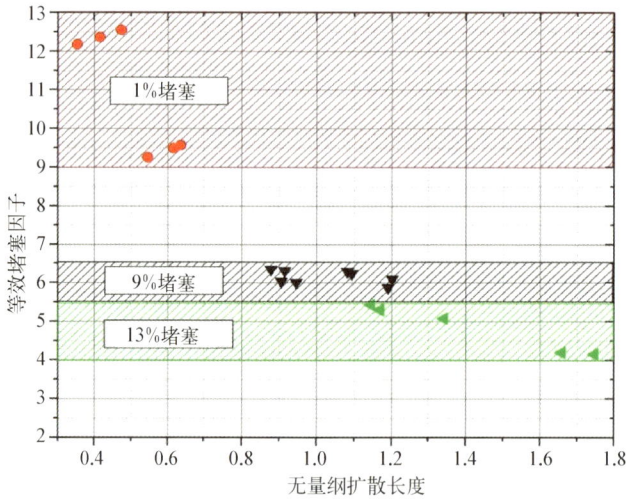

图 2-23 等效堵塞因子随无量纲扩散长度的变化关系

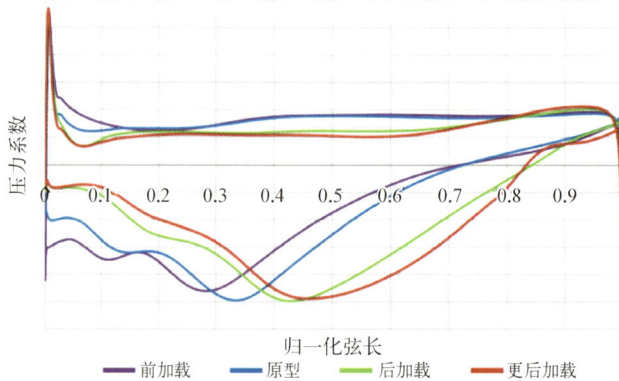

图 3-2 不同加载形式的近叶尖压力系数

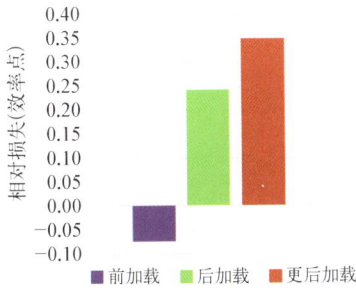

图 3-3 不同加载形式对压气机
整体损失变化

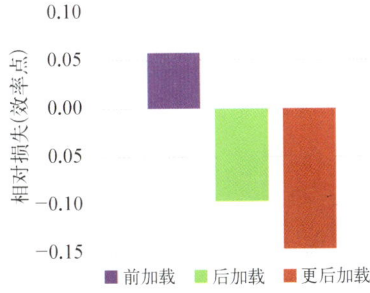

图 3-4 泄漏流延后引起的
损失变化

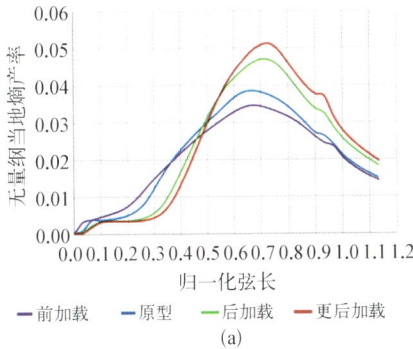

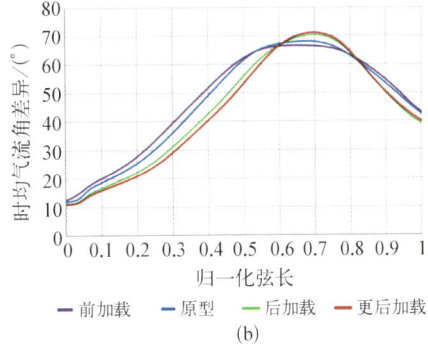

图 3-5 泄漏角度与主流角度不匹配造成的熵产

（a）叶尖泄漏形成延迟对叶尖区域（75%至100%叶高）时均当地熵产率的影响；（b）主流（80%叶高）与叶尖流动（间隙中部）之间气流角的不匹配

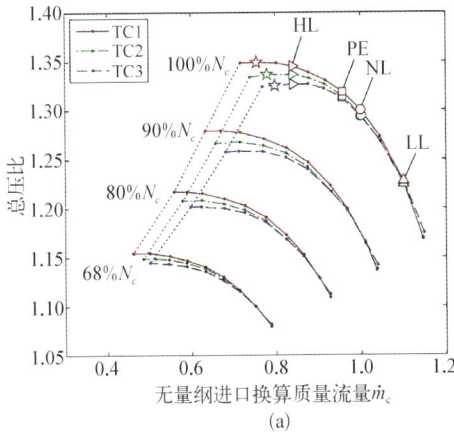

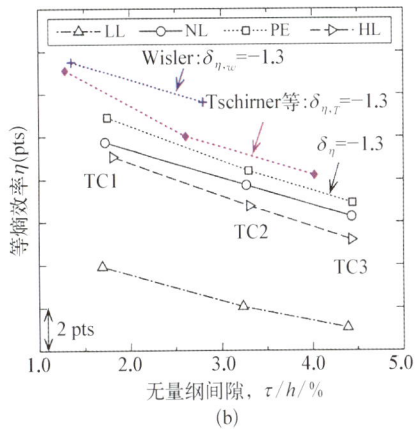

LL—低负荷；NL—名义负荷；PE—峰值效率；HL—高负荷。

图 3-7 叶尖间隙对压气机特性线及性能的影响

（a）不同间隙下特性线；（b）不同工况下间隙对效率影响趋势

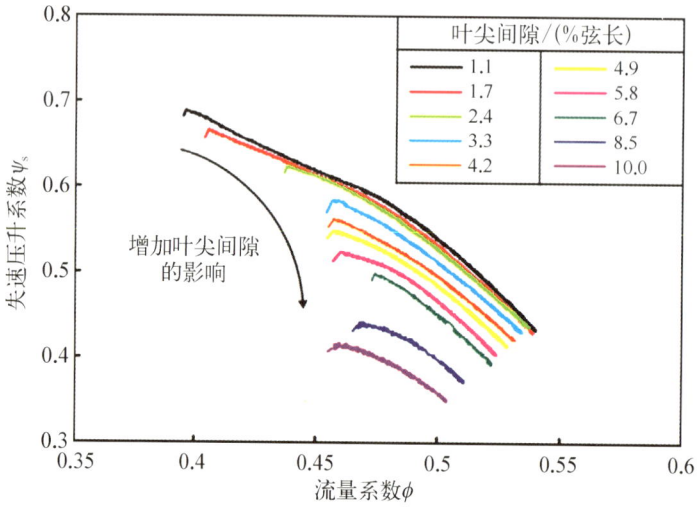

图 3-10 不同间隙大小下的压气机压比特性

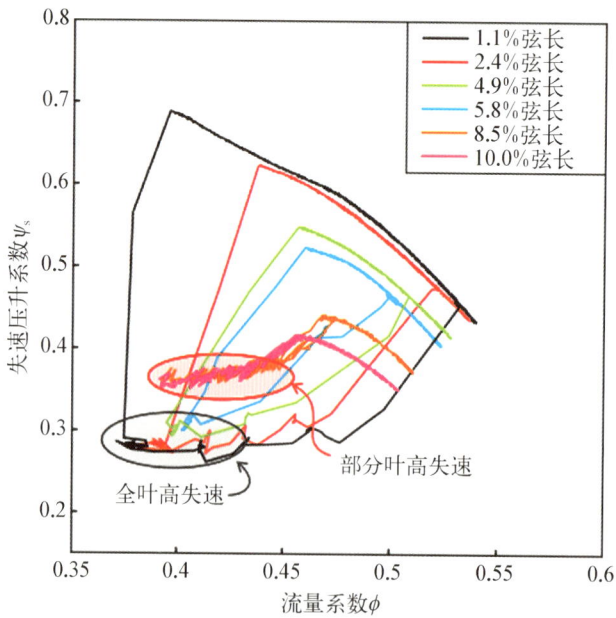

图 3-12 全叶高失速和部分叶高失速的压气机特性

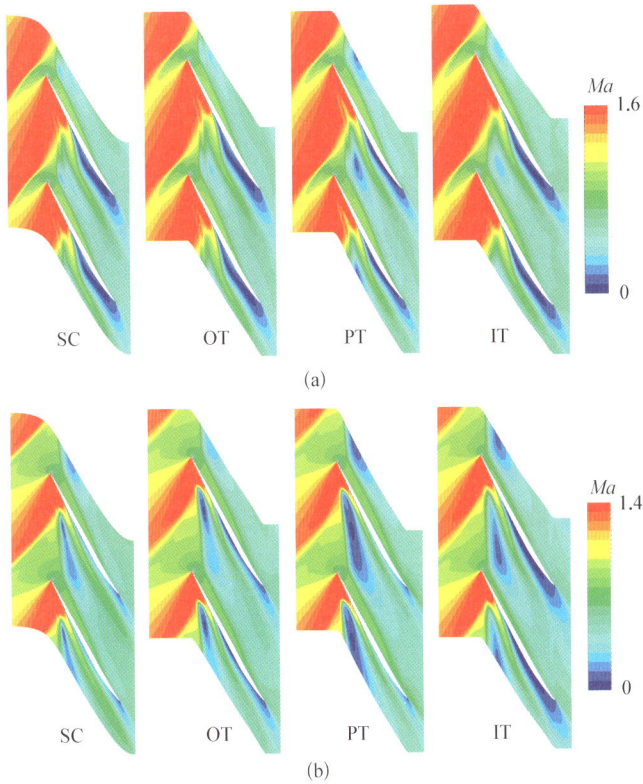

图 3-17 不同转速下不同机匣沟槽结构对叶尖马赫数分布的影响

(a) 100%转速；(b) 80%转速

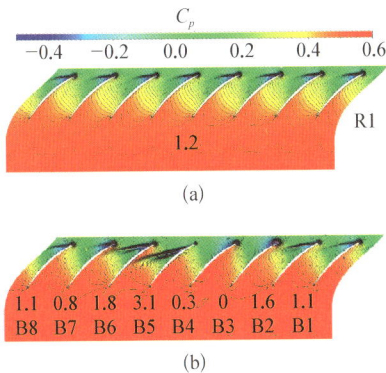

图 3-20 不同间隙布局下近失速
工况叶尖压力系数分布

(a) 均匀间隙；(b) 非轴对称布局间隙

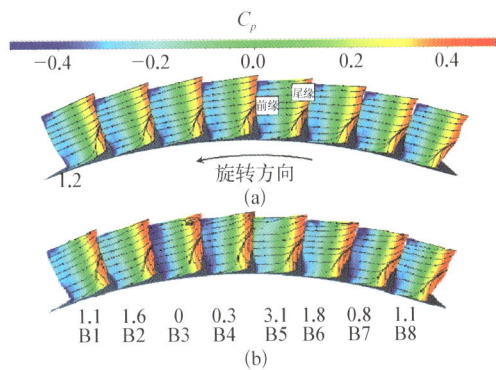

图 3-21 转子叶片吸力面极限
流线和压力系数分布

(a) 均匀间隙；(b) 非轴对称布局间隙

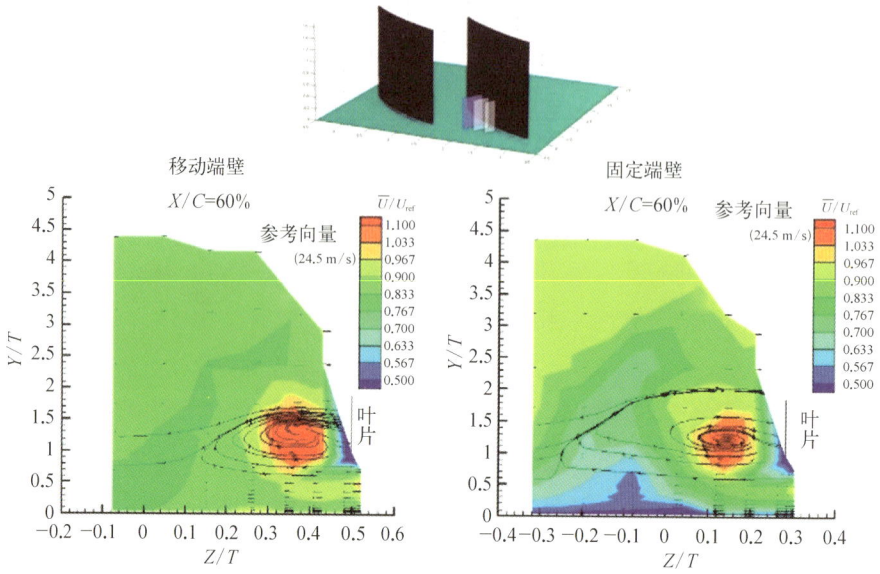

图 3-27　压气机叶栅端壁移动/静止的实验结果

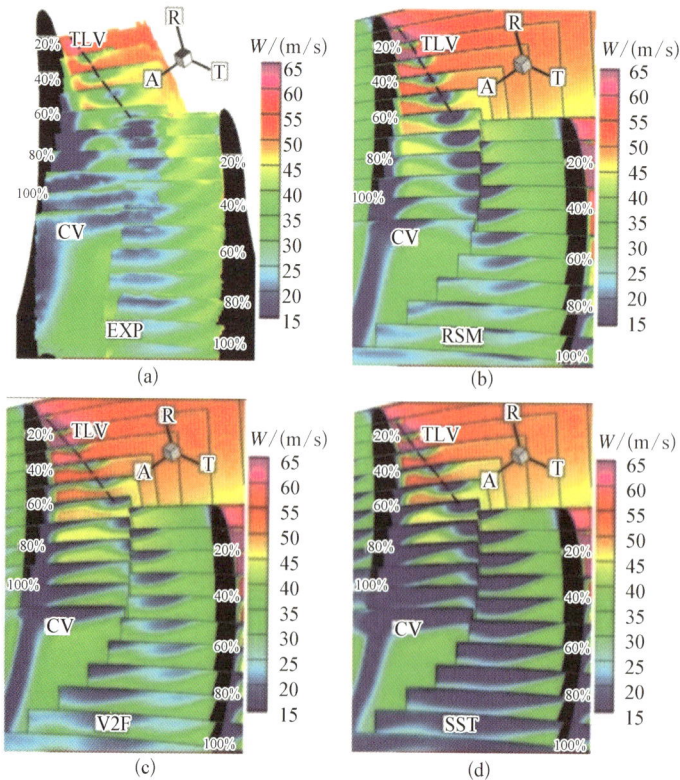

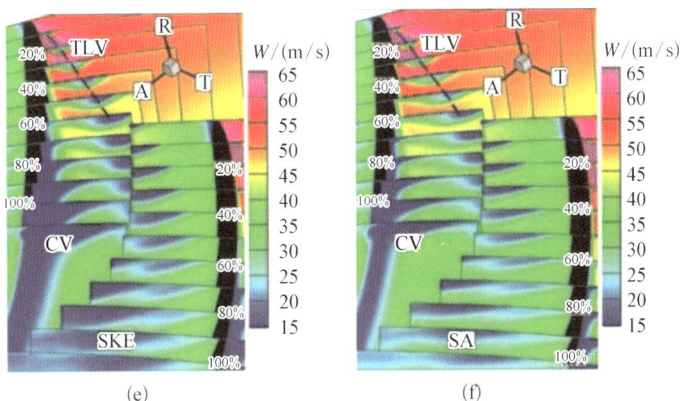

图 3-35　近失速工况下流向速度分布的实验与数值模拟结果对比

（a）实验结果；（b）雷诺应力模型；（c）$\overline{v^2}-f$ 模型；（d）SST $\kappa-\omega$ 模型；（e）标准
$\kappa-\varepsilon$ 模型；（f）Spalart-Allmaras 模型

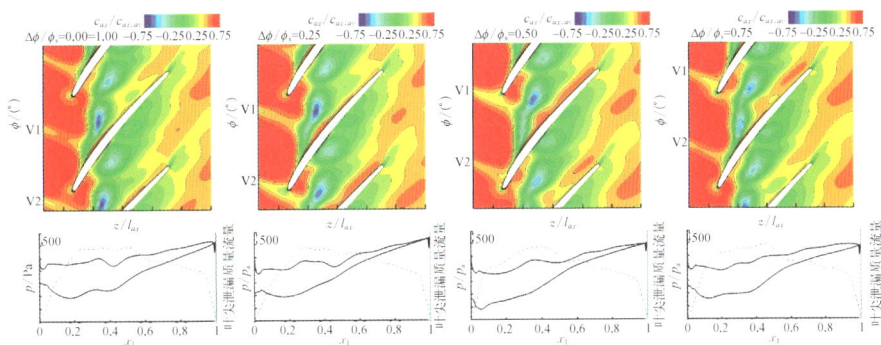

图 3-36　不同时刻转子叶尖轴向速度分布及叶尖压力（实线）与泄漏流量（虚线）分布

V1—上游静子产生的尾迹位置；V2—相邻静子产生的尾迹位置；z—轴向位置；l_{ax}—轴向弦长。

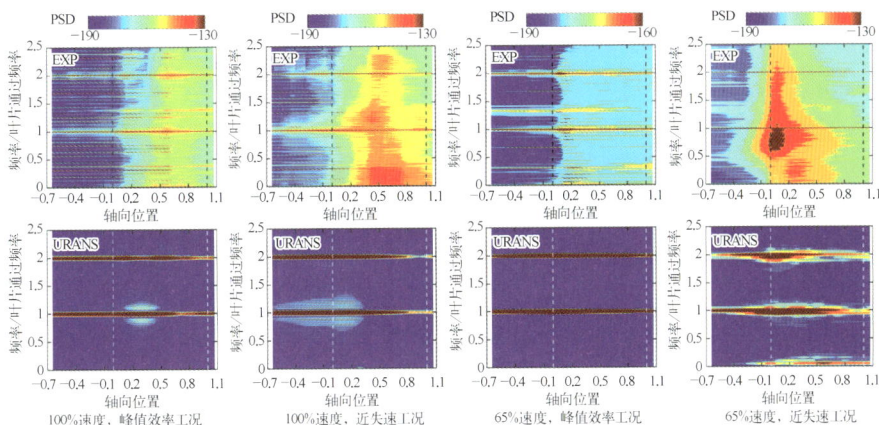

图 3-38　机匣壁面静压信号的功率谱密度实验与非定常数值模拟结果对比

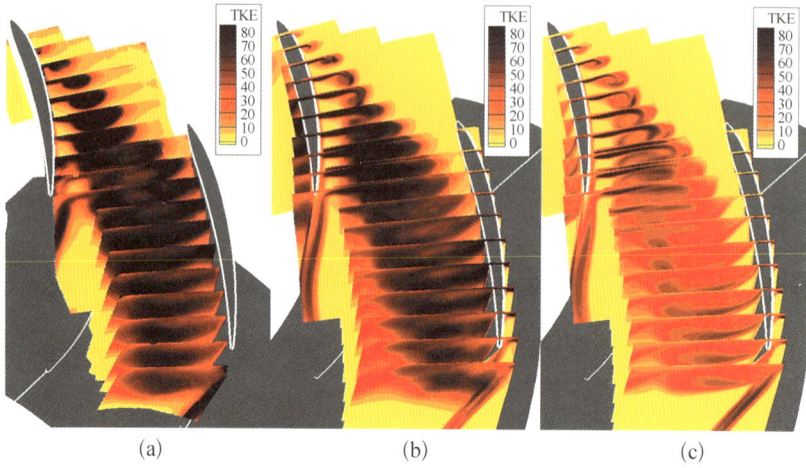

图 3-39　亚声速转子通道内湍动能分布的对比

(a) 实验结果；(b) DDES 模拟结果；(c) URANS 模拟结果

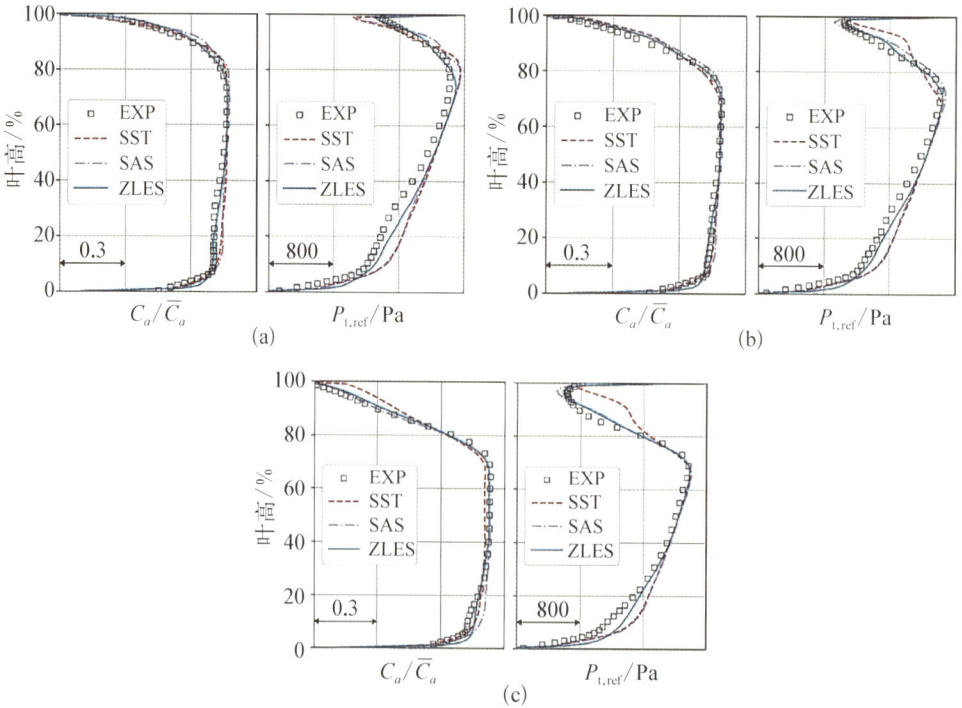

图 3-41　不同间隙下湍流模型对转子出口径向分布的影响

(a) 小间隙；(b) 中等间隙；(c) 大间隙

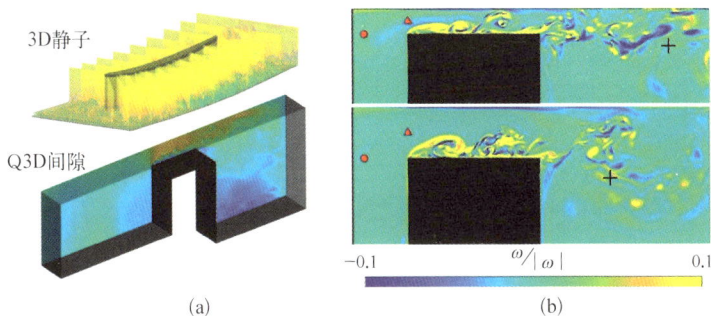

(a)   (b)

图 3-42   泄漏流直接数值模拟(a) 全三维计算域与准三维
计算域模型及(b) 不同间隙下的结果

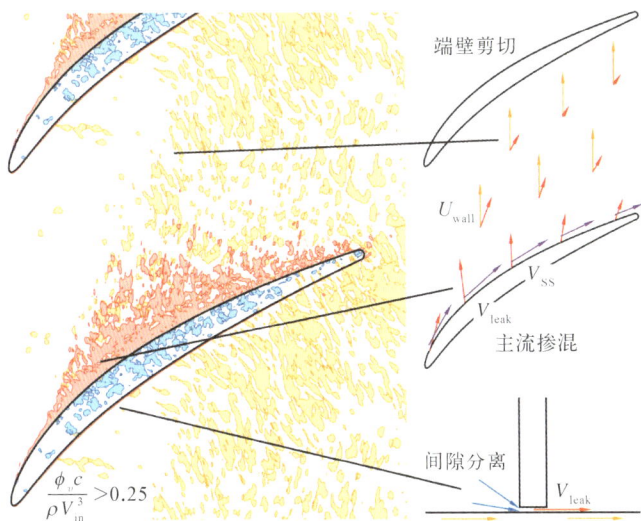

图 3-49   压气机叶尖泄漏流的 3 种损失机制

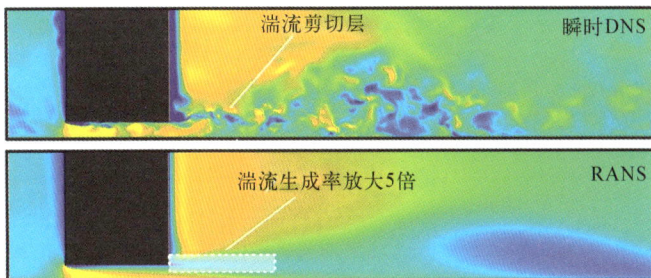

图 3-50   修正的 SA 湍流模型与瞬时 DNS 结果的对比
(泄漏射流速度云图)

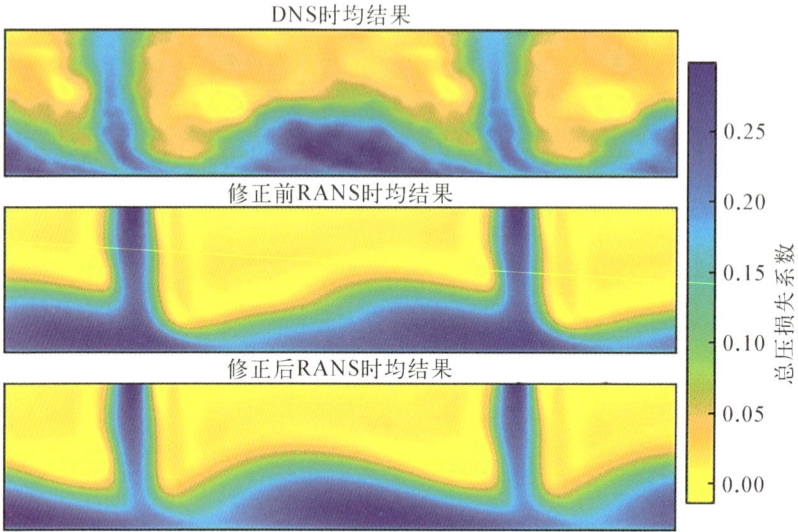

图 3-51　DNS 时均结果与修正前后的 RANS 时均
结果对比(叶片出口总压损失分布)

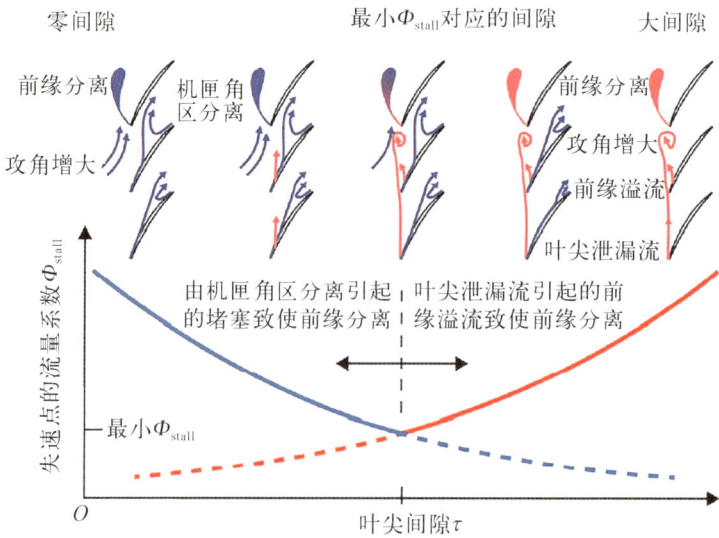

图 3-57　叶尖泄漏流与角区分离的竞争机制

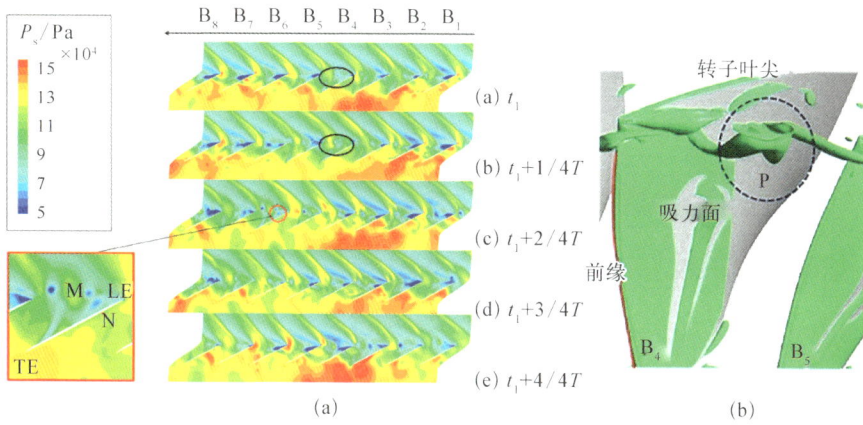

B—叶片(blade)；LE—前缘(leading edge)；TE—尾缘(trailing edge)；M，N—低压区位置；P—径向涡位置。

图 3-60　跨声速压气机中近失速工况叶尖失速先兆

(a) 叶尖壁面瞬态压力分布；(b) 径向涡结构

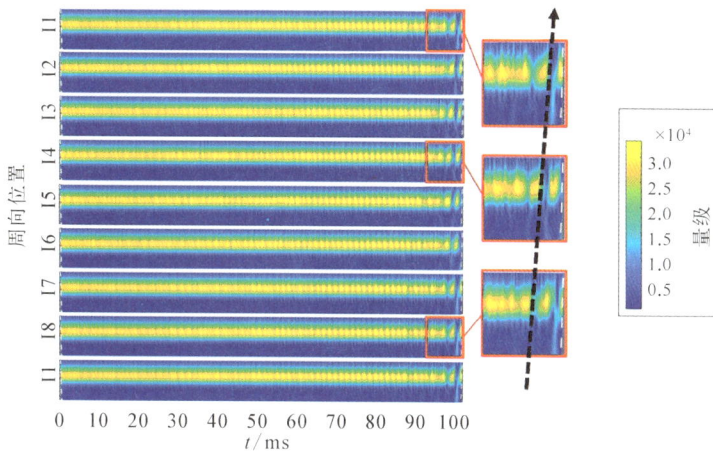

图 3-61　不同周向位置处压力信号的小波图谱

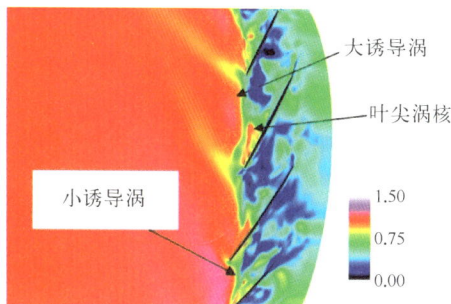

图 3-63　叶尖瞬时马赫数沿流道分布

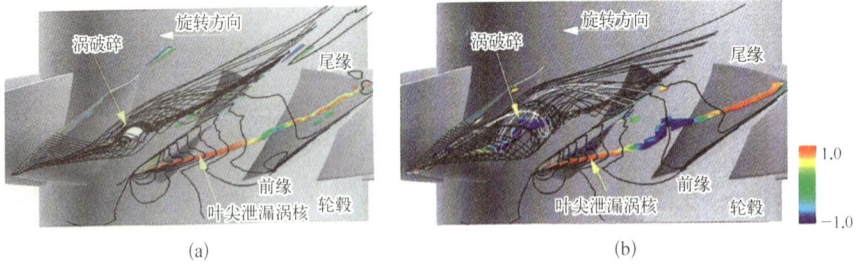

图 3 - 66　两种叶尖泄漏涡涡破碎类型

（a）泡式涡破碎；（b）螺旋型涡破碎

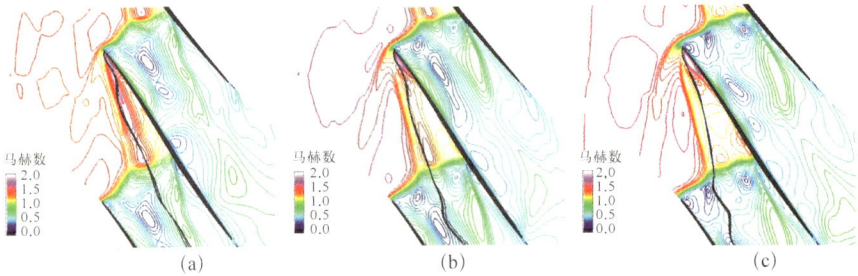

图 3 - 68　近失速工况下叶尖截面瞬时涡轨迹和马赫数等值线图

（a）时刻 1；（b）时刻 2；（c）时刻 3

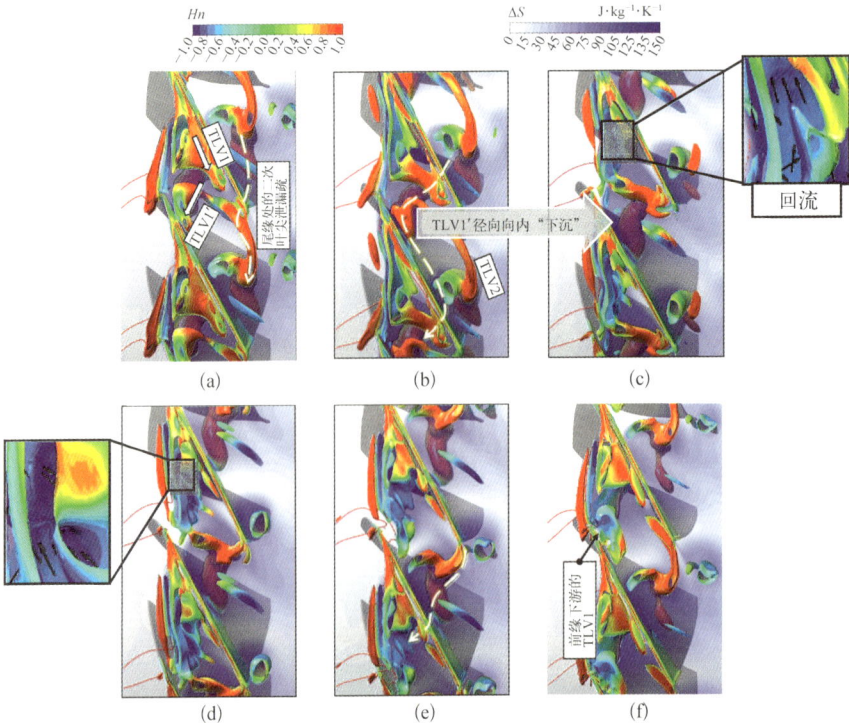

图 3 - 69　跨声速压气机转子中近失速工况下叶尖瞬时涡结构演化过程

（a）$t_1 = 15/48T$；（b）$t_2 = 30/48T$；（c）$t_3 = 45/48T$；（d）$t_4 = 60/48T$；（e）$t_5 = 75/48T$；（f）$t_6 = 90/48T$

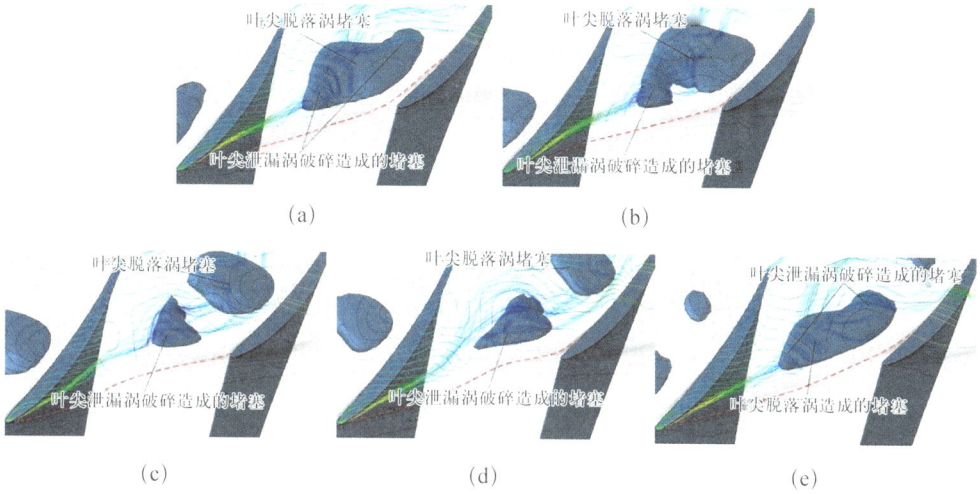

叶尖脱落涡堵塞

叶尖泄漏涡破碎造成的堵塞

(a)

叶尖脱落涡堵塞

叶尖泄漏涡破碎造成的堵塞

(b)

叶尖脱落涡堵塞

叶尖泄漏涡破碎造成的堵塞

(c)

叶尖脱落涡堵塞

叶尖泄漏涡破碎造成的堵塞

(d)

叶尖泄漏涡破碎造成的堵塞

叶尖脱落涡造成的堵塞

(e)

图 3-70　二次涡形成的堵塞在一个周期内的发展过程

(a) $t = \dfrac{10}{50}T$；(b) $t = \dfrac{20}{50}T$；(c) $t = \dfrac{30}{50}T$；(d) $t = \dfrac{40}{50}T$；(e) $t = \dfrac{50}{50}T$

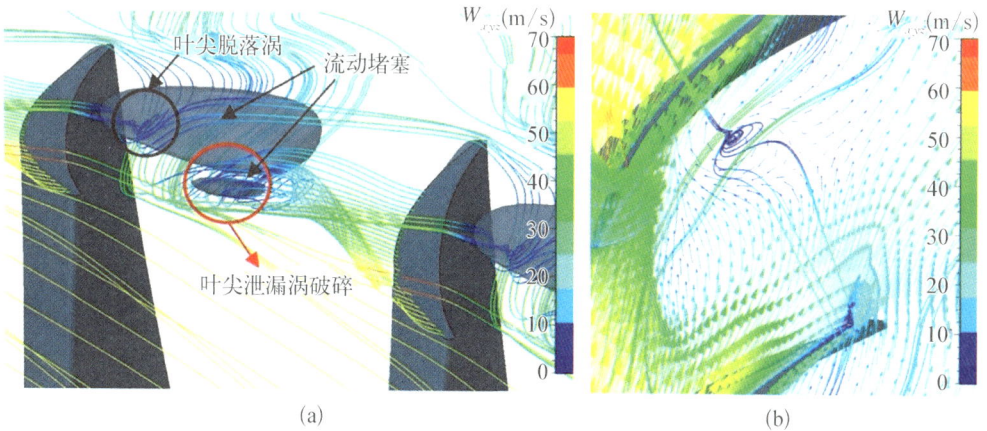

叶尖脱落涡

流动堵塞

叶尖泄漏涡破碎

W_{xyz} (m/s)

(a)

W_{xyz} (m/s)

(b)

图 3-72　近失速工况下叶尖流动结构及速度场分布

(a) 泄漏涡破碎与二次涡结构；(b) 二次涡流线

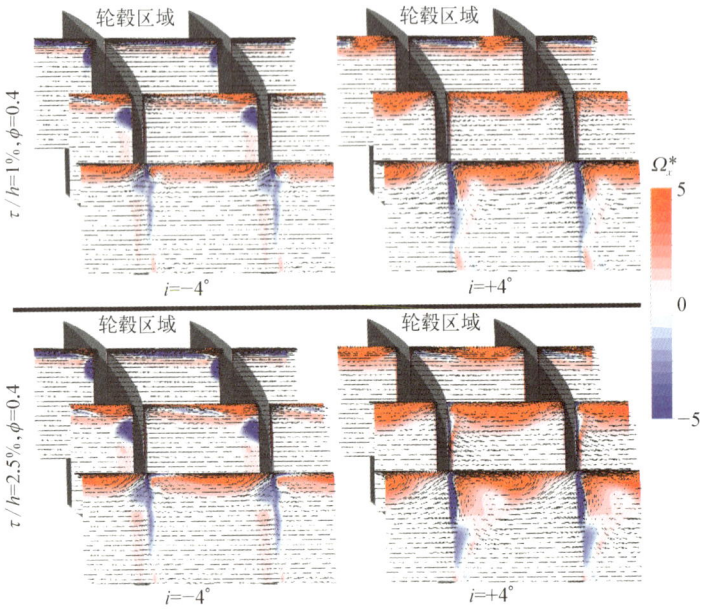

图 4 - 6　不同攻角下归一化的流向涡量和速度矢量

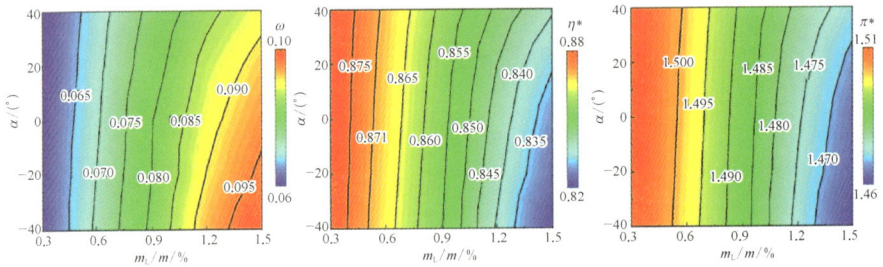

图 4 - 13　泄漏流量与泄漏旋流角对性能的耦合影响规律

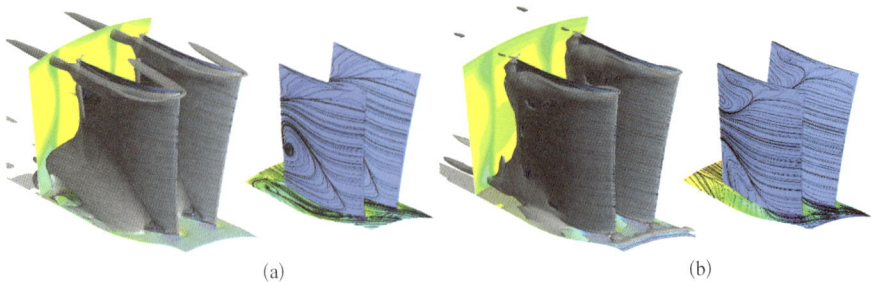

图 4 - 14　近失速工况下容腔泄漏流对静叶角区失速的影响

(a) 未考虑容腔泄漏流；(b) 考虑容腔泄漏流

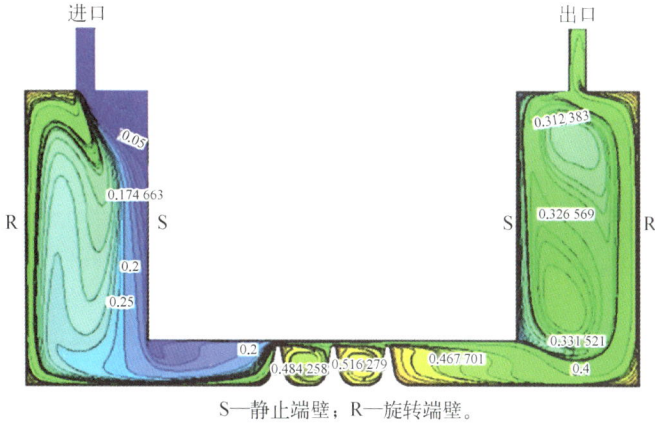

S—静止端壁；R—旋转端壁。

图 4-15　篦齿容腔内的流动结构

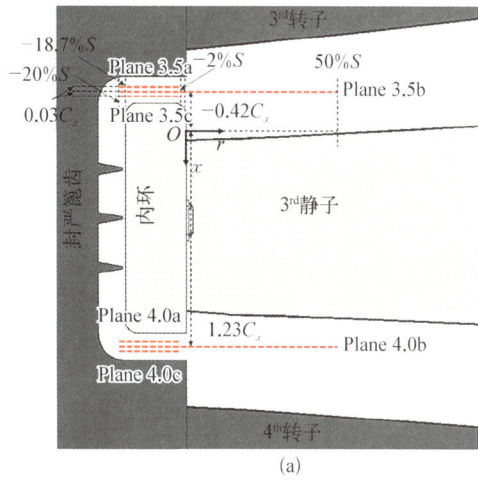

(a)

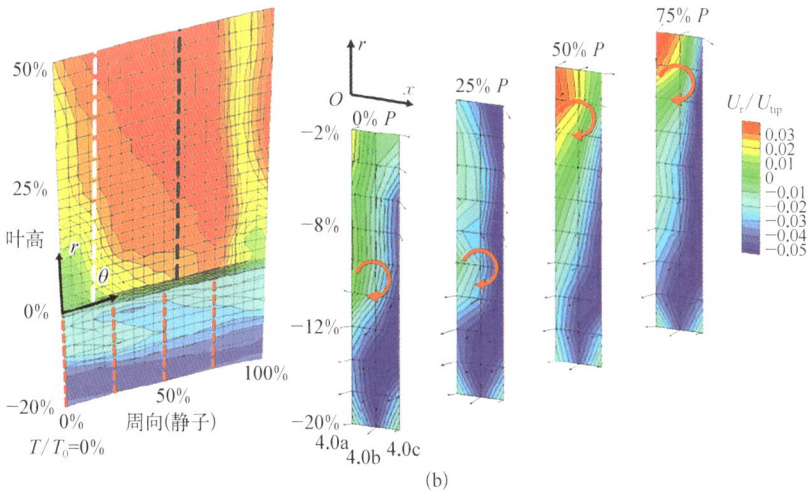

(b)

图 4-17　四级低速大尺寸压气机中对带冠静叶篦齿容腔流场的实验研究

(a) 实验测量位置方案；(b) 静子下游容腔内速度及二次流分布

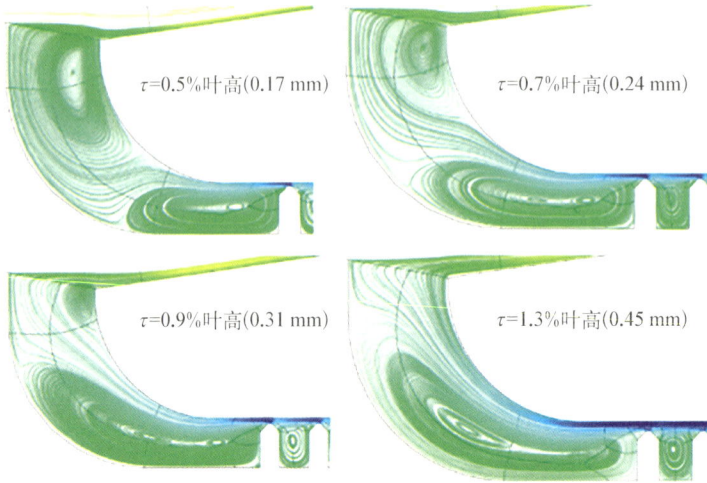

图 4-18 容腔出口涡结构随篦齿间隙变化

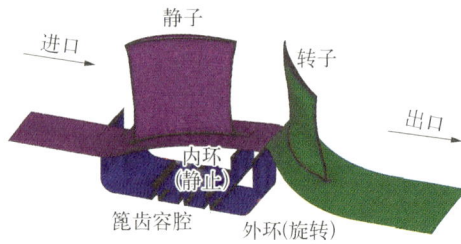

图 4-19 带冠静叶计算域

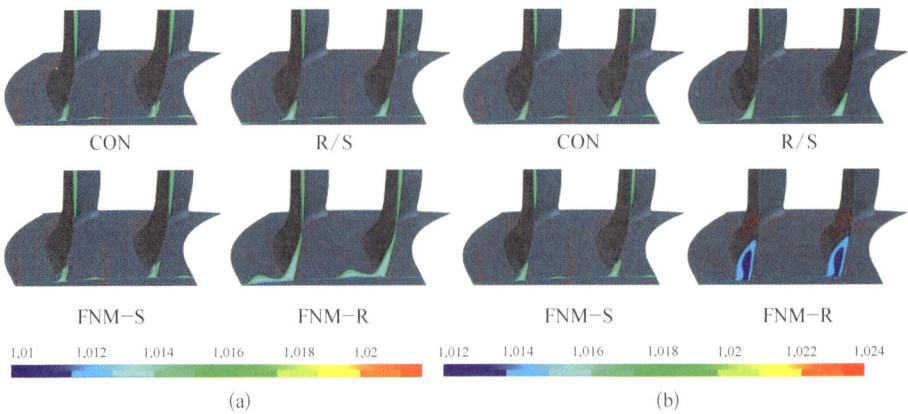

图 4-22 设计点和近失速点极限流线分布

(a) 设计点；(b) 近失速点

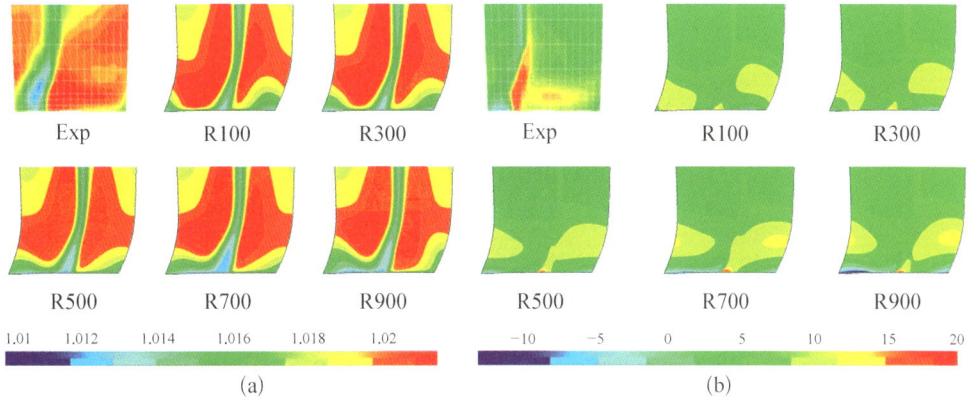

图 4 - 23　设计点工况下无量纲化总压和出口气流角的二维分布

（a）无量纲化总压；（b）绝对气流角

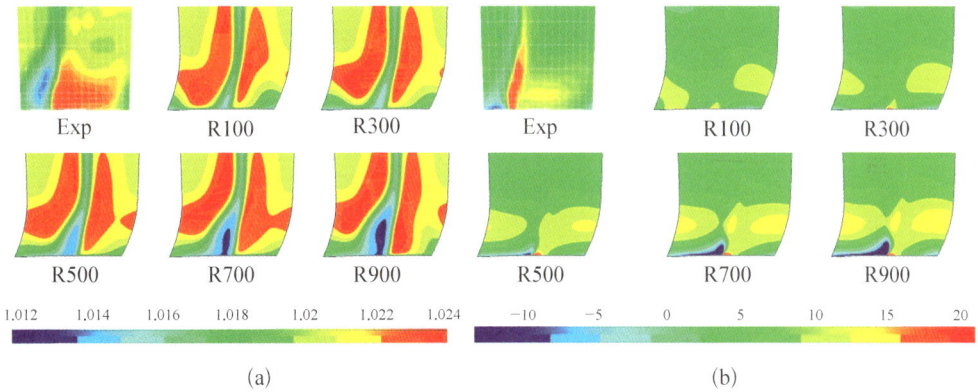

图 4 - 24　近失速点工况下无量纲化总压和出口气流角的二维分布

（a）无量纲化总压；（b）绝对气流角

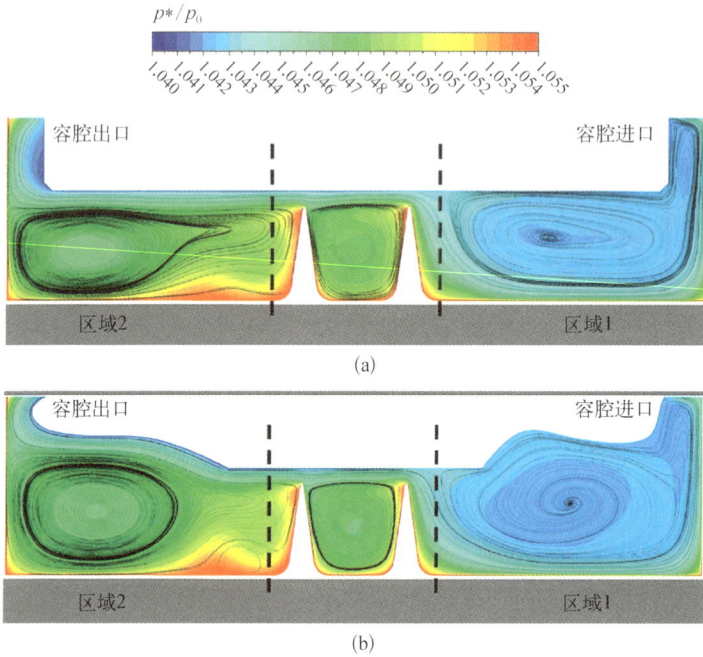

$p*/p_0$

容腔出口　　　　　　　　　　　　　　　　　　　容腔进口

区域2　　　　　　　　　　　　　　　　　　　区域1

(a)

容腔出口　　　　　　　　　　　　　　　　　　　容腔进口

区域2　　　　　　　　　　　　　　　　　　　区域1

(b)

图 4-30　原型与优化型容腔造型、总压分布及内部流动情况

(a) 原型篦齿容腔几何；(b) 优化型篦齿容腔几何

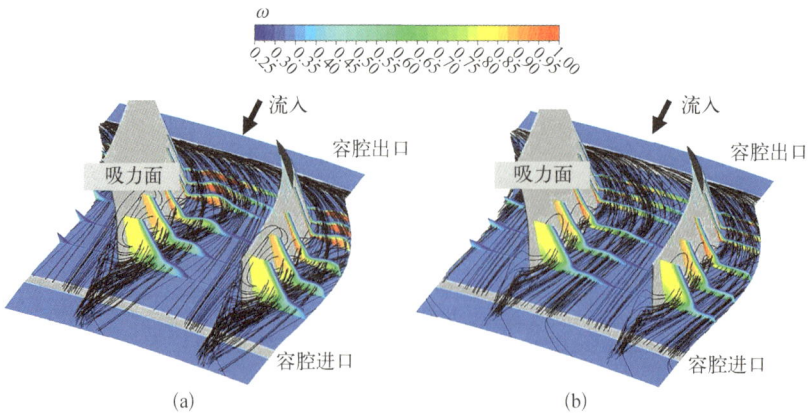

ω

流入　　　　　　　　　　　　　流入

容腔出口　　　　　　　　　　　容腔出口

吸力面　　　　　　　　　　　吸力面

容腔进口　　　　　　　　　　　容腔进口

(a)　　　　　　　　　　　(b)

图 4-31　泄漏流轨迹与轴向截面上的总压损失云图

(a) 原型；(b) 优化型

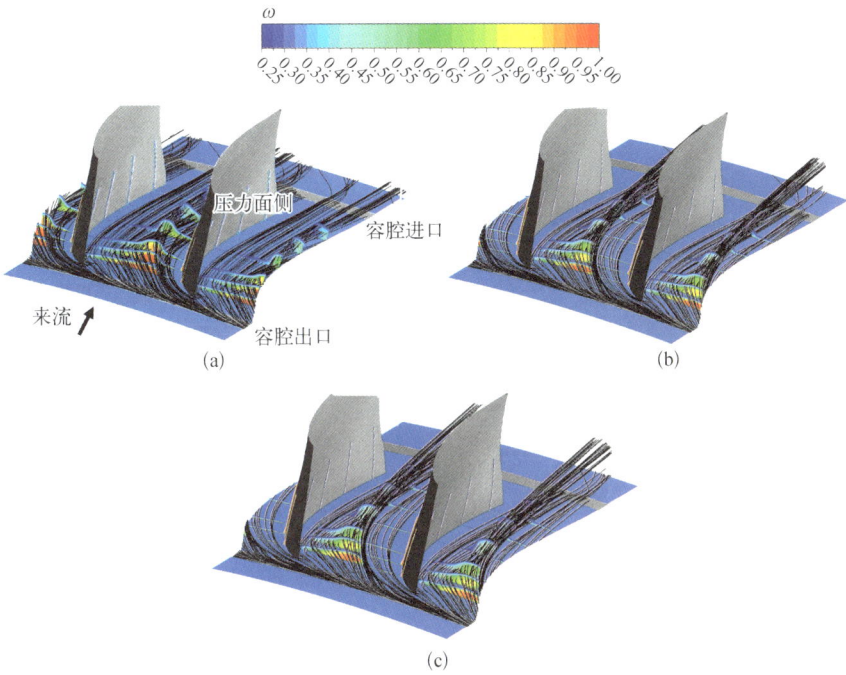

图 4 - 33　泄漏流轨迹与轴向截面上的总压损失云图

(a) 原型;(b) OPT1;(c) OPT2

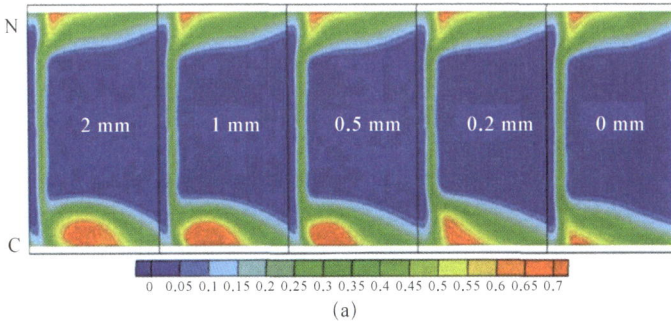

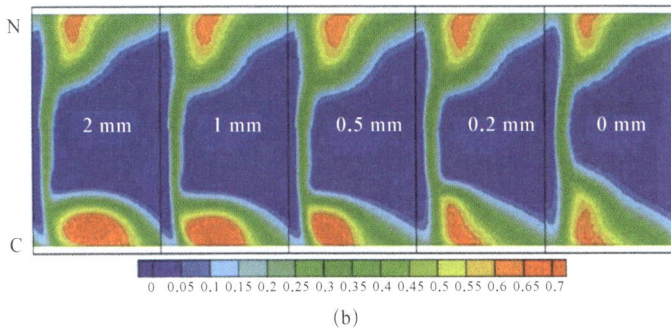

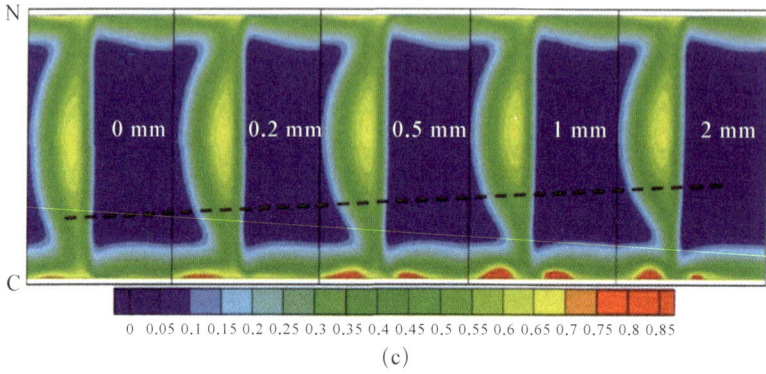

N—无间隙侧端壁(no clearance)；C—间隙侧端壁(clearance)。

图 5-2　不同工况及悬臂叶根间隙下平面叶栅出口总压损失云图
(a) 设计工况；(b) 角区失速工况；(c) 大负攻角工况

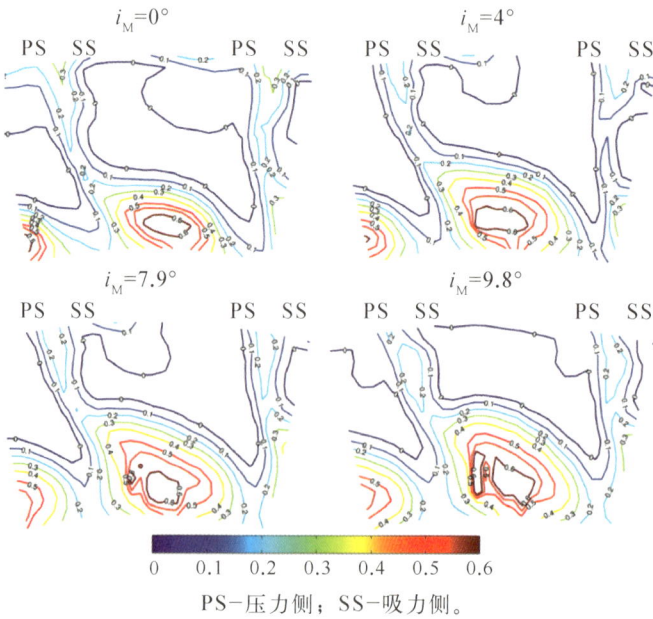

PS-压力侧；SS-吸力侧。

图 5-3　不同工况下环形悬臂叶栅出口总压损失分布

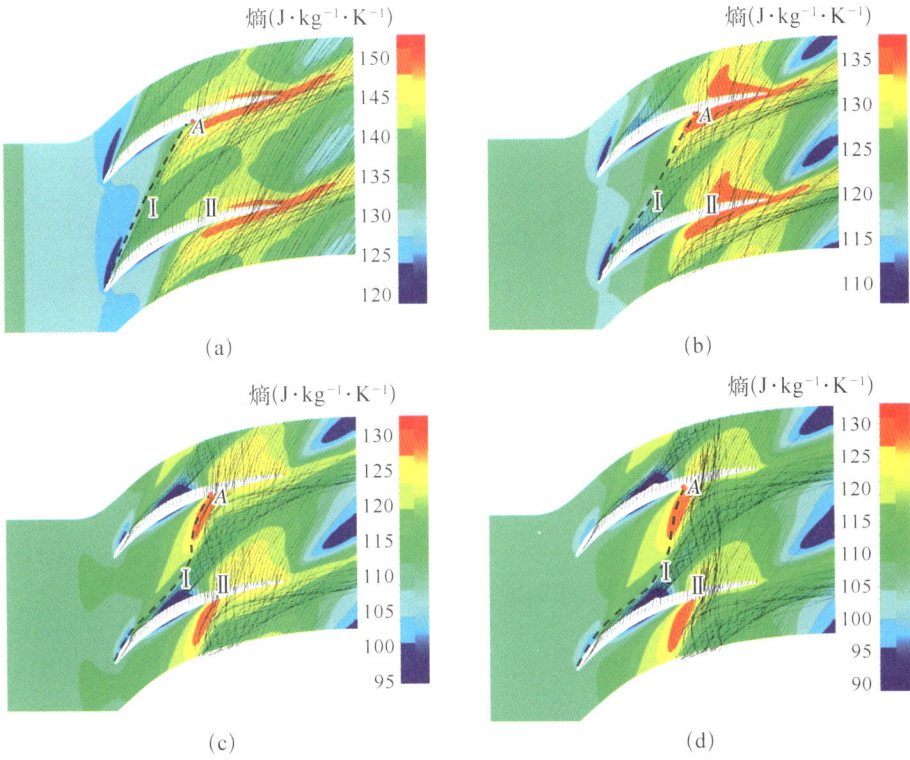

图 5-5 悬臂静叶间隙中间截面的熵分布以及泄漏流三维流线

(a) 1%CS;(b) 2.5%CS;(c) 4%CS;(d) 5%CS

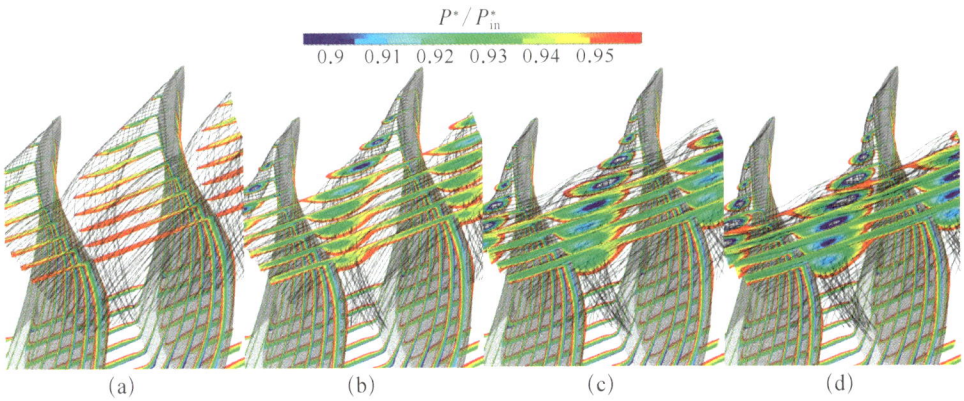

图 5-6 不同间隙条件下静叶通道内总压损失及流线分布

(a) 1%CS;(b) 2.5%CS;(c) 4%CS;(d) 5%CS(CS 为叶高)

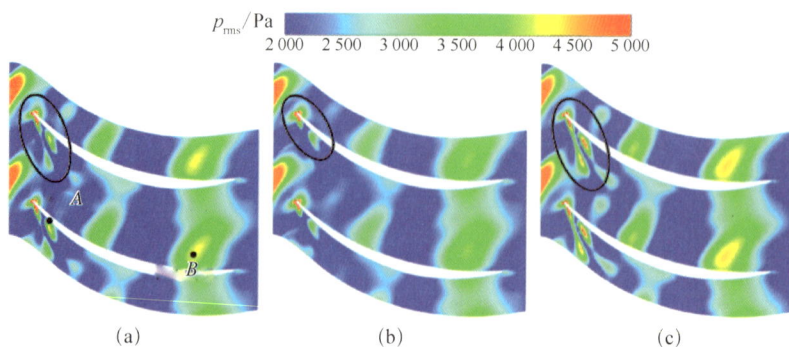

图 5 - 8 不同间隙结构下的静压均方根分布

（a）均匀间隙；（b）扩张间隙；（c）收缩间隙

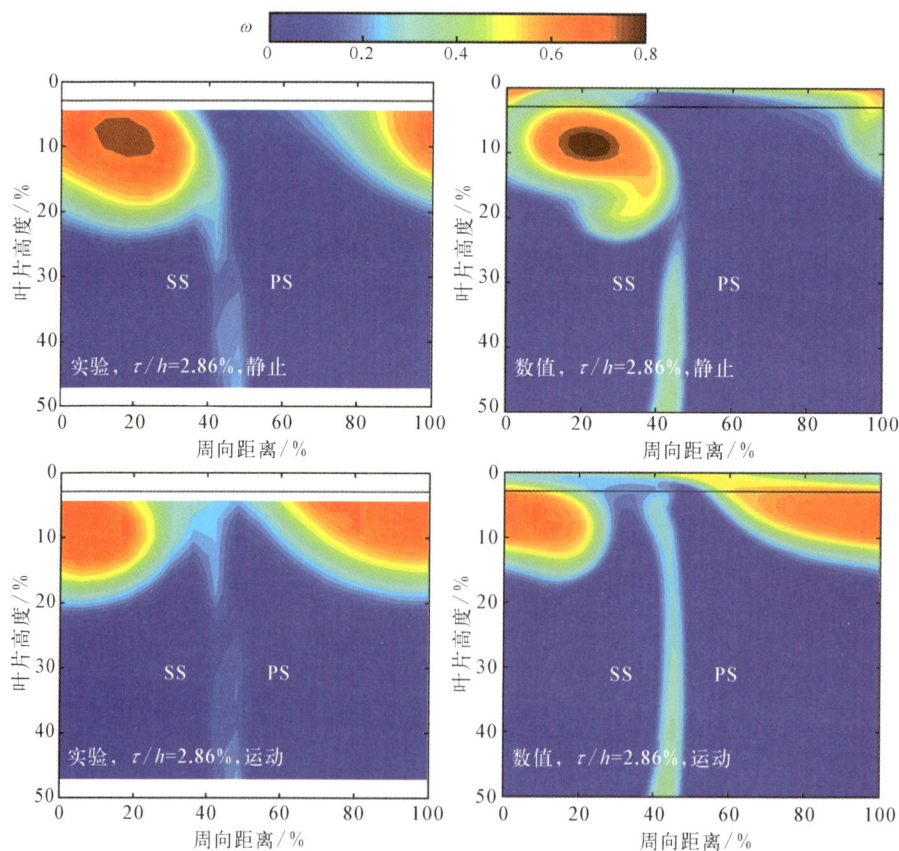

SS—吸力侧；PS—压力侧。

图 5 - 16 高速旋转圆盘模拟端壁高速相对运动的实验与数值模拟结果对比

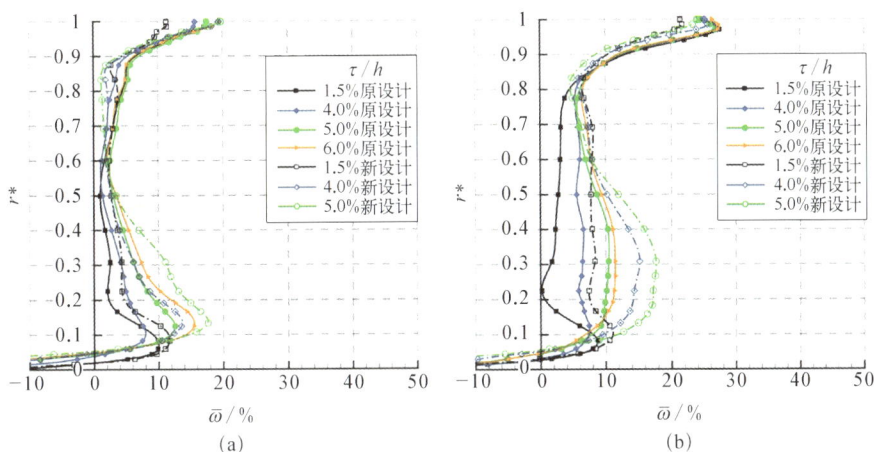

图 5 - 17　第 4 级转子出口相对总压损失系数径向分布

(a) 设计点($\phi = 100$);(b) 近失速点($\phi = 0.85$)

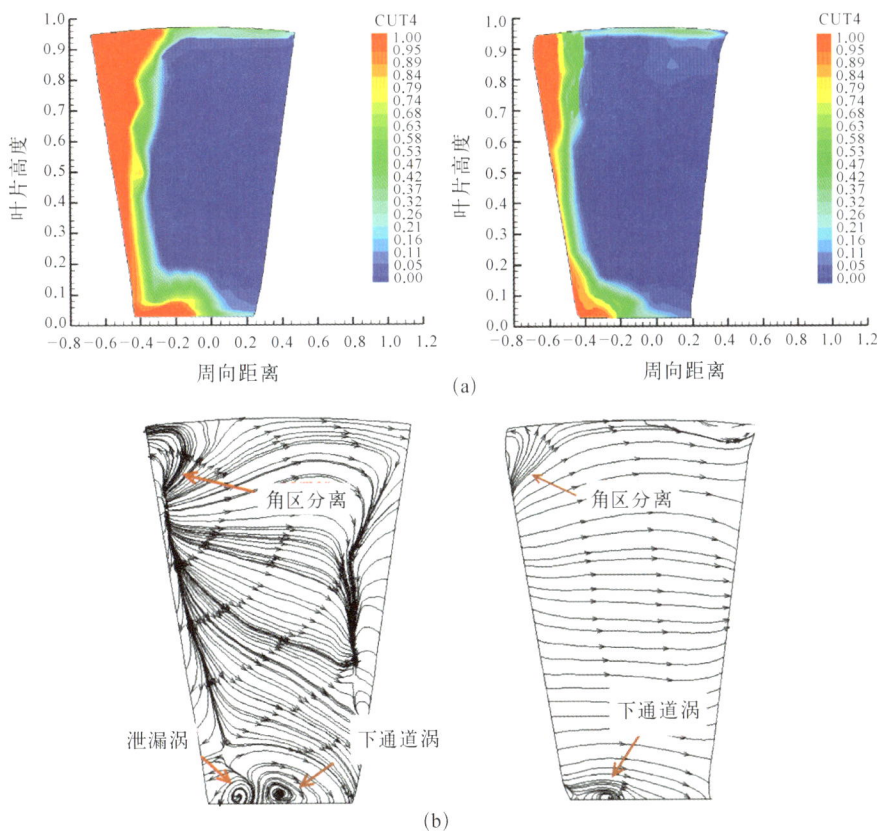

图 5 - 18　原型与弓形悬臂静叶在近失速工况下的流动对比

(a) 总压损失分布(左：原型;右：弓形);(b) 表面极限流线分布(左：原型;右：弓形)

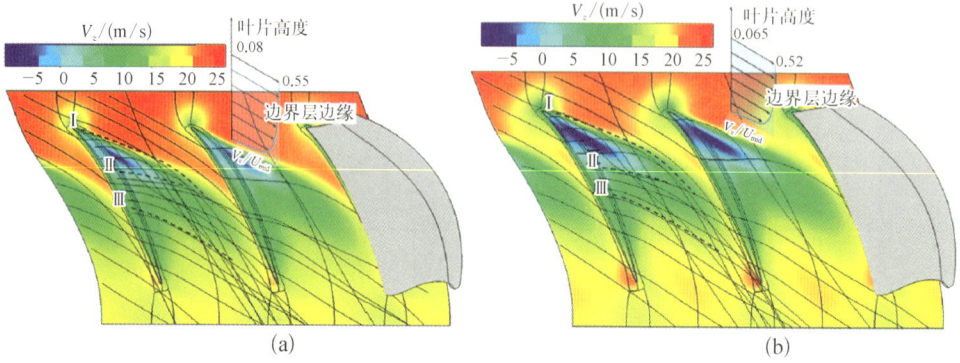

图 5-20　间隙中部三维流线、轴向速度 V_z 云图及进口轴向速度径向分布
(a) 设计工况点；(b) 近失速工况点

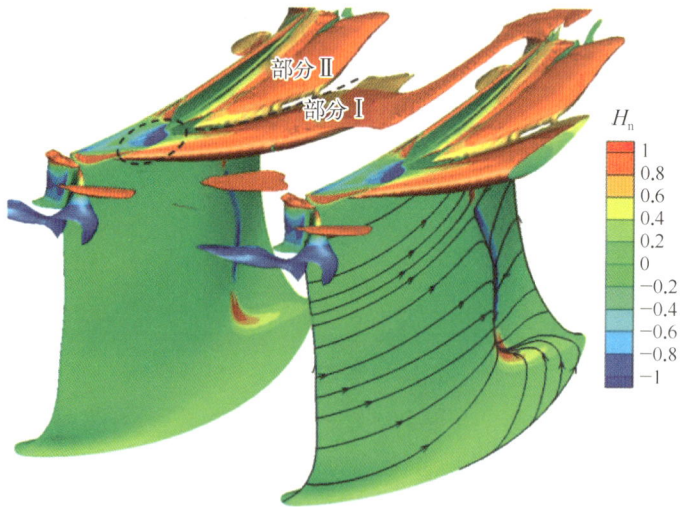

图 5-25　低稠度悬臂静叶设计在近失速点的轮毂泄漏涡结构

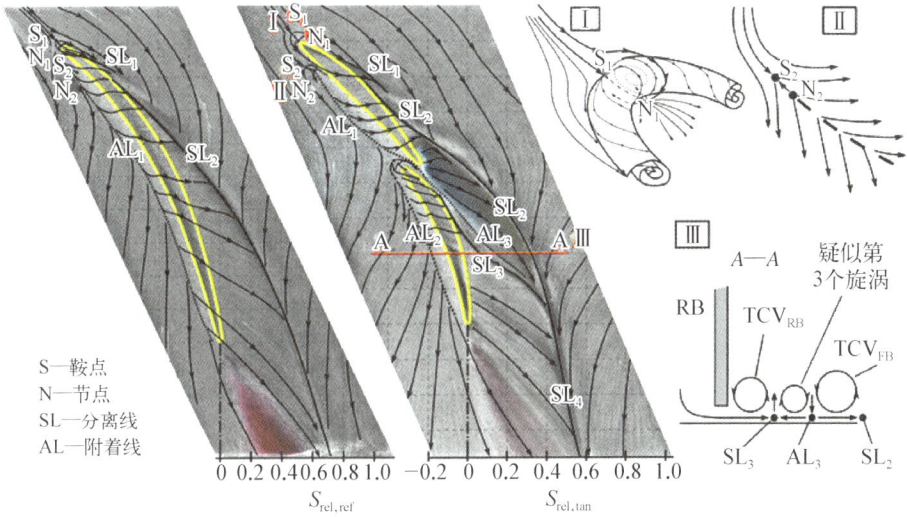

(a)

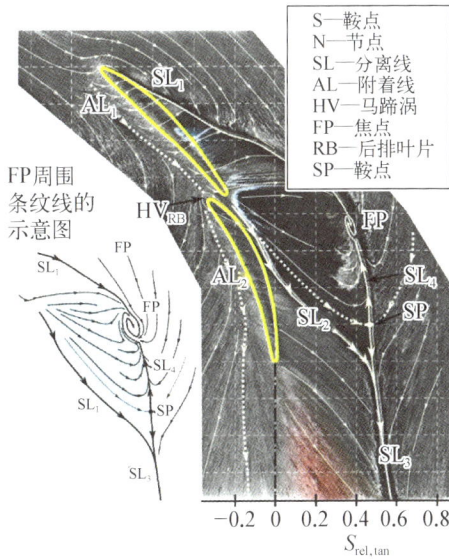

(b)

图 5-27 串列叶栅在悬臂间隙泄漏流作用下的流动结构

(a) 0°攻角流动结构；(b) 5°攻角流动结构